U0151663

工程力学实验教程

（第2版）

主编　陈巨兵　孙　晨　张晶晶

内容提要

本书内容主要包括工程力学实验基础知识、理论力学实验、材料力学实验、流体力学实验、光测力学实验和疲劳与断裂实验，重点介绍了先进的实验力学实验，如理论力学实验中的基于气浮动力学仿真平台的综合实验、流体力学实验中的波浪模拟实验，以及现代光测力学中的投影条纹实验、投影云纹实验和数字图像相关实验等。

本书可作为普通高等学校工科各相关专业的工程力学实验教学用书，也可以供工程技术人员参考。

图书在版编目(CIP)数据

工程力学实验教程/陈巨兵，孙晨，张晶晶主编
.—2 版.—上海：上海交通大学出版社，2024.4
ISBN 978-7-313-30056-0

Ⅰ.①工… Ⅱ.①陈…②孙…③张… Ⅲ.①工程力学—实验—教材 Ⅳ.①TB12-33

中国国家版本馆 CIP 数据核字(2023)第 257473 号

工程力学实验教程(第 2 版)
GONGCHENG LIXUE SHIYAN JIAOCHENG (DI 2 BAN)

主　　编：陈巨兵　孙　晨　张晶晶
出版发行：上海交通大学出版社　　地　　址：上海市番禺路 951 号
邮政编码：200030　　电　　话：021-64071208
印　　制：上海景条印刷有限公司　　经　　销：全国新华书店
开　　本：787mm×1092mm　1/16　　印　　张：14.25
字　　数：341 千字
版　　次：2007 年 5 月第 1 版　2024 年 4 月第 2 版　　印　　次：2024 年 4 月第 2 次印刷
书　　号：ISBN 978-7-313-30056-0
定　　价：68.00 元

前 言

PREFACE

为了提升工科专业学生实验素养，全面推进素质教育，同时也为了完善基础力学实验课程体系，满足不同专业、不同层次本科生的工程力学实验教学需求，我们在总结多年来教学实践的基础上，并且吸收了其他部分院校工程力学实验的经验和成果，在教材的编排上进行了调整，实验内容主要包括工程力学实验基础知识、理论力学实验、材料力学实验、流体力学实验、光测力学实验和疲劳与断裂实验。

随着科技发展，力学实验方法与技术也随之不断进步。为了能使学生全面了解力学学科尤其是近代力学实验技术，加深对工程力学的基本概念、基本理论和基本测试方法的理解，拓宽知识面，书中介绍了实验力学先进的实验方法，如理论力学实验中的"基于气浮动力学仿真平台的综合实验"，以及现代光测力学中的投影条纹实验、投影云纹实验和数字图像相关实验等。

该教材共八章，其中第 1、2、3 章分别简述了实验误差与数据处理概念、电阻应变测量基础和光弹性基础，是工程力学实验的预备知识；第 4、5、6、7、8 各章相对独立，主要是为了满足不同层次、不同专业对本课程的要求，按照模块化的思路设计了本教材的体系。

本书可作为普通高等学校工科相关各专业的工程力学实验教学用书，也可以供工程技术人员参考。

本书由上海交通大学工程力学系陈巨兵主编，其中材料力学实验由陈巨兵、杨凤鹏共同编写；理论力学实验由余征跃、陈玉坤共同编写；流体力学实验由俞忠、张晶晶、杨英强共同编写；光测力学实验由孙晨编写；疲劳与断裂实验由杨凤鹏编写。李旭阳、金巍巍等参与校对工作。

由于我们的水平有限以及编写时间的仓促，本书存在的缺点错误敬请读者批评指正。

编者

2023 年 11 月

目录

CONTENTS

主要符号表

MAIN SYMBOL TABLE

第 1 章

符号	名称
γ	相对误差
σ	随机误差标准偏差
E	弹性模量
r	相关系数
α	显著水平

第 2 章

符号	名称
R	电阻值
ρ	电阻系数
ε	应变量
r	金属丝半径
ε_r	径向应变
C	电阻率常数
K	灵敏系数
U	电压值

第 3 章

符号	名称
E	光波振动
I	光强
ω	角频率
σ	应力
σ_0	模型条纹值
f_0	材料条纹值
n	折射率
δ	光程差
δ'	相对光程差
ϕ	相位差
λ	波长

A	振幅
σ_t	边界应力
τ_{xy}	切应力分量
F	集中载荷
q	分布载荷

第4章

符号	名称
δ	阻尼系数
k	刚度
c	阻尼
ζ	相对阻尼系数
f_d/ω_d	有阻尼固有频率
η	减幅系数
Λ	对数减幅系数
F	载荷
Y	挠度
U	电压值
f_0/ω_0	无阻尼固有频率
a	标定系数
B	待定系数
A	振动振幅
J	转动惯量
H	摆线高度
T	周期
E	势能
ω	角速度
μ	摩擦因数
ξ	隔振因数
ψ	隔振效率
n	转速
$\boldsymbol{M}$	力矩
w	质量比

第5章

符号	名称
R_{eH}、R_{eL}	上、下屈服强度
R_m	抗拉强度
A	断后延伸率
Z	截面收缩率
E	弹性模量

μ	泊松比
ε	应变
τ	剪应力
J_n	极惯性矩
T	扭矩
W_n	截面模量
θ	单位扭转角
G	剪切弹性模量
φ	扭转角
σ	正应力
J_z	惯性矩
γ_{xy}	剪应变
δ	挠度
K_d	动载荷系数

第 6 章

符号	名称
P	静水压强
ρ	密度
τ	切应力
μ	流体动力黏性系数
$\mathrm{d}V/\mathrm{d}y$	速度梯度
ω	角速度
V	流速
φ	速度势
φ'	流速因数
ν	流体黏度
Q	流量
λ	水头损失系数
γ	容重
ζ	阻力系数
C_p	压力系数
δ	边界层厚度
ϕ	修正系数
C_D	阻力系数
C_L	升力系数

第 7 章

符号	名称
f	材料条纹值
F	载荷

σ	应力
I	光强
ϕ	相位
λ	波长
δ	相位增量
M	弯矩
J_z	惯性矩

第 8 章

符号	名称
σ	应力
R	应力循环对称系数
σ_{-1}	疲劳极限
S_{-1}	标准差
K	应力强度因子
W	宽度
B	厚度
a	裂纹长度
S	跨度
$W-a$	韧带
F_q	载荷
M	弯矩
J_z	惯性矩

说明:

本书中涉及字母较多,存在重复现象,相同字母在不同章节中释义不同,现分章列举字母含义。例如:字母“E”在第 1 章中代表弹性模量,在第 3 章中代表光波振动,在第 4 章中代表势能;字母“δ”在第 3 章中代表光程差,在第 4 章中代表阻尼系数,在第 5 章中代表挠度,在第 6 章中代表边界层厚度,在第 7 章中代表相位增量等。

第1章 实验误差分析和数据处理

1.1 误差的概念

用实验方法对材料的力学性能进行研究或者对结构进行应力分析时，都必须定量地测量一定的几何量和物理量，例如，长度、力、压力等。通过测量得到的数值，一般与真值会存在差异，该差异称为误差。实验中的误差是很难完全避免的，但随着测试手段精密程度的改进、测量人员技术水平的提高以及测量环境的改善，可以减少误差，或者减少误差的影响，提高实验准确程度。介绍误差分析和数据处理的目的，就是提高学生排除或减少误差的能力，掌握正确处理实验数据，使测量值更接近真值。设绝对误差为 Δ，它与测量值 x、真值 x_0 的关系为

$$\Delta = x - x_0 \tag{1.1}$$

为了计算误差，必须知道真值。真值是客观存在的实际值。严格地说，真值是某一时刻和某一位置或状态下测量对象的某一物理量的实际值(如某材料在某温度下的电阻值，某构件上某一点在某瞬时的应力等)，是与时间、地点、条件有关的。有些真值可以用理论公式表达，如三角形的内角和为 180°；有些真值是经国际计量大会规定的(叫约定真值)，如 1 米是 1/299 792 458 秒的时间间隔内光在真空中行程的长度。但约定真值一般是接触不到的，人们通常能接触到的除理论真值外就是相对真值：高一级标准器的误差为低一级标准器(或普通仪器)误差的 1/5(或 1/20～1/3)时，前者可认为是后者的相对真值。例如，三级测力计可以作为校准试验机载荷精度的相对真值，通过比较测力计和试验机刻度盘读数，可得到试验机刻度盘读数的修正值或误差。通常情况下，误差是测量值与理论真值或相对真值相比得到的。但还有大量情况下的真值是未知数，例如某工程结构承受的载荷，某材料试件被拉断时的载荷等，只能根据测量仪器的精度去估算可能产生的误差。

误差的大小通常用绝对误差或相对误差来描述。绝对误差反映了测量值对于真值的偏差大小。但绝对误差往往不能反映测量的可信程度，例如对于量程分别为 100 kN 和 1 kN 的两台试验机，如果满量程测量的绝对误差都是 0.1 kN，那么它们的可信程度显然不同，而绝对误差并不能反映这种差别。因此，在工程上一般采用相对误差 γ，即绝对误差 Δ 与真值 x_0 之比，即

$$\gamma = \frac{x - x_0}{x_0} \times 100\% \tag{1.2}$$

在工程中，一般采用相对误差 γ 来说明测量值的准确度和可信程度。这样，量程为 100 kN 的试验机，最大测量误差为 0.1 kN 时，满量程的相对误差为 0.1%；而对量程为 1 kN 的试验机，满量程的相对误差则为 10%。可见 0.1 kN 的绝对误差对 100 kN 的试验机是很小的；而对 1 kN 的试验机则是不允许的。

1.2 误差的分类

误差的分类方法有很多，按其产生原因和性质的不同，可分为系统误差、随机(偶然)误差和过失误差三种。

1.2.1 系统误差

系统误差是按某一确定规律变化的误差。即在同一条件下进行多次测量时，绝对值和符号均保持不变的误差；条件改变时，按某一规律改变的误差。例如试件安装不正确(偏心)、仪器磨损和油污引起的灵敏度下降；或测量人员读数习惯不正确等所造成的误差，都属于系统误差。对于这类误差，如果能找到产生误差的原因或误差的变化规律，是不难加以消除或修正的。例如，试件安装时偏心对纵向变形测量带来的误差，可以用对称安装两个引伸仪，取其读数平均值的方法加以消除；增量法可以消除初始读数或调零不准造成的误差。如果能确定系统误差的大小和方向，则可以用修正的办法找真值，即真值＝测量值－修正值。

产生系统误差的原因通常有以下 5 种。

(1) 方法误差：测量方法的设计不能完全符合所依据的理论、原理；或由于理论本身不够完善所导致的误差。

(2) 仪器误差：测量所使用的仪器、设备不够完善(包括仪器没有经过正确校准)而产生的误差。

(3) 安装误差：测量系统布置(布局)不合理、安装不正确以及调整不当而造成的误差。

(4) 环境误差：环境因素(温度、湿度、电磁场等)的作用而形成的误差。

(5) 人身误差：测量人员的生理特点、心理状态以及个人习惯引起的误差。

1.2.2 随机误差

随机误差是指在条件不变情况下多次测量时，误差的绝对值和符号变化没有确定规律的误差。例如，刻度盘刻线不够均匀一致，读数时对估计读数有时偏大有时偏小，测量环境受到偶然性的干扰，等等，这些都会引起随机误差。通常所说的实验误差，实际上多指随机误差。随机误差难以排除，但可以用改进测量方法和数据处理方法，减少对测量结果的影响。例如，用多次测量取平均值配合增量法，可以使随机误差相互抵消一部分，得到最佳值；根据随机误差的分布规律，估算标准偏差；等等。

1. 分布规律

大量实验结果表明随机误差大多数服从正态分布。正态分布的概率密度函数为

$$P(\delta)=\frac{1}{\sqrt{2\pi}\sigma}e^{-\frac{\delta^2}{2\sigma^2}} \tag{1.3}$$

式中：δ 为随机误差；σ 为随机误差的标准偏差；e 为自然常数。

随机误差的概率分布曲线如图 1－1 所示。它具有以下规律：

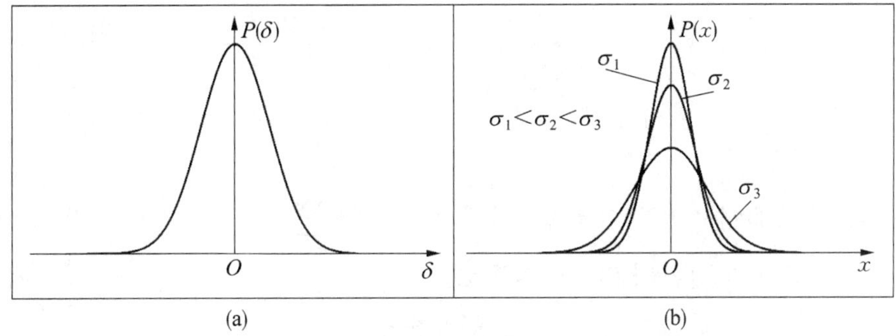

图 1－1　随机误差的概率分布曲线及 σ 值对概率分布的影响

(1) 对称性：绝对值相等的正、负误差出现的概率相同。

(2) 单峰性：绝对值小的误差出现的概率大。

(3) 有界性：绝对值很大的误差出现的概率接近于 0，即绝对值不会超过某一界限。

(4) 抵偿性：当实验测量次数趋近于无穷多时，误差的代数和趋于 0。

2. 最佳值——算术平均值

采用不同的方法计算平均值时所得到的误差值不同，误差出现的概率也不同。若选取方法得当可以使误差最小，概率最大，由此计算的平均值是最佳值。若每次测量的误差为

$$\Delta_i=x_i-x_0(i=1,\ 2,\ 3,\ \cdots,\ n) \tag{1.4}$$

其算术平均值为

$$\frac{\sum_{i=1}^{n}\Delta_i}{n}=\frac{\sum_{i=1}^{n}(x_i-x_0)}{n}=\frac{\sum_{i=1}^{n}x_i}{n}-x_0=\bar{x}-x_0 \tag{1.5}$$

根据随机误差的抵偿性可知 $\lim\limits_{n\to\infty}\frac{\sum_{i=1}^{n}\Delta_i}{n}=0$，故 $\bar{x}=x_0$，即算术平均值趋于真值，是最佳值。

实际上测量次数是有限的，只能得到估计值，即

$$\bar{x}=\frac{\sum_{i=1}^{n}x_i}{n} \tag{1.6}$$

3. 标准偏差

单次测量的标准偏差 σ 即无穷多次测量时，各个误差均方根的极限。把各个误差的平

方累加,取其平均,称为方差,用σ^2表示,即

$$\sigma^2 = \lim_{n\to\infty}\frac{\sum_{i=1}^{n}\Delta_i^2}{n} \tag{1.7}$$

标准偏差为

$$\sigma = \lim_{n\to\infty}\sqrt{\frac{\sum_{i=1}^{n}\Delta_i^2}{n}} = \lim_{n\to\infty}\sqrt{\frac{\sum_{i=1}^{n}(x_i - x_0)^2}{n}} \tag{1.8}$$

对于有限次数的测量,因为各个偏差代数和为0,即$\sum_{i=1}^{n}(x_i - \bar{x}) = 0$,所以$n$个偏差中只有$n-1$个是独立的。因此标准偏差可写成

$$\sigma = \sqrt{\frac{\sum_{i=1}^{n}(x_i - \bar{x})^2}{n-1}} \tag{1.9}$$

标准偏差不是具体的误差值,它的大小只是说明在一定条件下等精度测量的每个测量值对其算术平均值的分散程度。如果σ的值越小,则说明每次测量值对其算术平均值的分散度就越小,测量的精度越高,反之则精度低。

4. 测量值的置信区间和置信概率

用算术平均值作为期望的估计值,可以求出表征其分散程度的标准偏差,但这还不够,还需要知道真值落在某个数值区间的可能性是多少。这就是数理统计中的区间估计问题。该数值区间称为置信区间,其界限称为置信限。该置信区间包含真值的概率称为置信概率,也称置信水平。置信限和置信概率合起来说明了测量结果的可靠程度,称为置信度。显然,对于同一测量结果,置信限越宽,置信概率就越大;反之就越小。

由于误差δ在某个区间出现的概率与其标准偏差σ的大小密切相关,故一般把置信取为σ的若干倍,即

$$\Delta = \pm k\sigma \tag{1.10}$$

则测量误差落在某个区间的概率为

$$P(\delta) = \int_{-k\sigma}^{k\sigma} P(\sigma) \tag{1.11}$$

当k值确定后,则置信概率就可以确定。

对于正态分布,当$k=1, 2, 3$时,对应的概率分别为$P(\delta)=0.683, 0.954, 0.997$,即误差大于$\pm 3\sigma$的可能性为0.3%。而几十次测量后绝对值大于$3\sigma$的误差是不可能出现的。因此可以用$3\sigma$来判断单次测量值的误差是否属于随机误差。如果某误差大于3σ,则可认为该测量值是不正常的,应该剔除。

由于一般的测量可能只有几十次,甚至几次,此时测量值不符合正态分布,若仍然用2σ和3σ作为误差限很可能对误差范围估计不足。

1.2.3　过失误差

过失误差是由于测量人员的技术性失误或非技术性原因造成的误差。例如，测错、读错、记错、实验条件(如温度、真空度)未达到预期要求等。这些由于疏忽大意、操作不当或设备出了故障引起明显不合理的测量值，通常可以从结果中剔除。但必须慎重地判明的确是属过失误差才能将之剔除。这类误差一般是无规律的，但由于是来自人为的错误，因此是可以通过认真细致的测量操作避免的。

1.2.4　误差的传递

实际测量中，有些物理量能够直接测量获得，如长度、时间、质量等。有些物理量是不能直接测量得到，而是需要通过测量其他物理量，再通过相应的公式计算得到，如材料的弹性模量 $E=\frac{Fl}{A\Delta l}$。要测定 E，就需要首先测量出载荷 F、长度 l、Δl 和截面积 A。在测量这些物理量时本身就有误差，这些误差必将对 E 的测量结果产生影响。如何确定这些误差的影响，这就是误差的传递问题。

设 $y=f(x_1, x_2, \cdots, x_n)$，其中 y 是间接测量值，$x_1, x_2, \cdots, x_n$ 是直接测量值。若以 $\Delta x_1, \Delta x_2, \cdots, \Delta x_n$ 分别表示测量值 $x_1, x_2, \cdots, x_n$ 的误差，由泰勒级数展开得到 y 的误差为

$$\Delta y=\frac{\partial f}{\partial x_1}\Delta x_1+\frac{\partial f}{\partial x_2}\Delta x_2+\cdots+\frac{\partial f}{\partial x_n}\Delta x_n \tag{1.12}$$

相对误差为

$$\frac{\Delta y}{y}=\frac{\partial f}{\partial x_1}\frac{\Delta x_1}{y}+\frac{\partial f}{\partial x_2}\frac{\Delta x_2}{y}+\cdots+\frac{\partial f}{\partial x_n}\frac{\Delta x_n}{y} \tag{1.13}$$

式中：$\frac{\partial f}{\partial x_i}$ 为误差传递系数。

1.3 测量精度

精度是表示测量结果与真值的接近程度，它反映了系统误差和随机误差对测量结果的综合影响程度。无论是材料的力学性能实验，还是应变测试实验中所测得数据，都是近似值。因为测量所用的砝码、力传感器、引伸计和应变仪等，本身的精度是有限的，测量得到的数据都不是绝对精确。例如某实验有3%的误差，即指其不准确度不会超出3%。又如，某100 kN试验机的精度为±0.5%，是包含有两种要求：一是要求此试验机每一读数的随机误差(偶然误差)为±0.5%；如示值为50 kN时，其相对真值在50 000(1 ± 0.5%) = 49 750 ~ 50 250 N，绝对误差为±250 N；而当示值为1 000 N时，其相对真值在1 000(1 ± 0.5%) = (995 ~ 1 005)N，绝对误差为±5 N。二是要求最大误差不超过满量程的±0.5%，即0~100 kN量程，其最大误差绝对值小于100 000 × 0.5% = 500 N。

在设计实验时，应根据实验要求，选择有足够精密度的仪器、设备，并选择合适的量程

(最好使用满量程的50%～80%),以最好地利用其精密度。在实验中,正确地使用、操作和读数,才能得到尽可能高的精确度。

1.4 实验数据处理

数据处理是指从获得数据开始到得出最后结论的整个加工过程,包括数据记录、整理、计算、分析和绘制图表等。通过数据处理可以确定输入量、输出量之间的关系,从而揭示事物的本质及事物之间的内在联系。

1.4.1 列表法

对一个物理量进行多次测量或研究几个量之间的关系时,往往借助于列表法把实验数据列成表格。其优点是:使大量数据表达清晰醒目,条理化,易于检查数据和发现问题,避免差错,同时有助于反映物理量之间的对应关系。

列表没有统一的格式,但所设计的表格要能充分反映上述优点,应注意以下几点:

(1) 各栏目均应注明所记录的物理量的名称和单位。

(2) 栏目的顺序应充分注意数据间的联系和计算顺序,力求简明、齐全、有条理。

(3) 表中的原始测量数据应正确反映有效数字,数据不应随便涂改,确实要修改数据时,应将原来数据画条杠以备随时查验。

(4) 对于函数关系的数据表格,应按自变量由小到大或由大到小的顺序排列,以便于判断和处理。

1.4.2 经验公式法

在实验和工程技术中经常用公式来表示所有的测量数据。把全部数据用一个公式来代替不仅简明扼要,而且可以对公式进行必要的数学运算,便于研究自变量与函数之间的关系,确立被测量的变化规律。

要建立一个能够正确表达测量数据的公式是不容易的,很大程度上取决于测量人员的理论知识、经验和判断力,同时需要很多次试验,才可能得到与测量数据接近的公式。建立经验公式的步骤主要如下:

(1) 以自变量作为横坐标,对应测量值作为纵坐标,把测量数据点描绘成测量曲线。

(2) 分析测量曲线,初步确定公式的基本形式。

(3) 确定经验公式中的常数。

(4) 检验公式的准确性。

① 如果测量曲线是直线,即两个变量之间是线性关系,那么可以采用线性拟合方法得到对应的经验公式。最常见的拟合方法是最小二乘法。

最小二乘法的基本原理是,求残差平方和最小的情况下的最佳直线。若令拟合直线方程为

$$y=a+bx \tag{1.14}$$

而测量数据 y_i 与该拟合直线上对应的理想值 $\hat{y}_i$ 间的残差为

$$v_i = y_i - \hat{y}_i (i = 1, 2, \cdots, n) \tag{1.15}$$

按照最小二乘法法则，应该使 $\sum_{i=1}^{n} v_i^2$ 最小，于是分别求 $\frac{\partial v}{\partial a}=0$ 和 $\frac{\partial v}{\partial b}=0$，即可解出 a 和 b 的值。

令 $v = \sum_{i=1}^{n} [y_i - (a + bx_i)]^2$

则 $\frac{\partial v}{\partial a} = \sum_{i=1}^{n} (-2y_i + 2bx_i + 2a) = 0 \Rightarrow \sum_{i=1}^{n} y_i - na - b\sum_{i=1}^{n} x_i = 0$

$$\frac{\partial v}{\partial b} = \sum_{i=1}^{n} (-2y_i + 2a + 2bx_i)x_i = 0 \Rightarrow \sum_{i=1}^{n} x_i y_i - a\sum_{i=1}^{n} x_i - b\sum_{i=1}^{n} x_i^2 = 0$$

$$a = \frac{\sum_{i=1}^{n} x_i \sum_{i=1}^{n} x_i y_i - \sum_{i=1}^{n} y_i \sum_{i=1}^{n} x_i^2}{\left(\sum_{i=1}^{n} x_i\right)^2 - n\sum_{i=1}^{n} x_i^2} \tag{1.16}$$

$$b = \frac{\sum_{i=1}^{n} x_i \sum_{i=1}^{n} y_i - n\sum_{i=1}^{n} x_i y_i}{\left(\sum_{i=1}^{n} x_i\right)^2 - n\sum_{i=1}^{n} x_i^2}$$

② 如果根据测量数据描绘的是曲线，则要根据曲线的特点和已有数学曲线，判断曲线属于哪种类型。若无法判断是哪一类曲线，则可以按多项式回归处理。对于某些确定曲线，可以先将该曲线变换为直线方程，然后按一元回归方法处理。

1.4.3　直线拟合的相关系数检验

为了检查通过一元回归得到的拟合直线是否符合实际情况，常用相关系数 r 来描述两个变量 x、y 之间线性关系的密切程度，即

$$r = \frac{L_{xy}}{\sqrt{L_{xx}L_{yy}}} = \frac{\sum_{i=1}^{n} (x - \bar{x})(y - \bar{y})}{\sqrt{(x - \bar{x})^2}\sqrt{(y - \bar{y})^2}} \tag{1.17}$$

式中：$\bar{x} = \frac{\sum_{i=1}^{n} x_i}{n}$，$\bar{y} = \frac{\sum_{i=1}^{n} y_i}{n}$。

当 $0 < |r| < 1$ 时，x 与 y 之间存在线性关系；当 $|r| \to 1$ 时，x 与 y 之间关系密切；当 $|r| \to 0$ 时，x 与 y 之间不存在线性关系，必须进行相关系数的检查。

具体检查步骤如下：

(1) 按式(1.17)计算相关系数 r。

(2) 给定显著水平 α，按 $n-2$ 数值查表 1-1，查出相应的临界值 r_α。

(3) 比较 $|r|$ 与 r_α 的大小。如果 $|r| < r_\alpha$，则 x 与 y 之间不存在线性关系，r 在显著水平 α 是不显著的，即用直线表述 x 与 y 之间的关系是不合理的。

表 1-1 相关系数显著性检查表

$n-2$	α		$n-2$	α	
	0.05	0.01		0.05	0.01
1	0.997	1.000	21	0.413	0.526
2	0.950	0.990	22	0.404	0.515
3	0.878	0.959	23	0.396	0.505
4	0.811	0.917	24	0.388	0.496
5	0.754	0.874	25	0.381	0.487
6	0.707	0.834	26	0.374	0.478
7	0.666	0.798	27	0.367	0.470
8	0.632	0.765	28	0.361	0.463
9	0.602	0.735	29	0.355	0.456
10	0.576	0.708	30	0.349	0.449
11	0.553	0.684	35	0.325	0.418
12	0.532	0.661	40	0.304	0.393
13	0.514	0.641	45	0.288	0.372
14	0.497	0.623	50	0.273	0.354
15	0.482	0.606	60	0.250	0.325
16	0.468	0.590	70	0.232	0.302
17	0.456	0.575	80	0.217	0.283
18	0.444	0.561	90	0.205	0.267
19	0.433	0.549	100	0.195	0.254
20	0.423	0.537	200	0.138	0.181

第2章

电阻应变测量基础

2.1 应变电阻效应

电阻应变测量是将应变转换成电信号进行测量的方法，简称电测法。电测法的基本原理是：将电阻应变片（简称应变片）粘贴在被测构件的表面，当构件发生变形时，应变片随着构件一起变形，应变片的电阻值将发生相应的变化。通过电阻应变测量仪器（简称电阻应变仪）可测量应变片中电阻值的变化，并换算成应变值或输出与应变成正比的模拟电信号（电压或电流），用记录仪记录下来。也可用计算机按预定的要求进行数据处理，得到所需要的应变或应力值。

电测法具有灵敏度高的特点，应变片体积小且可在高（低）温、高压等特殊环境下使用。测量过程中的输出量为电信号，便于实现自动化和数字化，并能进行远距离测量及无线遥测。

从物理学可知，金属导线的电阻值 R 与线的长度 L 成正比，而与其截面积 A 成反比，即

$$R=\rho \frac{L}{A} \tag{2.1}$$

式中：ρ 为电阻系数。

当金属细丝受拉力而伸长时，长度增大且截面积减小，其电阻值会增大；反之如金属细丝因受压力而缩短，即长度减小且截面积增大时，则电阻值就会减小。这种金属丝材的电阻值有规律变化的现象称为金属丝的应变电阻效应。

为了具体分析其规律性，需从数学上进行推导，可将式(2.1)两边取对数和微分，得

$$\frac{\mathrm{d}R}{R}=\frac{\mathrm{d}\rho}{\rho}+\frac{\mathrm{d}L}{L}-\frac{\mathrm{d}A}{A} \tag{2.2}$$

式中：$\frac{\mathrm{d}R}{R}$ 为电阻的相对变化；$\frac{\mathrm{d}\rho}{\rho}$ 为电阻率的相对变化；$\frac{\mathrm{d}L}{L}$ 为金属丝的长度相对变化，这就是力学中称为应变的量，用 ε 表示，又称为金属丝长度方向的应变或轴向应变；$\frac{\mathrm{d}A}{A}$ 是截面积的相对变化；如金属丝截面积为圆形，则 $A=\pi r^2$，r 为金属丝的半径；同理 $\frac{\mathrm{d}A}{A}=2\frac{\mathrm{d}r}{r}$，$\frac{\mathrm{d}r}{r}$ 为金属丝的半径相对变化，即径向应变 ε_r。

由材料力学可知,在弹性范围内金属丝沿长度方向伸长时 $\varepsilon_r=-\mu\varepsilon$,即

$$\frac{\mathrm{d}A}{A}=-2\mu\frac{\mathrm{d}L}{L} \tag{2.3}$$

如金属丝截面积为矩形,也可如此推导。

此外,根据已有的研究结果表明:$\frac{\mathrm{d}\rho}{\rho}=C\frac{\mathrm{d}V}{V}$,其中 C 是材料的电阻率常数,$V=AL$ 是材料的体积,故有 $\frac{\mathrm{d}V}{V}=\frac{\mathrm{d}A}{A}+\frac{\mathrm{d}L}{L}$,则

$$\frac{\mathrm{d}\rho}{\rho}=C\frac{\mathrm{d}V}{V}=C\left(\frac{\mathrm{d}A}{A}+\frac{\mathrm{d}L}{L}\right) \tag{2.4}$$

将式(2.3)和式(2.4)代入式(2.2)中,可得

$$\frac{\mathrm{d}R}{R}=[(1+2\mu)+C(1-2\mu)]\varepsilon=K\varepsilon \tag{2.5}$$

即金属丝电阻的相对变化与金属丝伸长或缩短之间存在比例关系,式中比例关系 K 对于一种金属材料在一定应变范围内是一常数,也称之为金属丝的灵敏系数。它的物理意义是单位应变引起的电阻相对变化。

2.2 电阻应变片的构造和使用

电阻应变片的构造很简单,把一根很细、具有高电阻率的金属丝在制片机上排绕,如图2-1所示,用胶水黏结在两片基底之间,再焊上较粗的引出线,即为早期常用的丝绕式应变片。应变片一般由敏感栅(金属丝)、黏结剂、基底、引出线和覆盖层五部分组成。若将应变片粘贴在被测构件的表面,当金属丝随构件一起变形时,其电阻值也随之变化。

常用的应变片有丝绕式应变片、短接线式应变片和箔式应变片等,典型应变片结构如图2-1所示。它们均属于单轴式应变片,即一个基底上只有一个敏感栅,用于测量沿栅轴方向的应变。在同一基底上按一定角度布置了几个敏感栅,可测量同一点沿几个敏感栅的栅轴方向的应变,因而称为多轴应变片,俗称应变花,如图2-2所示。应变花主要用于测量平面应力状态下一点的主应变和主方向。

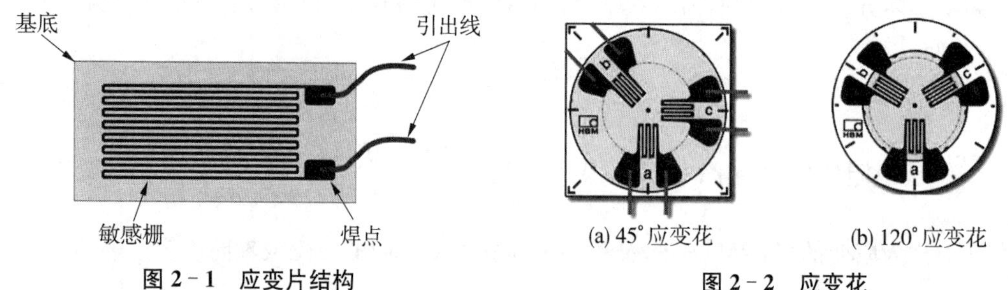

图2-1 应变片结构

图2-2 应变花

当将应变片安装在处于单向应力状态的试件表面,并使敏感栅的栅轴方向与应力方向一致时,由式(2.5)可知,应变片电阻值的变化率 $\Delta R/R$ 与敏感栅的栅轴方向的应变 ε 成正

比，即

$$\frac{\Delta R}{R}=K\varepsilon \tag{2.6}$$

式中：R 为应变片的原始电阻值；ΔR 为应变片电阻值的改变量；K 为应变片的灵敏系数。

应变片的灵敏系数一般由制造厂家通过实验测定，这一步骤称为应变片的标定。在实际应用时，可根据需要选用不同灵敏系数的应变片。

常温应变片通常采用黏结剂粘贴在构件的表面。粘贴应变片是测量准备工作中最重要的一个环节。在测量中，构件表面的变形通过黏结层传递给应变片。显然，只有黏结层均匀、牢固、不产生蠕滑，才能保证应变片准确再现构件表面的变形。应变片的粘贴由手工操作，一般按如下步骤进行：

（1）检查、分选应变片。

（2）处理构件的测点表面。

（3）粘贴应变片。

（4）加热烘干、固化。

（5）检查应变片的电阻值，测量绝缘电阻。

（6）引出导线。

在实际测量中，应变片可能处于多种环境中，有时需要对粘贴好的应变片采取相应的防护措施，以保证其安全可靠。一般在应变片粘贴完成后，根据需要可用石蜡、硅胶、环氧树脂等对应变片表面进行涂覆保护。

2.3 电阻应变片的测量电路

在使用应变片测量应变时，必须用适当的办法测量其电阻值的微小变化。因此，一般是把应变片接入某种电路，以其电阻值的变化对电路进行控制，使电路输出一个能模拟该电阻值变化的电信号，然后，只要对这个电信号进行相应的处理即可。常规电测法使用的电阻应变仪的输入回路叫作应变电桥。它是以应变片作为其部分或全部桥臂的四臂电桥，能把应变片电阻值的微小变化转化成输出电压的变化。本节仅以直流电压电桥为例加以说明。

2.3.1 电桥的输出电压

电阻应变仪中的电桥线路如图 2-3 所示，它以应变片或电阻元件作为电桥桥臂。

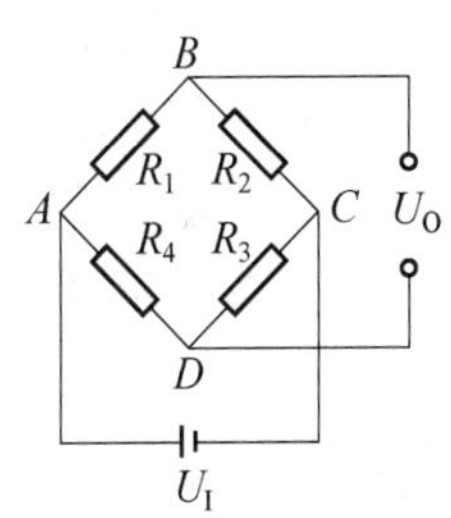

图 2-3　电桥线路

根据电工学原理，当输入端加有电压 U_I 时，可导出电桥的输出电压为

$$U_O=\frac{R_1R_3-R_2R_4}{(R_1+R_2)(R_3+R_4)}U_I \tag{2.7}$$

当 $U_O=0$ 时，电桥处于平衡状态。因此，电桥的平衡条件为 $R_1R_3=R_2R_4$。当处于平衡状态的电桥中各桥臂的电阻值分别有 ΔR_1、ΔR_2、ΔR_3 和 ΔR_4 的变化时，可近似地求得电桥的输出电压为

$$U_O \approx \frac{U_I}{R_1}\left(\frac{\Delta R_1}{R_1}-\frac{\Delta R_2}{R_2}+\frac{\Delta R_3}{R_3}-\frac{\Delta R_4}{R_4}\right) \tag{2.8}$$

如果电桥的四个桥臂均接入相同的应变片,则有

$$U_O=\frac{KU_I}{4}(\varepsilon_1-\varepsilon_2+\varepsilon_3-\varepsilon_4) \tag{2.9}$$

式中:ε_1、ε_2、ε_3 和 ε_4 分别为接入电桥四个桥臂的应变片的应变值。

2.3.2 温度效应的补偿

贴有应变片的构件总是处在某一温度场中。若敏感栅材料的线膨胀系数与构件材料的线膨胀系数不相等,则当温度发生变化时,由于敏感栅与构件的伸长(或缩短)量不相等,在敏感栅上就会受到附加的拉伸(或压缩),从而引起敏感栅电阻值的变化,这种现象称为温度效应。此外,敏感栅自身的电阻值也随温度变化,它的电阻值随温度的变化率可近似地看作与温度成正比。温度的变化对电桥的输出电压影响很大,严重时,每升温1℃,电阻应变片中可产生几十微应变。显然,这是非被测(虚假)的应变,必须设法排除。排除温度效应的措施,称为温度补偿。根据电桥的性质,温度补偿并不困难。只要用一个应变片作为温度补偿片,将它粘贴在一块与被测构件材料相同但不受力的试件上。将此试件与被测构件放在一起,使它们处于同一温度场中。粘贴在被测构件上的应变片称为工作片。在连接电桥时,使工作片与温度补偿片处于相邻的桥臂,如图 2-4 所示。因为工作片和温度补偿片的温度始终相同,所以它们因温度变化所引起的电阻值的变化也相同,又因为它们处于电桥相邻的两臂,所以并不产生电桥的输出电压,从而消除温度效应的影响。

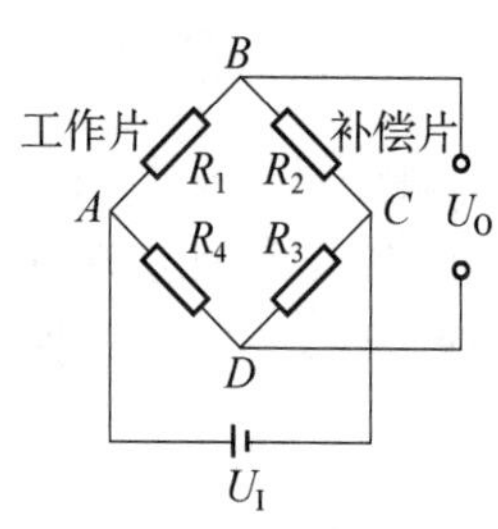

图 2-4 半桥单臂温度补偿接法

需要注意的是,工作片和温度补偿片的电阻值、灵敏系数及电阻温度系数应相同,分别粘贴在构件上和不受力的试件上,以保证它们因温度变化所引起的应变片电阻值的变化相同。

2.3.3 应变片的布置和在电桥中的接法

应变片感受的是构件表面某点的拉应变或压应变。在某些情况下,该应变可能与多种内力(如轴力和弯矩)有关。有时,只需要测量与某种内力所对应的应变而要把与其他内力所对应的应变从总应变中排除掉。显然,应变片本身不会分辨各种应变成分,但是只要合理地选择粘贴应变片的位置和方向,并把应变片合理地接入电桥,就能利用电桥的性质,从比较复杂的组合应变中测量出指定的应变。应变片在电桥中的接法有以下 3 种形式。

1) 半桥单臂接法

如图 2-4 所示,将一个工作片和一个温度补偿片分别接入两个相邻桥臂,另外两个桥臂接固定电阻。如果工作片的应变为 ε,则电桥的输出电压为

$$U_O=\frac{KU_I}{4}\varepsilon \tag{2.10}$$

2）半桥双臂接法

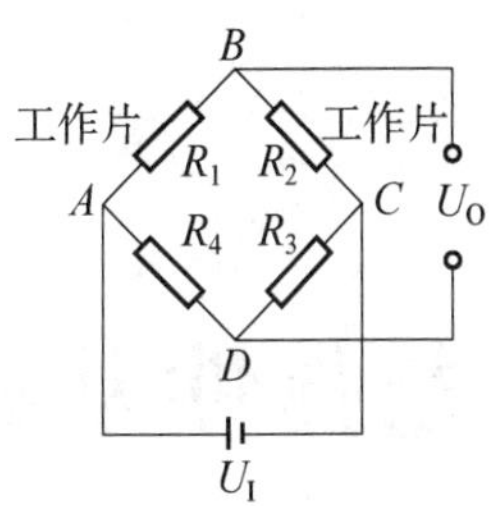

图 2-5　半桥双臂接法

如图 2-5 所示，将两个工作片接入电桥的两个相邻桥臂，另外两个桥臂接固定电阻，两个工作片同时互为温度补偿片。如果工作片的应变分别为 ε_1 和 ε_2，则电桥的输出电压为

$$U_O=\frac{KU_I}{4}(\varepsilon_1-\varepsilon_2) \tag{2.11}$$

若 $\varepsilon_1=-\varepsilon_2=\varepsilon$，则电桥的输出电压为

$$U_O=\frac{KU_I}{4}2\varepsilon \tag{2.12}$$

即为半桥单臂接法的 2 倍。

3）全桥接法

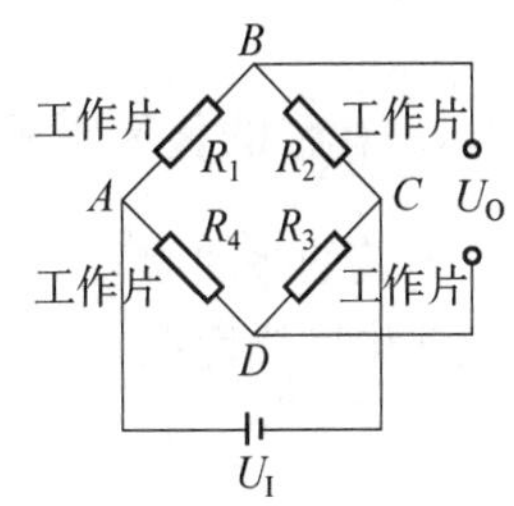

图 2-6　全桥接法

如图 2-6 所示，电桥的 4 个桥臂全部接入工作片，如果工作片的应变分别为 ε_1、ε_2、ε_3 和 ε_4，则电桥的输出电压为

$$U_O=\frac{KU_I}{4}(\varepsilon_1-\varepsilon_2+\varepsilon_3-\varepsilon_4) \tag{2.13}$$

若 $\varepsilon_1=-\varepsilon_2=\varepsilon_3=-\varepsilon_4=\varepsilon$，则电桥的输出电压为

$$U_O=\frac{KU_I}{4}4\varepsilon \tag{2.14}$$

即为半桥单臂接法的 4 倍。

当然，接入同一电桥各桥臂的应变片（工作片或温度补偿片）的电阻值、灵敏系数和电阻温度系数均应相同。

应变片在构件上的布置可根据具体情况灵活采取各种不同的方法。应变片在构件上的布置和在电桥中的接法可参见有关资料。

第 3 章

光弹性基础

3.1 光波的叠加

3.1.1 波的叠加原理

波的叠加原理:几个波在相遇点产生的合振幅是各个波单独在该点的振幅的矢量和。光波也同样遵循叠加原理。若有 n 个光波在空间 P 点相遇,该点的光波矢量和为

$$E(P)=E_1(P)+E_2(P)+\cdots+E_n(P) \tag{3.1}$$

光波的叠加原理表明了光波传播的独立性。一个光波的作用不会因为其他光波的存在而受到影响。如两个光波在相遇后又分开,每个光波仍具有原有的特性,如频率、波长、振动方向等,按照原来的传播方向继续前进。

3.1.2 两个同频率、同振动方向的单色光波的叠加

如图 3-1 所示,设 S_1、S_2 为两个频率相同、振动方向相同的单色光光源,它们相遇在空间中某一点 P, P 到 S_1、S_2 的距离分别为 r_1、r_2,两光波在 P 点产生的振动分别为

$$\begin{aligned}E_1&=a_1\cos(kr_1-\omega t)\\E_2&=a_2\cos(kr_2-\omega t)\end{aligned} \tag{3.2}$$

式中: a_1 和 a_2 各为两光波在 P 点的振幅。

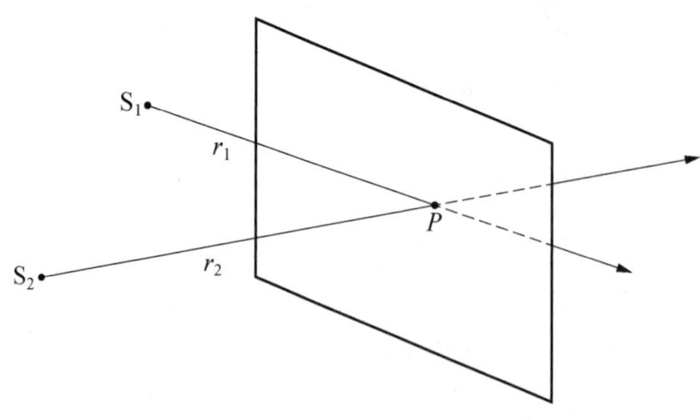

图 3-1 两光波的叠加

若令 $\alpha_1 = kr_1$，$\alpha_2 = kr_2$，则根据叠加原理，P 点的光波振动为

$$\begin{aligned} E &= E_1 + E_2 \\ &= a_1\cos(\alpha_1 - \omega t) + a_2\cos(\alpha_2 - \omega t) \\ &= A\cos(\alpha - \omega t) \end{aligned} \tag{3.3}$$

其中

$$A^2 = a_1^2 + a_2^2 + 2a_1a_2\cos(\alpha_2 - \alpha_1) \tag{3.4}$$

$$\tan\alpha = \frac{a_1\sin\alpha_1 + a_2\sin\alpha_2}{a_1\cos\alpha_1 + a_2\cos\alpha_2} \tag{3.5}$$

可见，P 点的合振动也是一个简谐振动，其振动频率与方向都与原来的单色波相同，振幅与相位由式(3.4)和式(3.5)决定。

若 $a_1 = a_2 = a$，且令 $I_0 = a^2$，$\delta = \alpha_2 - \alpha_1$，则式(3.4)可写成

$$I = 4I_0\cos^2\frac{\delta}{2} \tag{3.6}$$

式(3.6)表明在 P 点合振动的光强 I 取决于两光波的光强及它们的相位差。当 $\delta = 2n\pi(n = 0, \pm 1, \pm 2, \cdots)$ 时，$I = I_{\max} = 4I_0$，P 点的光强度最大；而当 $\delta = (2n+1)\pi(n = 0, \pm 1, \pm 2, \cdots)$ 时，$I = I_{\min} = 0$，P 点的光强度最小。

3.1.3 两个同频率、振动方向互相垂直的单色光波的叠加

光源 S_1、S_2 发出的两个频率相同、振动方向互相垂直的单色波，振动方向分别平行于 x 轴、y 轴，并沿 z 轴方向传播，如图 3-2 所示。两光波在 P 点的振动可表示为

$$\begin{aligned} E_x &= a_1\cos(kz_1 - \omega t) \\ E_y &= a_2\cos(kz_2 - \omega t) \end{aligned} \tag{3.7}$$

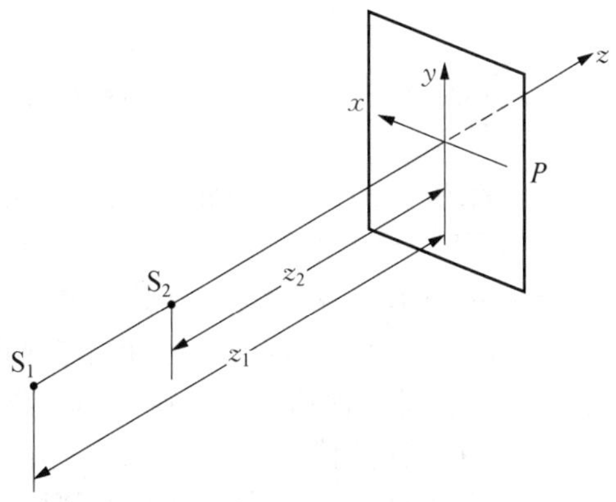

图 3-2 振动互相垂直的光波叠加

根据叠加原理，P 点合振动为

$$\begin{aligned}\boldsymbol{E} &= \boldsymbol{x}_0 E_x + \boldsymbol{y}_0 E_y \\ &= \boldsymbol{x}_0 a_1 \cos(kz_1 - \omega t) + \boldsymbol{y}_0 a_2 \cos(kz_2 - \omega t)\end{aligned} \tag{3.8}$$

消去参数 t,求得合振幅矢量末端运动轨迹方程为

$$\frac{E_x^2}{a_1^2} + \frac{E_y^2}{a_2^2} - 2\frac{E_x E_y}{a_1 a_2}\cos(\alpha_2 - \alpha_1) = \sin^2(\alpha_2 - \alpha_1) \tag{3.9}$$

式中:$\alpha_1 = kz_1$, $\alpha_2 = kz_2$。

一般情况下,式(3.9)是一个椭圆方程,它表示在垂直于光传播方向平面上,合振动矢量末端的运动轨迹为一椭圆,且该椭圆内切于边长为 $2a_1$, $2a_2$ 的长方形,椭圆长轴与 x 轴的夹角为 ψ,如图 3-3 所示。把合矢量以角频率 ω 周期旋转,其矢量末端的运动轨迹为椭圆的光,称为椭圆偏振光。

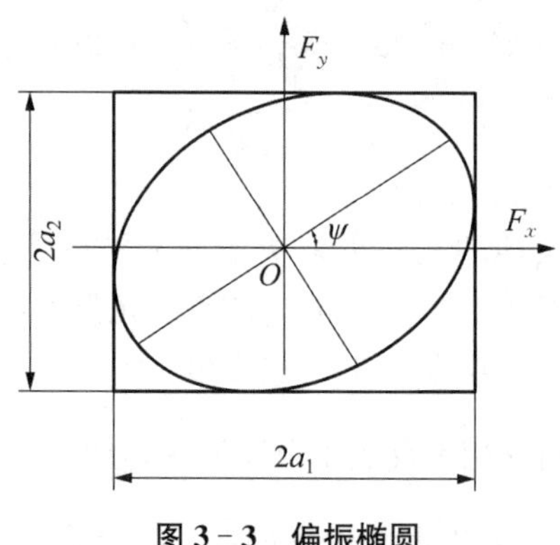

图 3-3 偏振椭圆

3.2 平面光弹性的基本原理

3.2.1 概述

光弹性在航天、航空、造船、汽车、机械、动力、生物工程、电子、材料等许多行业均有应用,而且发展越来越快。

光弹性是光测力学中比较古老的方法,到 20 世纪 60 年代三维冻结切片光弹性方法趋于成熟,并在工程中得到广泛的应用。光弹性的主要特点是方法直观,它能直接显示应力集中区域,并准确给出应力集中部位的量值;它不但可以得到边界应力而且能求得结构的内部应力。特别是这一方法不受形状和载荷的限制,可以对工程复杂结构进行应力分析。

20 世纪 60 年代激光的出现,提供了一种相干性特别好的光源,将这一光源引入光弹性中则出现了全息光弹性。这一方法可以得到等和线 ($\sigma_1 + \sigma_2$),从而弥补了传统光弹性只能得到等差线 ($\sigma_1 - \sigma_2$) 的不足,并使全场应力和接触应力的直接测量成为可能。应用计算机图像处理技术,可省去全息光弹性方法显影和定影,直接在计算机上显示结果。

3.2.2 平面光弹性应力定律

平面光弹性是指光弹模型处于平面受力状态的情况。当光线垂直于模型的平面入射

时，沿光线传播方向，即模型厚度方向上各点主应力大小和方向均保持不变。在光弹性中的平面问题包括平面应力状态和平面应变状态。

在光弹性试验中，常用自然光(白光)或单色光做光源。白光或单色光经过起偏振镜形成平面偏振光，光弹性中常用的单色光有绿光和黄光等。只要不超过模型材料的弹性极限，通过模型的光波按模型材料的暂时双折射性质将遵循下列 2 条规律。

(1) 光波垂直通过平面受力模型内任一点时，它只沿这点的两个主应力方向分解并振动，且只在主应力平面内通过。

(2) 两光波在两主应力平面内通过的速度不等，因而其折射率发生了改变，其变化量与主应力大小成线性关系。这就是布儒斯特(Brewster)定律

$$\begin{aligned} n_1 - n_0 &= A\sigma_1 + B(\sigma_2 + \sigma_3) \\ n_2 - n_0 &= A\sigma_2 + B(\sigma_3 + \sigma_1) \end{aligned} \tag{3.10}$$

在平面应力状态 $\sigma_3 = 0$，可得

$$n_1 - n_2 = (A - B)(\sigma_1 - \sigma_2) = C(\sigma_1 - \sigma_2) \tag{3.11}$$

式中：n 为折射率；A，B 为模型材料的应力光学常数，而 $C = A - B$ 为模型材料的绝对应力光学系数。

由于两光波通过模型时沿应力 σ_1，σ_2 方向内的折射率不同，故通过模型厚度 d 后产生的光程差 δ，即

$$\delta = (n_1 - n_2)d = Cd(\sigma_1 - \sigma_2) \tag{3.12}$$

相对光程差 δ' 为

$$\delta' = \frac{\delta}{\lambda} = \frac{Cd}{\lambda}(\sigma_1 - \sigma_2) \tag{3.13}$$

式中：在光弹模型及光源确定的情况下，C、d、λ 都是确定的值。

式(3.12)和式(3.13)称为平面光弹性的应力-光学定律。它是光弹性实验的基础。由此可见，只要求出了光程差或相对光程差后，就可以求出平面模型内各点的主应力差。这样将求主应力值的力学问题转换为求光程差的光学问题。把式(3.12)和式(3.13)改写成

$$\sigma_1 - \sigma_2 = \delta'\sigma_0 = \frac{\delta' f_0}{d} \tag{3.14}$$

式中：常数 σ_0 为模型条纹值，N/m^2；$f_0 = \lambda/C$ 为材料条纹值，N/m，它是反映模型材料灵敏度的一个重要指标，f_0 越小，材料越灵敏。常用的环氧树脂板材，f_0 约为 13 kN/m。

3.3 平面正交偏振光场装置——获得等倾线和等差线

3.3.1 平面偏振光装置

图 3-4 表示平面正交偏振光场装置。当受力模型布置在偏振光场时，通过起偏振镜的光线被检偏镜挡去，故投影幕上是暗的，称为暗场。式(3.12)所示的光程差 δ 可由图 3-4

所示的平面偏振光装置，用光的干涉原理来测量。要使两束光相干涉必须满足三个条件：同频率、同振动方向及光程差或位相差稳定。由图3-5可知，沿σ_1和σ_2的两平面偏振光u_1和u_2都是由平面偏振光Ou_p分解出来的，经过模型后又有稳定的光程差或位相差，故能满足相干光的同频率和位相差稳定这两个条件；当u_1和u_2相通过检偏镜A后，它们的分量在偏振轴方向处于同一平面，从而也满足同方向的条件，这样u_1和u_2之间便产生干涉现象。

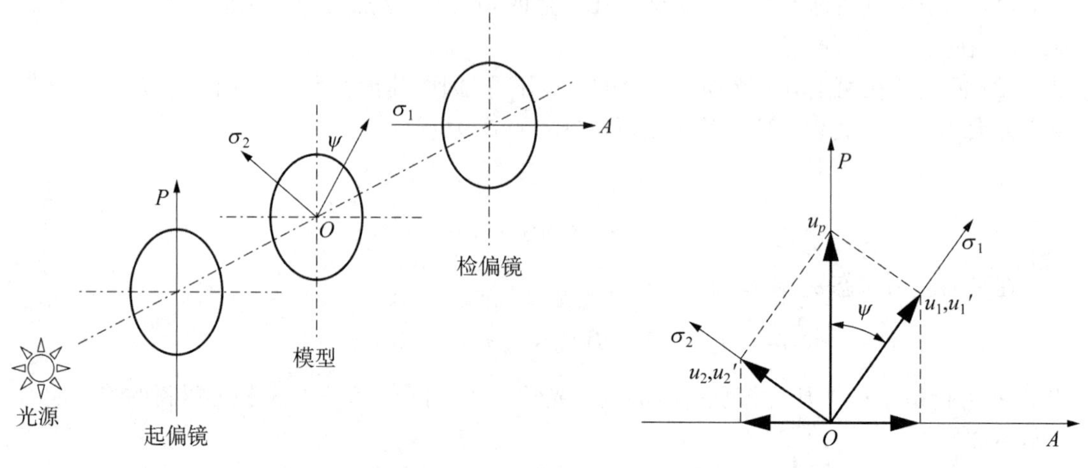

图3-4　平面正交偏振光场装置　　**图3-5　偏振轴与应力轴的相对位置**

3.3.2　受力模型置于平面正交偏振光场中的光弹性效应

单色光经起偏振镜变为平面偏振光u，其波动方程为

$$u = A\sin\omega t \tag{3.15}$$

模型O点的主应力σ_1与分析镜偏振轴夹角为ψ。当u入射到模型表面，便发生暂时双折射现象，即u沿σ_1和σ_2分解为u_1和u_2两束平面偏振光

$$\begin{aligned} u_1 &= A\sin\omega t \cdot \cos\psi \\ u_2 &= A\sin\omega t \cdot \sin\psi \end{aligned} \tag{3.16}$$

u_1和u_2通过模型后，产生的位相差为ϕ，则u_1和u_2变为

$$\begin{aligned} u_1' &= A\sin(\omega t + \phi) \cdot \cos\psi \\ u_2' &= A\sin\omega t \cdot \sin\psi \end{aligned} \tag{3.17}$$

通过检偏镜A后的合成光波u_3为

$$u_3 = A\sin 2\psi \sin\frac{\phi}{2}\cos\left(\omega t + \frac{\phi}{2}\right) \tag{3.18}$$

u_3为平面偏振光。其中$A\sin 2\psi \cdot \sin(\phi/2)$为其振幅，其光强$I$与振幅平方成正比，可表示为

$$I = KA^2\sin^2 2\psi \cdot \sin^2\left(\frac{\phi}{2}\right) \tag{3.19}$$

因为相位差 $\phi = 2\pi\delta/\lambda$，所以式(3.19)可写成

$$I = KA^2\sin^2 2\psi \cdot \sin^2\left(\frac{\pi\delta}{\lambda}\right) \tag{3.20}$$

式中：δ 为光程差，λ 为波长，A 为振幅，K 为常数。

3.3.3 等倾线和等差线

在式(3.20)中若光强 $I = 0$，则该点在投影幕上会呈黑暗，有两种情况分别讨论如下：

(1) $\sin 2\psi = 0$(等倾线)。

满足 $\sin 2\psi = 0$，只能是 $\psi = 0°$ 或 $\psi = 90°$。这时在模型上，两个主应力方向(分别与起偏振镜、检偏镜的偏振轴方向相同)的一系列点的轨迹线由于消光而成为一条黑的线，称为等倾线，同一等倾线上主应力方向相同。模型平面内主应力方向是逐点不同的，因此若在 0°到 90°内同步转动正交的起偏振镜及分析镜，就可以得到整个模型平面内的等倾线。

(2) $\sin\left(\frac{\pi\delta}{\lambda}\right) = 0$(等差线)。

满足 $\sin\left(\frac{\pi\delta}{\lambda}\right) = 0$，只能是 $\frac{\pi\delta}{\lambda} = N\pi$，即 $\delta = N\lambda$ $(N = 0, 1, 2, \cdots)$。也就是当两束光波光程差 δ 为波长 λ 的整数倍时，两波相互抵消，在检偏镜后出现黑色条纹(波光)。而当两束光波光程差 δ 为半波长 $\lambda/2$ 的奇数倍时，即 $N = 1/2, 3/2, 5/2, \cdots$ 时两波叠加，在检偏镜后幕上的条纹最亮。两束光波光程差 δ 为波长 λ 的其他数值时，幕上条纹亮度介于最黑和最亮之间。

由式(3.17)和式(3.18)可知 $\delta = n\lambda$，对照上述公式 $\delta = N\lambda$，可见 $N = n$，由于 $n = 0, 1, 2, \cdots$ 都满足消光条件，屏幕上就呈现一系列的黑色条纹，由式(3.19)可知相应的这些条纹代表主应力差相等的轨迹，故称其为等差线条纹。并依次称其为 0 级、1 级、2 级……等差线条纹，由于应力变化是连续的，相邻等差线条纹序数必然是连续的。

3.3.4 白光的应用

白光由不同波长的可见光组成。用白光做光源观察等差线时，凡是光程差为某波长的整数倍时，这一波长的颜色将在白光中消失，与其相补的颜色也就出现。因而可获得一幅彩色的等差线(或称等色线)图。根据等色线色彩的变化，可以确定条纹序数的高低。光程差为零的区域，所有的光均被干涉而呈黑色，其条纹序数为零。随着光程差的增加，色序总是按由红到黄再到绿的规律变化，这就指明了条纹序数增加的方向，从而可以确定其他各条等差线的条纹序数。另外，用白光做光源时，等倾线仍然是黑色。由于同步转动正交的平面偏振光场装置可以造成等倾线移动，而等差线不变，这样就区别了等倾线和等差线。

3.4 圆偏振光装置——消除等倾线

在平面偏振光场实验装置中，等倾线和等差线同时出现，对测量带来不便。采用圆偏振光(见图 3-6)，其光矢量为旋转矢量，不具有方向性，即可以把等倾线去除。

单色光通过起偏振镜后成为平面偏振光：$u = A\sin\omega t$，当它到达第一块 1/4 波片后，沿 1/4 波片的快、慢轴分解为两束平面偏振光，即

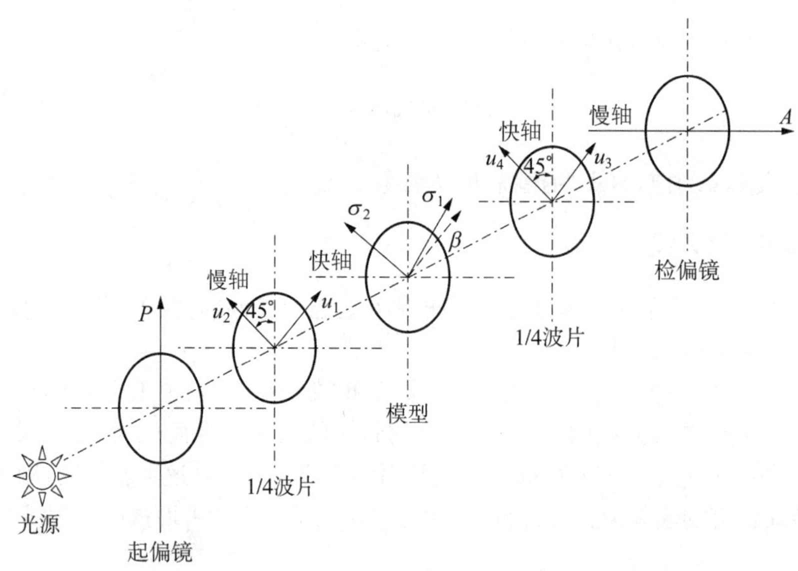

图 3-6　受力模型在双正交圆偏振光场中布置图

$$
\begin{aligned}
u_1 &= A\sin\omega t \cdot \cos 45^\circ \\
u_2 &= A\sin\omega t \cdot \sin 45^\circ
\end{aligned}
\tag{3.21}
$$

通过 1/4 波片后，相对产生的位相差为 π/2，即

$$
u_1' = \frac{\sqrt{2}}{2}A\sin\left(\omega t + \frac{\pi}{2}\right) = \frac{\sqrt{2}}{2}A\cos\omega t
$$

$$
u_2' = \frac{\sqrt{2}}{2}A\sin\omega t \tag{3.22}
$$

这两束光合成后即无方向性的圆偏振光。它失去了平面偏振光的方向性，因而能消除等倾线，只得到等差线。

设受力模型上 O 点主应力 σ_1 的方向与第一块 1/4 波片的快轴成 β($\beta=45^\circ-\psi$) 角，当圆偏振光到达 O 点时，又沿主应力 σ_1、σ_2 的方向分解为两束光，如图 3-7 所示，即

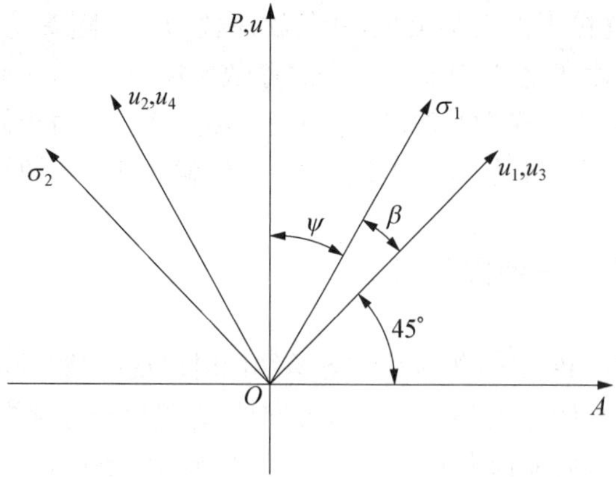

图 3-7　双正交圆偏振光场布置中各镜轴与应力主轴的相对位置

$$u_{\sigma1}=u'_1\cos\beta+u'_2\sin\beta=\frac{\sqrt{2}}{2}A\cos(\omega t-\beta)$$
$$u_{\sigma2}=u'_2\cos\beta-u'_1\sin\beta=\frac{\sqrt{2}}{2}A\sin(\omega t-\beta) \tag{3.23}$$

通过模型后产生位相差 ϕ，即

$$u'_{\sigma1}=\frac{\sqrt{2}}{2}A\cos(\omega t-\beta+\phi)$$
$$u'_{\sigma2}=\frac{\sqrt{2}}{2}A\sin(\omega t-\beta) \tag{3.24}$$

到达第二块 1/4 波片时，光波又沿该波片的快、慢轴分解为

$$u_3=u'_{\sigma1}\cos\beta-u'_{\sigma2}\sin\beta$$
$$u_4=u'_{\sigma1}\sin\beta+u'_{\sigma2}\cos\beta \tag{3.25}$$

到达第二块 1/4 波片后，又产生的位相差为 $\pi/2$，即

$$u'_3=\frac{\sqrt{2}}{2}A\left[\cos(\omega t-\beta+\phi)\cos\beta-\sin(\omega t-\beta)\sin\beta\right]$$
$$u'_4=\frac{\sqrt{2}}{2}A\left[\cos(\omega t-\beta)\cos\beta-\sin(\omega t-\beta+\phi)\sin\beta\right] \tag{3.26}$$

最后通过检偏镜 A 后得到的偏振光为

$$u_5=(u'_3-u'_4)\cos 45^\circ=A\sin\frac{\phi}{2}\cos\left(\omega t+2\psi+\frac{\phi}{2}\right) \tag{3.27}$$

光强度 I 为

$$I=K\left(A\sin\frac{\phi}{2}\right)^2=K\left(A\sin\frac{\pi\delta}{2}\right)^2 \tag{3.28}$$

若 $I=0$，则 $\frac{\pi\delta}{\lambda}=N\pi$，即

$$\delta=N\lambda\quad(N=0,\ 1,\ 2,\ \cdots) \tag{3.29}$$

式(3.29)说明，只有在光程差 δ 为单色光波长 λ 的整数倍时，消光形成黑色的等差线。故产生的黑色等差线为整数级，分别为 0 级、1 级、2 级、……

如果将检偏镜偏振轴 A 旋转 90°，其他元器件均保持不变，则在检偏镜后的光强度 I 为

$$I=K\left(A\cos\frac{\phi}{2}\right)^2=K\left(A\cos\frac{\pi\delta}{2}\right)^2 \tag{3.30}$$

若 $I=0$，则 $\frac{\pi\delta}{\lambda}=\frac{m}{2}\pi$，即

$$\delta=\frac{m}{2}\lambda\quad(m=0,\ 1,\ 3,\ \cdots) \tag{3.31}$$

可见在平行圆偏振布置产生消光的条件为光程差 δ 为单色光半波长 $\lambda/2$ 的奇数倍，故产生的黑色等差线为半数级，分别为 0.5 级、1.5 级、2.5 级、……

3.5 非整数条纹技术的确定

旋转检偏镜法分双波片法与单波片法两种。

如图 3－8 所示的双波片法，采用双正交圆偏振布置，两偏振片的偏振轴 P 和 A 分别与被测点的两个主应力方向重合。转动检偏镜 A，使被测点 O 成为黑点。此时检偏镜的偏振轴转过了 θ 角而处于 A' 的位置，通过检偏镜后的偏振光为

$$u'_5 = u'_3\cos(45° - \theta) - u'_4\cos(45° + \theta) \tag{3.32}$$

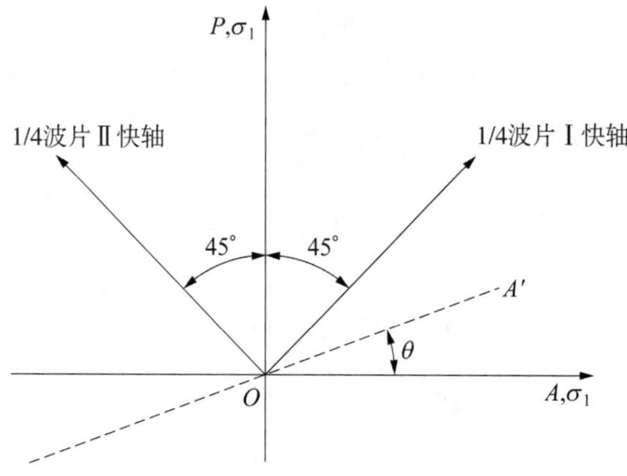

图 3－8　双波片法各主轴的相对位置

利用式(3.25)，其中 $\beta = 45°$，则

$$u'_5 = a\sin\left(\theta + \frac{\phi}{2}\right)\cos\left(\omega t + \frac{\phi}{2}\right) \tag{3.33}$$

欲使 O 成为黑点，即光强为 0，可见必须是 $\sin\left(\theta + \frac{\phi}{2}\right) = 0$，所以有

$$\theta + \frac{\phi}{2} = N\pi \quad (N = 0,\ 1,\ 2,\ \cdots) \tag{3.34}$$

将 $\phi = \frac{2\pi\delta}{\lambda}$ 代入式(3.34)，可得 $\frac{\delta}{\lambda} = N - \frac{\theta}{\pi}$。

设测点两侧附近的两个整数条纹级为 $(N-1)$ 和 N，如检偏镜向某方向转动 θ_1 角 N 级条纹移至测点，则测点的条纹值为

$$N_0 = N - \frac{\theta_1}{\pi} \tag{3.35}$$

如检偏镜向另一方向转动 θ_2 角 $N-1$ 级条纹移至测点，则测点的条纹值为

$$N_0 = (N-1) + \frac{\theta_2}{\pi} \tag{3.36}$$

如图 3-9 所示的单波片法只用模型后的一块 1/4 波片，两偏振片的偏振轴正交，与主应力方向成 45°，波片的快、慢轴与 P 或 A 平行。其他的步骤和公式与双波片法类似。

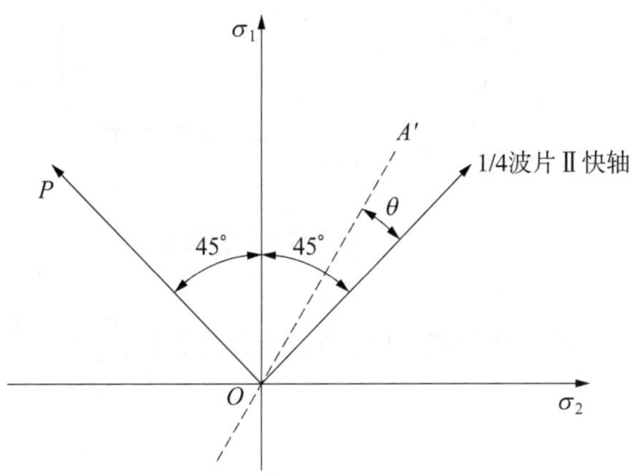

图 3-9　单波片法各主轴的相对位置

3.6 应力计算

3.6.1　自由边界应力计算

在没有外力作用的边界上，有一个主应力等于零，另一个主应力与边界相切，它就是边界应力，可直接由式(3.14)求得

$$\sigma_t = \pm n \frac{f_0}{d} \tag{3.37}$$

边界应力 σ_t 的正负符号可由拉伸试件或补偿器来确定。当 σ_t 为拉应力时 n 前取正号；当 σ_t 为压应力时 n 前取负号。由等差线应力光图直接给出边界应力，这是光弹性最重要的实际应用之一。

3.6.2　内部应力计算——剪应力差法

确定内部应力需要一些辅助的实验资料和计算。最简单和常用的是直角坐标系统中的剪应力差数法，方法如下：

首先按主应力差值 $(\sigma_1 - \sigma_2)$ 和主应力方向 θ（指 σ_1 与 x 轴夹角，自 x 轴逆时针方向取为正）求得切应力分量 τ_{xy}，如图 3-10 所示。

$$\tau_{xy} = \frac{1}{2}(\sigma_1 - \sigma_2)\sin 2\theta = \frac{f_0}{2d}\sin 2\theta \tag{3.38}$$

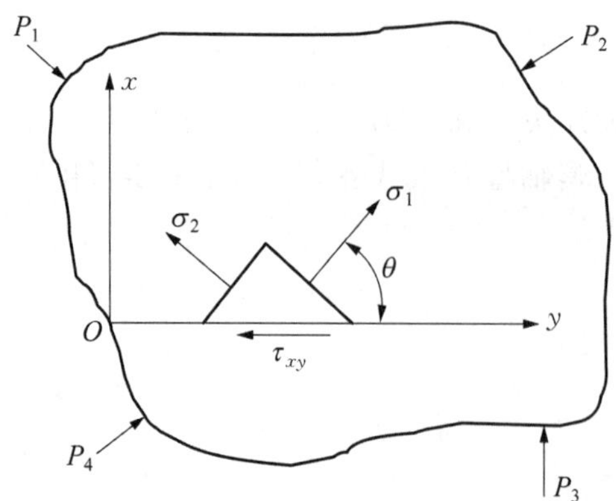

图 3-10　平面应力状态模型

然后利用应力变化的连续性及微分单体的平衡方程式 $\frac{\partial \sigma_x}{\partial x}+\frac{\partial \tau_{xy}}{\partial y}=0$，将该公式沿 x 轴的 0 到 i 进行积分，得

$$(\sigma_x)_i=(\sigma_x)_0-\int_0^i \frac{\partial \tau_{xy}}{\partial y}\mathrm{d}x \tag{3.39}$$

并用有限差分的代数和代替积分，则

$$(\sigma_x)_i=(\sigma_x)_0-\sum_{i=0}^{n}\frac{\Delta\tau_{xy}}{\Delta y}\Delta x \tag{3.40}$$

由式(3.40)可知，要计算某一截面 Ox 上的正应力 σ_x，必须先在该截面的上、下作相距为 Δy 的两个辅助截面 AB 和 CD，并把 Ox 等分若干份，如图 3-11 所示。然后从边界开始逐点求和，以确定各个分点的 σ_x 值。这样式(3.40)可表示为

$$(\sigma_x)_i=(\sigma_x)_{i-1}-\Delta\tau_{xy}\Big|_{i-1}^{i}\frac{\Delta x}{\Delta y} \tag{3.41}$$

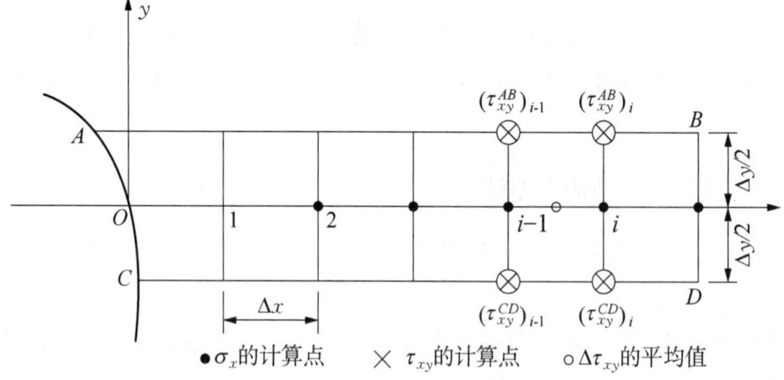

图 3-11　剪应力差法计算

式中：$\Delta\tau_{xy}$ 为上、下两个辅助截面的剪应力差值，即 $\Delta\tau_{xy}=\tau_{xy}^{AB}-\tau_{xy}^{CD}$，而 $\Delta\tau_{xy}\big|_{i-1}^{i}$ 表示相邻

两点 $i-1$ 和 i 的剪应力差的平均值，即

$$\Delta\tau_{xy}\Big|_{i-1}^{i}=\frac{(\Delta\tau_{xy})_{i-1}+(\Delta\tau_{xy})_{i}}{2} \tag{3.42}$$

当 σ_x 已知，根据莫尔应力圆，σ_y 可由下式求得

$$\sigma_y=\sigma_x-(\sigma_1-\sigma_2)=\sigma_x-\frac{nf_0}{d}\cos 2\theta \tag{3.43}$$

需要注意的是，当应力梯度变化大时，Δx 相应取得小些；当应力梯度变化小时，Δx 相应取得大些。

3.6.3　等倾线绘制及特点

绘制等倾线时采用白光正交平面偏振布置，此时的等差线除 0 级外都是彩色的，而等倾线总是黑色的。

通常起偏镜和检偏镜的偏振轴分别处于水平和垂直位置。此时模型上出现的是 0°等倾线。在这条等倾线上的各点，其主应力方向之一与水平方向夹角为 0°。只要同步逆时针旋转起偏镜和检偏镜，保持两偏振轴正交，即可获得不同角度的等倾线。等倾线有以下特点：

(1) 自由边界上的等倾线。

在自由边界上的某点，曲线的切线和法线方向即该点的主应力方向。如等倾线与边界相交时，则交点处模型边界的切线或法线与水平方向的夹角即该点等倾线的角度。

(2) 直线边界上的等倾线。

对于自由的或只受法向载荷的直线边界，其本身就是某一角度的等倾线。

(3) 对称轴上的等倾线。

当模型的几何形状和载荷都以某轴线为对称时，则对称轴必为应力主轴，它就是一条等倾线。

(4) 等倾线与各向同性点。

在各向同性点上，应力圆为一个点，因此该点上的任一方向都是主应力方向，所有角度的等倾线都通过它。

3.6.4　模型应力与原型应力的换算

光弹性实验是利用模型进行分析的，所得到的各应力值都是模型中的量，因此，需要按相似理论把模型的应力值转换为实物的应力值。

对于平面问题，应力只与几何形状和外力有关，因而模型材料可以与原型材料不同，但模型必须与原型相似和载荷相似。模型内任一点的应力 σ_M 与原型相应点的应力 σ_P 的换算公式为

$$\sigma_P=\sigma_M\frac{F_P}{F_M}\frac{L_M}{L_P}\frac{h_M}{h_P} \tag{3.44}$$

式中：F_P/F_M 为集中载荷比；L_M/L_P 为平面尺寸比；h_M/h_P 为厚度比。

对于分布载荷，有

$$\sigma_{P}=\sigma_{M}\frac{q_{P}}{q_{M}} \tag{3.45}$$

式中：q_{P}/q_{M} 为分布载荷比。

对于自重作用，有

$$\sigma_{P}=\sigma_{M}\frac{\gamma_{P}}{\gamma_{M}}\frac{L_{P}}{L_{M}} \tag{3.46}$$

式中：γ_{P}/γ_{M} 为单位体积重之比。

第4章

理论力学实验

4.1 单自由度系统自由振动

系统受到起始扰动的激发而不再需要外力的作用所产生的振动称为自由振动，其特点是系统离开平衡位置以后能自行按其固有频率振动。敲击的音叉、拨动的琴弦都属于自由振动。自由振动时的周期叫固有周期，自由振动时的频率叫固有频率，它们由振动系统自身条件所决定，与振幅无关。基于上述特点，工程上用此种方法来研究系统的振动特性。

4.1.1 实验目的

(1) 理解与掌握单自由度系统自由衰减振动的基本知识。

(2) 记录单自由度系统的自由衰减振动曲线，通过动态分析仪测量系统的固有频率 f_0、相对阻尼系数 ζ、等效质量 m 和等效刚度 k 等振动参数。

(3) 初步了解振动测试的仪器设备和工程实验建模方法。

4.1.2 实验装置

简支梁系统包括：1. 动态应变放大器、2. 数据采集器、3. 计算机、4. 砝码、5. 百分表、6. 橡皮锤等，如图 4-1 所示。

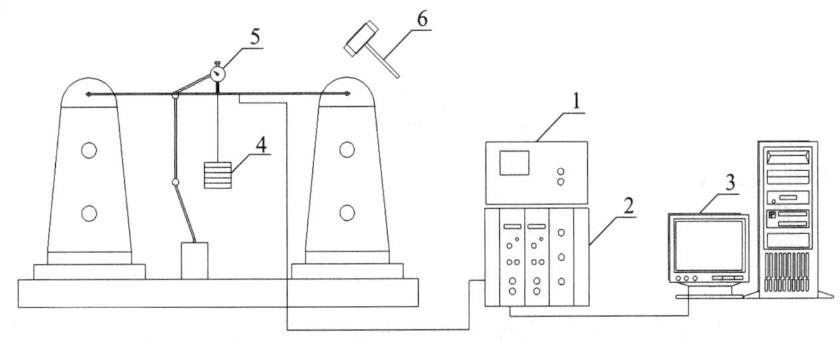

图 4-1 简支梁系统

4.1.3 实验原理与方法

1. 实验原理

工程中经常使用简化的方法,把复杂物体简化成简单力学模型,从而解决实际问题。我们可以把简支梁看成一个单自由度系统,由质量、弹簧和阻尼器组成,相应的参数为质量 m、刚度 k 和阻尼 c,通过检测这些参数就可以确定物体的振动特性,如图 4-2 所示。

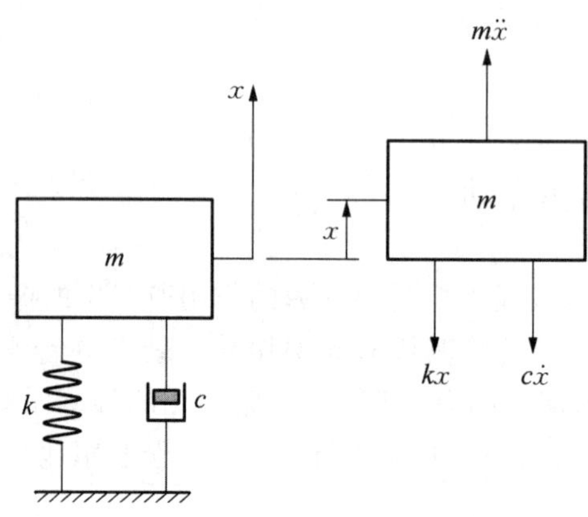

图 4-2 自由振动模型

以静平衡位置为原点建立坐标,由牛顿定律得到系统的运动微分方程为

$$m\ddot{x}+c\dot{x}+kx=0 \tag{4.1}$$

令

$$\omega_0^2=\frac{k}{m},\quad 2\delta=\frac{c}{m} \tag{4.2}$$

式中:δ 为阻尼系数,1/s;ω_0 为无阻尼的固有圆频率(简称固有频率)。

将式(4.2)代入式(4.1),可以写成

$$\ddot{x}+2\delta\dot{x}+\omega_0^2x=0 \tag{4.3}$$

进一步,令

$$\zeta=\frac{\delta}{\omega_0} \tag{4.4}$$

式中:ζ 为相对阻尼系数(又称阻尼比)。

将式(4.4)代入式(4.3),可以写成

$$\ddot{x}+2\zeta\omega_0\dot{x}+\omega_0^2x=0 \tag{4.5}$$

当 $\zeta>1$ 和 $\zeta=1$ 时,振动处于过阻尼和临界阻尼状态,此时系统无法产生周期性振荡。

当 $\zeta<1$ 时,系统阻尼较小,称为欠阻尼状态,此时系统振幅呈指数规律做衰减振动,也称为有阻尼衰减振动,其振动曲线如图 4-3 所示:可以用式(4.6)表示,即

$$x=X\mathrm{e}^{-\delta t}\sin(\omega_{\mathrm{d}}t+\theta) \tag{4.6}$$

式中：$Xe^{-\delta t}$ 和 θ 分别为衰减振动的振幅和初相角，ω_d 为有阻尼固有频率。

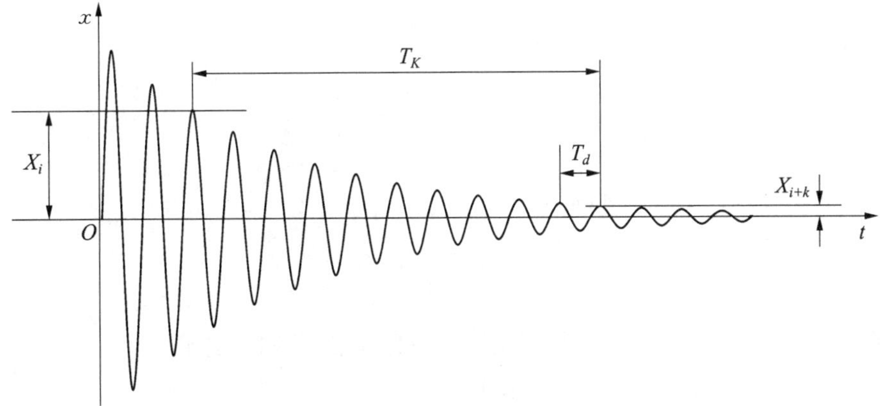

图 4-3　自由衰减振动曲线

振动的周期为 T_d，取 K 个周期总用时为 T_K，则频率 f_d 为

$$f_d = \frac{1}{T_d},\ T_d = \frac{T_K}{K} \tag{4.7}$$

有阻尼固有频率 ω_d 为

$$\omega_d = \frac{2\pi}{T_d} = 2\pi f_d \tag{4.8}$$

由于

$$\omega_d = \omega_0 \cdot \sqrt{1-\zeta^2} \tag{4.9}$$

因此无阻尼固有频率 ω_0 为

$$\begin{aligned}\omega_0 &= \omega_d \cdot \frac{1}{\sqrt{1-\zeta^2}} \\ &= 2\pi f_d \cdot \frac{1}{\sqrt{1-\zeta^2}} \\ &= \frac{2\pi}{T_d} \cdot \frac{1}{\sqrt{1-\zeta^2}}\end{aligned} \tag{4.10}$$

影响振幅变化的阻尼系数可用减幅系数 η 表示，即

$$\eta = \frac{X_i}{X_{i+1}} = \frac{Xe^{-\delta t}}{Xe^{-\delta(t_i+T_d)}} = e^{\delta T_d} \tag{4.11}$$

对减幅系数求对数可以得到对数减幅系数 Λ，即

$$\Lambda = \ln\eta = \ln\frac{X_i}{X_{i+1}} = \delta T_d \tag{4.12}$$

对数减幅系数 Λ 可以通过多次平均得到

$$\Lambda = \frac{1}{K}\ln\frac{X_i}{X_{i+k}} \tag{4.13}$$

由式(4.4)、式(4.9)和式(4.12)可得到

$$\Lambda = \frac{2\pi\zeta}{\sqrt{1-\zeta^2}} \tag{4.14}$$

当 $\zeta < 0.2$ 时,式(4.14)可近似为

$$\zeta = \frac{\Lambda}{2\pi} \tag{4.15}$$

从而由式(4.10)和式(4.15)可得到系统的固有频率 ω_0 和阻尼比 ζ。

2. 实验方法

1) 等效刚度的测定

在简支梁跨中进行加载,将梁视作弹簧,梁在弹性范围内所受的载荷与梁跨中点的挠度(变形)关系符合胡克定理。因此,我们只要在简支梁的跨中点施加载荷 F_i,同时用百分表读出该点的挠度值 Y_i,就可以通过每次加载的载荷增量 ΔF_i 和挠度增量 ΔY_i 之间的关系得到简支梁跨中的弹簧系数 k,也称为等效刚度,即

$$k = \frac{1}{n}\sum_{i}^{n}\Delta F_i/\Delta Y_i\,(i=1,\ 2,\ 3,\ \cdots,\ n) \tag{4.16}$$

2) 记录与分析

在简支梁跨度中点贴电阻应变片的作用是使梁在振动时将该点的应变量变化转化成电阻量的变化,再将电阻应变片按半桥接法接到动态应变放大器上,把电阻量的变化信号放大,并转化成电压量的变化信号,输出到示波器或分析仪,这样即可观察和记录振幅变化的波形。应变测量振动测试系统框图,如图4-4所示。

图4-4 应变测量振动测试系统框图

应变 $\varepsilon(t)$ 是简支梁随振动时梁伸长量的变化规律,也反映了系统振动 $x(t)$ 的规律,从而本实验中我们可以用 $\varepsilon(t)$ 经动态应变放大器放大后的 $u(t)$ 的测量来研究系统的振动规律。为此可以在等效刚度测量过程中同时记录位移值(挠度)和电压值,即得到位移标定系数 a,即

$$a = \frac{1}{n}\sum_{i}^{n}\Delta U_i/\Delta Y_i\,(i=1,\ 2,\ 3,\ \cdots,\ n) \tag{4.17}$$

式中:U_i 为电压的静态值;Y_i 为梁跨中的挠度的静态值。

3) 等效质量的测定

在原来的简支梁上附加一个已知质量 Δm,假定附加前、后简支梁系统的刚度不变,即

$$k = m\omega_0^2 = (m+\Delta m)\omega_{0\Delta}^2 \tag{4.18}$$

式中：m 为附加前系统等效质量；ω_0 为附加前系统的固有频率；$m+\Delta m$ 为附加后系统等效质量；$\omega_{0\Delta}$ 为附加后系统的固有频率。

在小阻尼情况下，即 ζ 远小于 1($\zeta \ll 1$)，$\omega_d = \omega_0\sqrt{1-\zeta^2} \approx \omega_0$，$\omega_{0\Delta} = \omega_{0\Delta}\sqrt{1-\zeta^2} \approx \omega_{0\Delta}$，由式(4.10)可得

$$m\omega_d^2 = (m+\Delta m)\omega_{d\Delta}^2 \tag{4.19}$$

$$\frac{\omega_d^2}{\omega_{d\Delta}^2} = \frac{m+\Delta m}{m} = 1+\frac{\Delta m}{m} \tag{4.20}$$

$$\frac{(2\pi f_d)^2}{(2\pi f_{d\Delta})^2} = \frac{f_d^2}{f_{d\Delta}^2} = 1+\frac{\Delta m}{m} \tag{4.21}$$

由式(4.21)可得，简支梁的等效质量 m 为

$$m = \frac{\Delta m}{\dfrac{f_d^2}{f_{d\Delta}^2}-1} \tag{4.22}$$

4.1.4 实验步骤

1. 等效刚度 k 测定及标定系数 a 的测定

1）实验准备

首先，在简支梁跨中点处挂上砝码挂钩，方便后续加载砝码；然后，在简支梁中点处安装百分表并调零。

2）启动动态分析仪

打开计算机电源，进入 Windows 桌面，单击分析桌面“CoinvDasp 2005 标准版”图标，选择虚拟仪器库，单击“单通道”，动态分析仪进入采集与分析状态。

3）进入分析仪主窗口

进入分析仪主窗口后，选择“波谱双显”，分析窗口同时显示时域波形和频谱图。

4）屏幕参数设置

“采样通道”为“1”；“平均方式”为“单次不平均”；“纵轴尺度”为“固定”；“频谱形式”为“幅值谱 peak”；“加窗函数”为“矩形窗”；“频谱坐标”为“线性”。

5）示波与调零

(1) 单击“采样参数”按钮后，设置采样参数如下：“采样频率”设为“1 kHz”；“采样点数”设为“1 k”；“程控倍数”设为“1”；“采样方式”设为“自由触发”。

(2) 单击“开始”按钮，开始示波。

(3) 对动态电阻应变仪进行调零：按下动态电阻应变仪上的“平衡”按钮，同时观察时域窗口电压曲线，当数据稳定后观察曲线是否为 0。若仍未为零，则需要利用螺丝刀拧动动态电阻应变仪上“输出零位”按钮，直至电压曲线回到零位，则调零结束。

6）实验加载及数据记录

在简支梁跨中点处用砝码加载（$i=1, 2, \cdots, 5$），同时用百分表读出该点相对应的

挠度值，在动态分析仪上读出电压值，在表 4-1 中记录数据，并计算出等效刚度 k 及标定系数 a。

2. 自由衰减曲线记录与系统固有频率和阻尼比等参数分析

1）示波与调零

(1) 示波与调零方法同上述步骤 5)。

(2) 待调零后，用橡皮锤轻轻敲击简支梁跨中，屏幕上显示振动曲线，调节敲击力度，以保证曲线幅度大小合适。

2）曲线记录与数据保存

(1) 调整采样参数，单击“采样参数”按钮，改变采样方式为触发方式，触发电平为 100 mV，滞后点数为 32。

(2) 单击“开始”按钮，等待触发采样，轻敲简支梁跨中，振动曲线会显示在屏幕上。

(3) 单击“保存”按钮，保存数据文件。

3）数据分析与报告输出

首先进行波形收数，收取 11 个极值数据操作。选中“自动收取极值”选项，将时域波形的读数光标定位到要收取的位置；然后单击“收数”按钮，收取距离自动为当前光标位置最近的极值点。依次收取 11 个极值数据，单击“列表”按钮，屏幕上会显示所有列表数据，在表 4-2 中记录下所有的极值数据，按照给定公式计算出系统的固有频率和阻尼。单击“时域算阻尼”按钮，在表 4-3 中记录下 DASP 自动计算阻尼，作为验算之用。如需重新收数，单击“清除”按钮，并在表 4-3 中记录下 DASP 自动计算主峰值的频率。

3. 等效质量的测定

1）测量附加质量前的系统固有频率 f_d

按照步骤 2. 进行操作，并把数据记入表 4-4 中。

2）测量附加质量后的系统固有频率 $f_{d\Delta}$

首先将附加质量 $m+\Delta m$ 放在简支梁跨中；然后对动态电阻应变仪进行重新调零，并按照步骤 2. 进行操作，得到的数据记入表 4-4 中。

4.1.5 实验数据处理

表 4-1 简支梁跨中等效刚度及标定系数

序号	F_i /N	$\Delta F_i = F_i - F_{i-1}$ /N	Y_i /mm	$\Delta Y_i = Y_i - Y_{i-1}$ /mm	U_i /mV	$\Delta U_i = U_i - U_{i-1}$ /mV	$\frac{\Delta F_i}{\Delta Y_i}$ /(N·mm^{-1})	$\frac{\Delta U_i}{\Delta Y_i}$ /(mV·mm^{-1})
1		——		——			——	
2								
3								
4								
5								

等效刚度：$k = \frac{1}{n}\sum_{i}^{n} \Delta F_i / \Delta Y_i \quad i = 1, 2, 3, \cdots, n \quad (\text{N} \cdot \text{mm}^{-1})$

标定系数：$a=\frac{1}{n}\sum_{i}^{n}\Delta U_i/\Delta Y_i \quad i=1,2,3,\cdots,n$　（$\mathrm{mV\cdot mm^{-1}}$）

表 4-2　固有频率和阻尼

序号	时间/s	幅值/mm	Δt_i /s
1			
2			
3			
4			
5			
6			
7			
8			
9			
10			
11			—

$$f_{\mathrm{d}}=\frac{1}{T_{\mathrm{d}}},\quad T_{\mathrm{d}}=\frac{1}{10}\sum_{i=1}^{10}\Delta t_i,\quad \zeta=\frac{\Lambda}{2\pi},\quad \Lambda=\frac{1}{K}\ln\frac{X_i}{X_{i+k}}$$

表 4-3　计算值与 DASP 自动测量值对照

类别	有阻尼固有频率 f_{d}/Hz	有阻尼固有频率 ω_{d}/（$\mathrm{rad\cdot s^{-1}}$）	相对阻尼系数 ζ/%
计算值			
DASP 值			
误差分析		——	

$$\omega_{\mathrm{d}}=2\pi f_{\mathrm{d}}$$

表 4-4　等效质量

	固有频率 f_{d}/Hz
m（附加质量前）	
$m+\Delta m$（附加质量后）	

等效质量：$m=\Delta m\Big/\left(\frac{f_{\mathrm{d}}^2}{f_{\mathrm{d}\Delta}^2}-1\right)$（kg）

4.1.6　实验报告

（1）实验前做好理论背景知识、测试方法的预习。

（2）实验报告内容包括实验目的、实验原理、实验装置和设备框图、实验数据处理与结果分析、实验体会等。

4.1.7 思考题

(1) 简述通过实验求出振动系统的质量、刚度和阻尼的工程意义。

(2) 如果移动附加质量在简支梁上的位置(如汽车在桥梁上行驶,把汽车看作移动的附加质量,桥梁看作简支梁),试分析附加质量位置与系统固有频率之间的关系。

4.2 单自由度系统受迫振动

系统在外来周期力的持续作用下所发生的振动,称为受迫振动。受迫振动是工程中常见的现象。根据激励的来源不同,可分为三种情况:第一种情况是直接力激励,如受波浪载荷作用下的海洋平台。第二种情况是系统受到来自基础的激励,如路面的不平整对车辆的振动、建筑物受到地震波的作用等都是基础激励。第三种情况是旋转转子不平衡的激励。激励力大小与不平衡量、偏心量和转速有关。如旋转马达、旋转的风扇、大型汽轮机转子的振动等。当激励频率接近系统的固有频率时,振动幅值变大产生共振现象。在工程中共振现象往往对系统有极大的危害,因此,了解共振产生的原因和解决共振问题是非常有必要的。

4.2.1 实验目的

(1) 理解与掌握单自由度系统受迫振动的基本知识。

(2) 测定单层框架系统在自由端部力激励下引起的受迫振动的振幅频率特性曲线;借助幅频特性曲线,求出系统的固有频率 ω_0 及阻尼比 ζ。

(3) 初步了解振动测试的仪器设备和工程实验建模方法。

4.2.2 实验装置

单层框架系统(可视为悬臂梁结构)如图 4-5 所示。仪器设备主要有扫频信号发生器(含功率放大器)(DH1301)、激振器(JZQ-2)、力传感器(F)、加速度传感器(A)、调理放大器

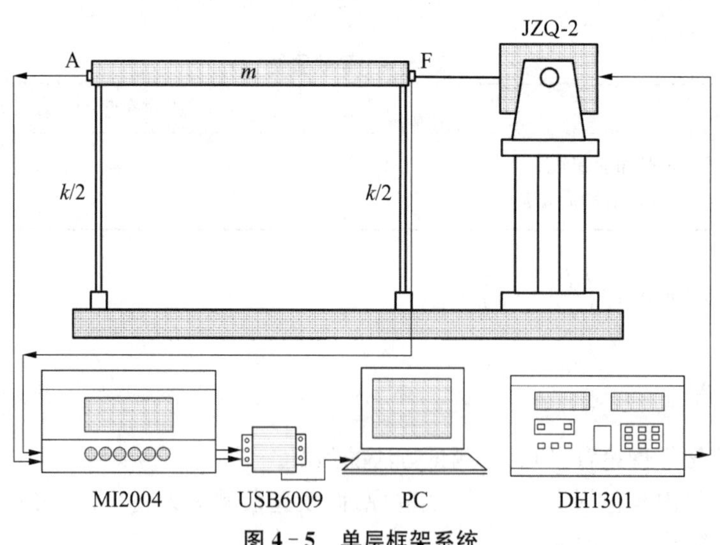

图 4-5 单层框架系统

(MI2004)和动态分析仪(USB6009)。

4.2.3　实验原理与方法

1. 实验原理

在有阻尼谐振子的质量块上直接作用一简谐激励力 $F=F_0\sin\omega t$，如图 4-6 所示。

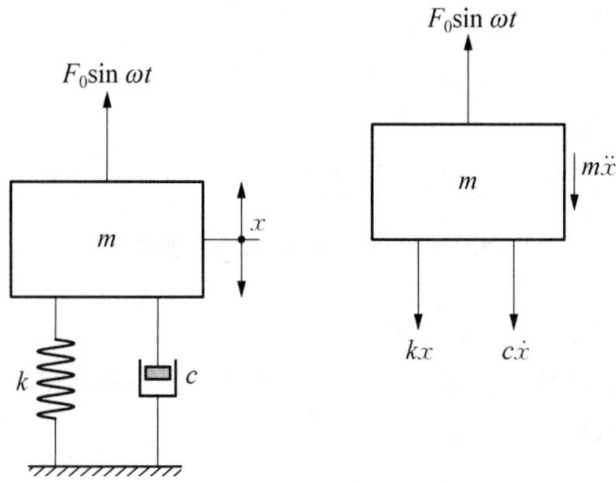

图 4-6　受迫振动模型

以静平衡位置为坐标原点，根据牛顿定律，建立系统的运动微分方程为

$$m\ddot{x}=-c\dot{x}-kx+F_0\sin\omega t \tag{4.23}$$

令

$$\omega_0^2=\frac{k}{m},\quad 2\delta=\frac{c}{m},\quad \zeta=\frac{\delta}{\omega_0} \tag{4.24}$$

可得

$$\ddot{x}+2\delta\dot{x}+\omega_0^2x=\frac{F_0}{m}\sin\omega t \tag{4.25}$$

式(4.25)的稳态解为

$$x=B\sin(\omega t-\psi) \tag{4.26}$$

将式(4.26)代入式(4.25)，求出待定系数 B，可得

$$B=\frac{F_0/m}{\sqrt{(\omega_0^2-\omega^2)^2+4\delta^2\omega^2}} \tag{4.27}$$

通过归一化，得到幅频特性曲线(幅值比与频率之间的关系)。它是系统固有的特性曲线，如图 4-7 所示。

利用共振法，在得到系统的最大振幅的同时，还可以得到相对应的系统有阻尼固有频率 f_d，即

$$\begin{aligned}\omega_d&=2\pi f_d\\ \omega_0&=2\pi f_0\end{aligned} \tag{4.28}$$

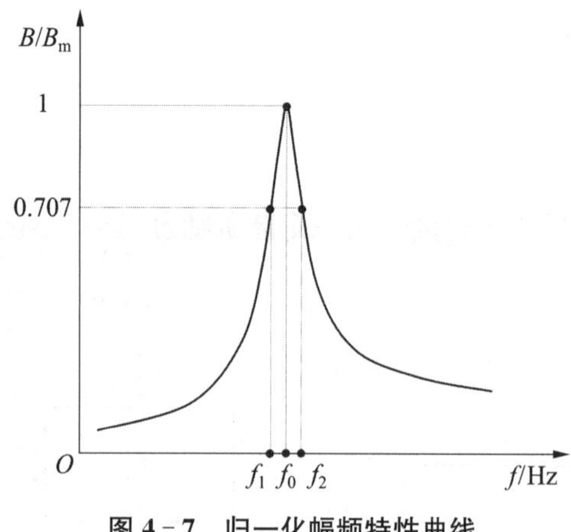

图 4-7　归一化幅频特性曲线

在小阻尼情况下,即 ζ 远小于 $1(\zeta \ll 1)$, $\omega_0 \approx \omega_d$。

利用半功率带宽原理得到系统的阻尼比 ζ。幅频特性曲线的半功率带宽是指最大振幅的 0.707 所占据的带宽,即

$$\Delta f = f_2 - f_1 \tag{4.29}$$

阻尼比 ζ 为

$$\zeta = \frac{f_2 - f_1}{2f_0} = \frac{\Delta f}{2f_0} \tag{4.30}$$

2. 实验方法

一个单层框架结构组成的悬臂梁系统,固定端固定在底板上,自由端与激振器连接。其测试系统如图 4-8 所示,扫频信号发生器(含功率放大器)可调节激振器的激振力的频率和大小,激振频率由扫频信号发生器直接读得,悬臂梁端部的振幅利用压电加速度传感器(压电加速度传感器是利用振动对压电晶体产生压电效应来测量振动的),经调理放大器转换并放大,由数字式示波器读得振幅电压值。

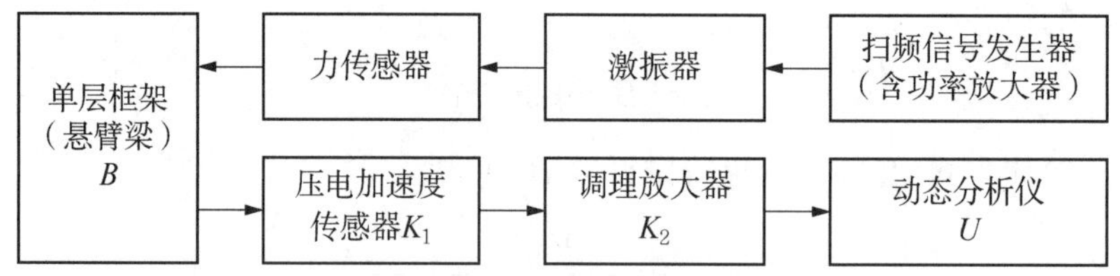

图 4-8　单层框架结构组成的悬臂梁系统的测量原理

实验中所测振幅的电压值为

$$U = K_1 \cdot K_2 \cdot A \tag{4.31}$$

式中: U 为所测振幅的电压值; K_1 为加速度传感器灵敏度系数; K_2 为调理放大器放大增益; A 为被测振动的振幅。

系统共振时达到最大振幅，对应的最大电压值为

$$U_m = K_1 \cdot K_2 \cdot A_m \tag{4.32}$$

因此，振幅与最大振幅时的幅值比为

$$\frac{A}{A_m} = \frac{U}{U_m} \tag{4.33}$$

从而可以得到振动幅值比与频率之间的关系，即系统的幅频特性曲线。可见其幅频特性曲线与激振力大小、测试仪器的放大系数无关，是系统的固有特性。

4.2.4　实验步骤

1. 实验准备

按图 4－5 进行测试仪器连线。

2. 开机预热

启动动态分析仪，双击应用程序“强迫振动实验”，测试仪器需要预热 10 分钟。开机前检查信号发生器的输出电压是否为零。打开测试仪器的开关电源，开机的顺序为扫频信号发生器、调理放大器和动态分析仪。

3. 调节激励力

通过调节扫频信号发生器来调节激振器的激振力大小，使系统产生振动，熟悉测试仪器的操作。

DH1301 扫频信号发生器的操作面板如图 4－9 所示。

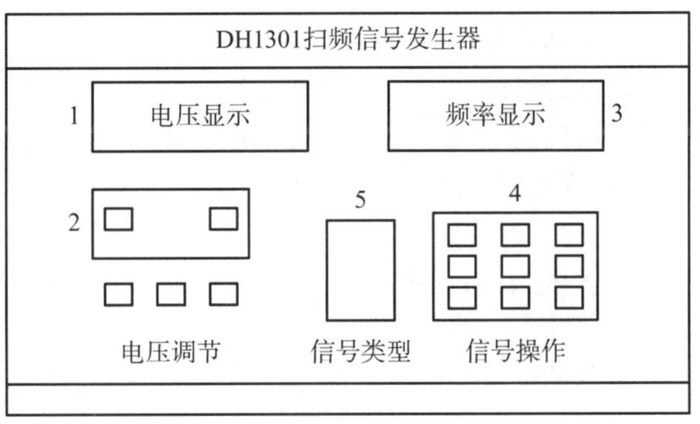

图 4－9　DH1301 扫频信号发生器的操作面板

图 4－9 各区说明如下：

1 区（电压显示）：显示电压高低，表示激励力的相对大小。

2 区（电压调节）：调节激励力的大小，在输出频率为 10 Hz 时调整激励力的大小，频率太低表示显示的误差非常大，不稳定。

3 区（频率显示）：显示实际输出频率，在设置的时候显示设置频率。

4 区（信号操作）：信号操作过程按钮。

5 区（信号类型）：信号类型的指示。

操作过程如下：

(1) 按下4区的类型按钮，通过观察5区的指示灯可以看出信号类型，本实验用正弦定频。

(2) 按下4区的设置按钮，3区的第一位数字闪烁；按下4区的循环按钮，五个数字依次闪烁；按下4区的上、下按钮调节闪烁位的数字。

(3) 按下“确认”按钮表示特定的振动频率设定完成。

(4) 按下“开始”按钮，信号发生器可输出设定的频率。

(5) 若要调节输出激励力的大小，可通过调节2区的上、下按钮。

(6) 若要改变频率，此时不需要重新设置，只需要在刚才设定的基础上、按上、下按钮来改变频率的高低，每按一次，改变0.1 Hz。

调理放大器的设定：

通过菜单和按钮设定调理放大器的参数，设定“传感器灵敏度”为2.0 pC/m · s^{-2}，“电荷增益”为10 mV/unit，“低通滤波”为1 kHz。

激励力的大小范围300～800 mV，在该范围选择两个不同的激励力，以电压表示为U_1，U_2，作出两条幅频特性曲线，归一化后，再对比两条曲线。测出振幅，记录数据在表4-5中。

4. 测量系统的共振频率

改变频率，寻找最大振幅时的频率和振幅，记录数据在表4-6中。此时的系统发生共振，而共振频率就是系统的固有频率。从设置好的频率开始，通过按上下键改变频率，每改变一次，记录下频率和振幅。

5. 扫频

进行逐点扫频，记录频率和振幅，测量范围为10～40 Hz。

可以依次从10～40 Hz进行扫频，测出相应值的大小，并记录数据在表4-7中，并完成幅频特性曲线的绘制，计算相应的结果。在测量范围采样40～50个数据点即可。数据点的频率间隔不是固定的。距离固有频率点越近，间隔越小，反之亦然。

数据测试要求：根据幅频特性曲线的特点，在共振区激励频率的微小变化会引起振幅的剧烈变化，所以在共振频率区域±1 Hz，频率的分辨率为0.1 Hz。

6. 关闭仪器电源

实验完毕，将信号发生器的输出电压旋至零，然后依次关闭仪器电源：动态分析仪、调理放大器、扫频信号发生器。

4.2.5 实验数据处理

实验数据如表4-5至表4-7所示。

表4-5 初始振动振幅调节

激振力(输出电压)/mV	U_1:________mV	U_2:________mV
频率/Hz	________Hz	________Hz
振动振幅/mV		

表 4-6　共振频率测量

激振力(输出电压)/mV	U_1:______mV	U_2:______mV
频率/Hz	______Hz	______Hz
振动振幅/mV		

表 4-7　逐点测量频率与振幅(频率范围:10～40 Hz)

序号	频率/Hz	U_1:____mV	U_2:____mV	序号	频率/Hz	U_1:____mV	U_2:____mV
		振幅/mV				振幅/mV	
1				21			
2				22			
3				23			
4				24			
5				25			
6				26			
7				27			
8				28			
9				29			
10				30			
11				31			
12				32			
13				33			
14				34			
15				35			
16				36			
17				37			
18				38			
19				39			
20				40			
…				…			

系统固有频率：$f_0 \approx f_{\max}(\zeta \ll 1)$，半功率带宽：$\Delta f = f_2 - f_1$，相对阻尼系数：$\zeta = \dfrac{\Delta f}{2f_0}$。

4.2.6　实验报告

(1) 实验前做好理论背景知识和实验方法的预习。

(2) 记录数据，根据数据作出两条归一化的幅频特性曲线，在归一化曲线上求取半功率带宽，再求出相对阻尼系数。

4.2.7　思考题

(1) 假定此系统的等效质量 $m=1\ \text{kg}$，分别求出系统的等效刚度 k 与阻尼 c，注意其单位。

(2) 分别将激振力输出 U_1 和 U_2 对应的两个幅频特性曲线归一化的画在同一坐标下，并进行比较分析和讨论。

4.3 连杆质心与转动惯量的测定

转动惯量是物体绕轴转动时惯性的量度，通常单位为 kg・m²。转动惯量又称质量惯性矩，简称惯矩。转动惯量只取决于刚体的形状、质量分布和转轴的位置，而与刚体绕轴的转动状态(如角速度的大小)无关。形状规则的匀质刚体，其转动惯量可直接用公式计算得到。而对于不规则刚体或非均质刚体的转动惯量，一般通过实验的方法来进行测定，因而实验方法就显得非常重要。刚体的转动惯量有着重要的物理意义，在科学实验、工程技术、航天、电力、机械、仪表等工业领域也是一个重要参量。在发动机叶片、飞轮、陀螺以及人造卫星的外形设计上，精确地测定转动惯量，都是十分必要的。

4.3.1 实验目的

(1) 本实验是自主性实验，由学生独立制订实验方案完成实验。

(2) 利用称重法(静力平衡条件)测定汽车连杆的质心位置。

(3) 利用三线扭摆法测定汽车连杆相对垂直连杆平面质心轴(简称质心轴)的转动惯量，并计算连杆相对小头圆孔中心轴的转动惯量。

(4) 利用复摆法测定连杆相对悬挂点垂直连杆平面轴的转动惯量，并利用平行轴定理计算连杆相对质心轴的转动惯量。

(5) 对两种方法测量连杆相对质心轴的转动惯量的结果进行分析比较。

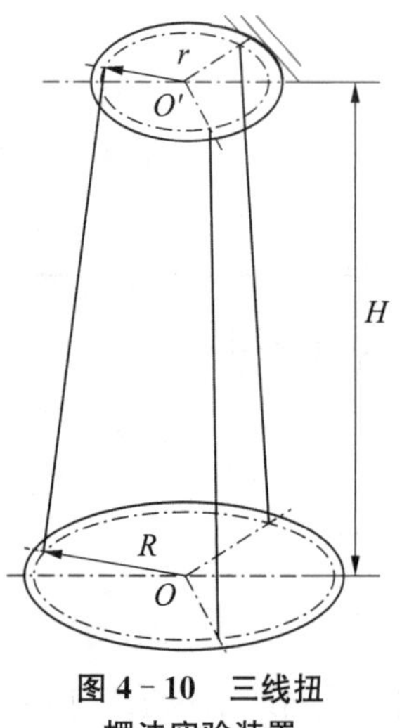

图 4-10 三线扭摆法实验装置

4.3.2 实验装置

三线扭摆法实验装置如图 4-10 所示，主要有三线扭摆、汽车连杆、复摆装置、秒表、电子秤、卷尺、直尺和刀架(三棱尺)。

4.3.3 实验原理与方法

1) 利用称重法测定连杆质心位置

根据静力学平衡条件，请自行推导公式。

2) 三线扭摆测定物体转动惯量所依据的理论公式

被测圆盘相对三线扭摆过圆盘中心 O 点的垂直轴(简称中心轴)的转动惯量 J_O 为

$$J_O=\frac{m_d grRT_O^2}{4\pi^2 H} \tag{4.34}$$

式中：m_d 为空盘质量；H 为摆线高度；R 为圆盘中心到摆线固定点的距离；r 为固定盘中心到摆线固定点的距离；T_O 为圆盘的扭摆周期。

被测物与盘相对三线扭摆中心轴的总转动惯量 J_1 为

$$J_1=\frac{MgRrT^2}{4\pi^2 H} \tag{4.35}$$

式中：M 为被测物与圆盘的总质量；T 为被测物与圆盘的扭摆周期。

被测物体相对质心轴的转动惯量 J_C 为

$$J_C=J_1-J_O \tag{4.36}$$

利用转动惯量平行轴定理可获得被测物体相对平行于质心轴的任意轴 P 的转动惯量为

$$J_P=J_C+ml^2 \tag{4.37}$$

式中：m 为被测物的质量；l 为质心轴至任意轴 P 的距离。

3) 用复摆法测连杆相对悬挂点 A 垂直连杆平面轴的转动惯量 J_A（见图 4 - 11)

$$J_A=\frac{mgLT^2}{4\pi^2} \tag{4.38}$$

式中：m 为连杆的质量；g 为重力加速度；L 为悬挂点至质心的距离；T 为摆动周期。

被测物体相对质心轴的转动惯量 J_C 可根据 J_A 按平行轴定理平移获得。

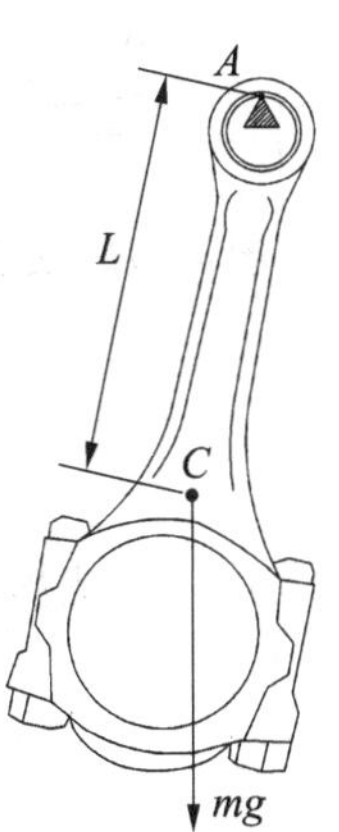

图 4 - 11 复摆

4.3.4 注意事项

(1) 三线摆测量连杆转动惯量时，连杆质心轴应与圆盘中心轴重合。

(2) 三线扭摆法和复摆法测量转动惯量时，其扭摆角度均应较小。

4.3.5 实验报告

(1) 相关实验知识的准备。

(2) 本实验是自主实验，同学们针对测试内容讨论制订实验方案，并完成实验和结果计算。完成后向教师叙述实验过程和结果，并提交实验报告。

(3) 自拟格式完成实验报告。实验报告应包括实验名称、实验目的、实验装置、理论依据、实验数据及测试结果、实验讨论等。

4.3.6 思考题

(1) 对两种方法测量汽车连杆对质心轴的转动惯量的结果进行分析比较。

(2) 推导复摆测量转动惯量的公式[式(4.38)]。

(3) 如何提高两种方法测量物体转动惯量的精度？

4.3.7 附录 三线扭摆法测量物体的转动惯量

三线扭摆(见图 4 - 12)的水平圆盘可绕过圆盘中心 O 点的垂直轴(简称中心轴)做扭转摆动，利用圆盘空载和加载后转动惯量与摆动周期的关系可求出被测物的转动惯量。

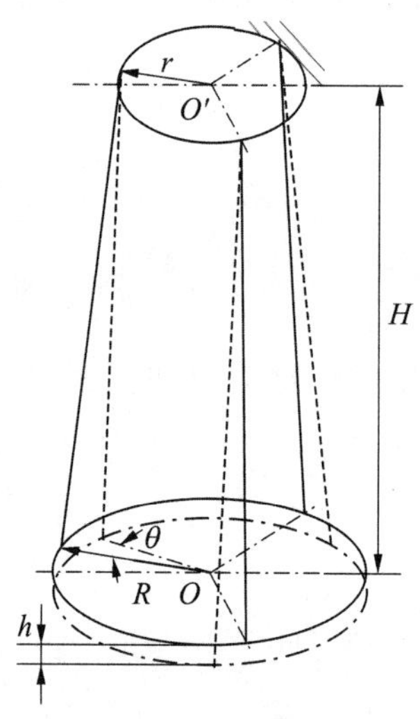

图4-12 三线扭摆原理

设圆盘质量是 m_d，扭摆时当它从平衡位置向某一方向转动时，上升的高度为 h，那么圆盘上升时增加的势能为

$$E_P = mgh \tag{4.39}$$

当圆盘向另一方向转动至平衡位置时角速度 ω_0 为最大，这时圆盘具有的动能为

$$E_k = \frac{1}{2}J_0\omega_0^2 \tag{4.40}$$

略去阻力，由机械能守恒定律可得

$$\frac{1}{2}J_0\omega_0^2 = mgh \tag{4.41}$$

若扭转角度足够小，则可以把圆盘的运动看作简谐运动，其角位移为

$$\theta = \theta_0 \sin\frac{2\pi}{T_0}t \tag{4.42}$$

式中：θ_0 为振幅；T_0 是一个完全摆动的周期。角速度为

$$\omega = \frac{d\theta}{dt} = \frac{2\pi}{T_0}\theta_0\cos\frac{2\pi}{T_0}t \tag{4.43}$$

经过平衡位置时的最大角速度为

$$\omega_0 = \frac{2\pi}{T_0}\theta_0 \tag{4.44}$$

当圆盘的转角很小且悬线较长时，应用简单的几何关系去求圆盘上升高度：

$$Hh - \frac{h^2}{2} = Rr(1-\cos\theta_0) \tag{4.45}$$

式中：H 为上、下圆盘间垂向距离；R 为圆盘中心到摆线固定点的距离；r 为固定盘中心到摆线固定点的距离；θ_0 为振幅。

略去高次项 $\frac{h^2}{2}$，且取 $1-\cos\theta_0 \approx \frac{\theta_0^2}{2}$，则由式(4.45)可求得圆盘上升高度为

$$h \approx \frac{1}{2}\frac{Rr\theta_0^2}{H} \tag{4.46}$$

将式(4.44)和式(4.46)代入式(4.41)，可得

$$J_0 = \frac{mgRrT_0^2}{4\pi^2 H} \tag{4.47}$$

如测得周期 T_0，即可算出圆盘对中心轴的转动惯量 J_0。

如在圆盘上放一待测物体，待测物体质心与圆盘中心重合，则由式(4.47)可得对中心轴

的转动惯量为

$$J_1=\frac{MgRr}{4\pi^2 H}T^2 \tag{4.48}$$

式中：M 是被测物与圆盘总质量；T 为它们的摆动周期。

由此可得被测物体质心对中心轴的转动惯量 J_C 为

$$J_C=J_1-J_0 \tag{4.49}$$

4.4 滑动摩擦因数测定

当物体与另一物体沿接触面的切线方向运动或有相对运动的趋势时，在两物体的接触面之间有阻碍它们相对运动的作用力，这种力叫作摩擦力。接触面之间的这种现象或特性叫作摩擦，研究摩擦在现实工程和生活中有着极为重要的意义。摩擦因数测定是研究摩擦的基本实验，测试摩擦因数有不同的实验方法，本实验研究滑动干摩擦的静摩擦因数和动摩擦因数的测量方法和影响因素。

4.4.1 实验目的

(1) 利用摩擦实验平台学会测试各种材料表面间的滑动静摩擦因数和动摩擦因数。

(2) 自主设计实验方案，获取实验数据。分别使用无弹性柔绳和弹性柔绳测量滑动摩擦的摩擦力得到动摩擦因数和静摩擦因数。学会观察滑块的滑动过程，学会分析摩擦力曲线。经过分析比较，判断适当的测量方法获得静摩擦因数和动摩擦因数。

(3) 通过改变正压力大小、接触面积大小及运动速度大小三个方面分析研究影响摩擦因数的主要因素。

4.4.2 实验装置

摩擦实验设备由摩擦实验控制平台和摩擦力测试设备组成，其设备的型号和规格见表4-8。

表4-8 实验装置和设备

仪器设备	型号	规格
伺服控制直线平台	自制	台面 400 mm×150 mm，行程为 250 mm
伺服电机控制器	自制	单轴控制
摩擦滑块	自制	64 mm×64 mm×25 mm，200 g
砝码	自制	100 g 若干
力传感器	LTR-1F	3 kg
应变采集卡	Ni-9237	4-Ch，24-Bit，51.2 kHz
测试软件	自制	Labview SignalExpress
计算机	—	—

1. 摩擦实验控制平台

平面摩擦实验控制平台的组成如图4-13所示，其采用精密伺服控制器来控制直线平台,实现平台与摩擦块以匀速条件下相对运动,其平台速度范围为1～40 mm/min。平台上可以更换各种不同的材料,如塑料、橡胶、纸张、布料等。

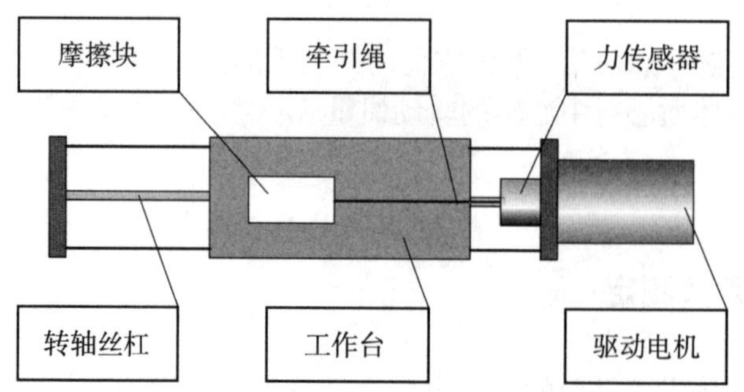

图4-13　平面摩擦实验控制平台的组成

2. 摩擦力测试设备

摩擦力测试设备主要由摩擦块、牵引绳、力传感器、应变采集卡和计算机及 Labview 软件组成。控制设备主要由工作台、伺服电机、伺服控制器和计算机组成,如图4-14所示。

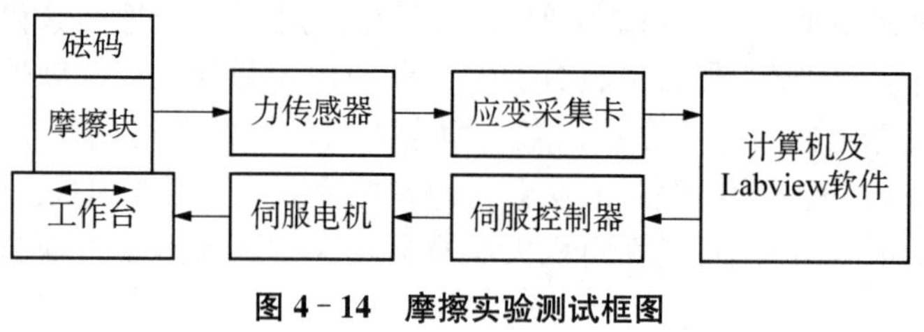

图4-14　摩擦实验测试框图

4.4.3　实验原理与方法

1. 平面滑动摩擦受力情况

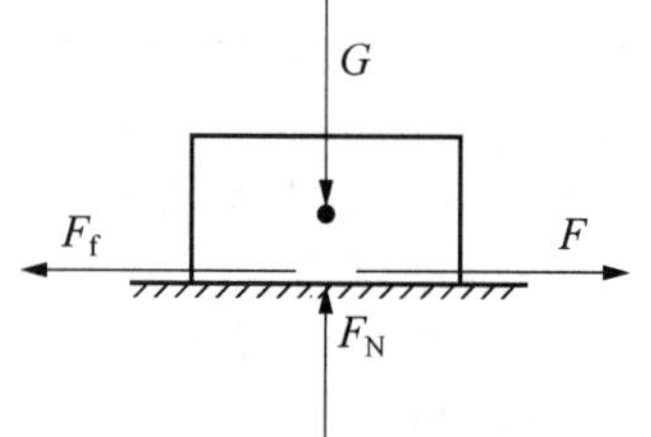

图4-15　平面滑动摩擦

如图4-15所示,摩擦因数是两表面间的摩擦力和作用在其一表面上的垂直力的比值,牵引力等于摩擦力,即

$$\mu=\frac{F_f}{F_N} \tag{4.50}$$

式中:μ 为摩擦因数;F_f 为摩擦力;F_N 为摩擦表面上所受的正压力;F 为牵引力。存在以下关系:

$$\begin{aligned} F&=F_f \\ F_N&=G \end{aligned} \tag{4.51}$$

式中:G 为滑块及砝码的总重量。

实验证明,摩擦因数大小与表面的粗糙度有关,与接触面积的大小无关,而且与相对运动速度有关。按照运动的性质不同,它可分为静摩擦因数和动摩擦因数。

2. 静摩擦因数

如果两表面相对滑动前互为静止，阻碍两接触表面之间滑动的作用力称为静摩擦力。作用于将滑动而未滑动临界状态物体上的静摩擦力称为极限静摩擦力(最大静摩擦力)，与正压力之比值叫作静摩擦因数，即

$$\mu_s = \frac{F_s}{F_N} \tag{4.52}$$

式中：μ_s 为静摩擦因数；F_s 为极限静摩擦力；F_N 为表面上所受的正压力。

3. 动摩擦因数

当两表面克服静摩擦力开始运动后，此时称为动摩擦力和动摩擦因数，即

$$\mu_t = \frac{F_t}{F_N} \tag{4.53}$$

由实验可以获得，动摩擦力 F_t 小于极限静摩擦力 F_s，因此可知 $\mu_t < \mu_s$。

4. 摩擦因数的测试方法

如图 4-14 所示，使用伺服控制器控制电动机转动，带动转轴丝杠使得平台产生移动，使用牵引柔绳拉住滑块，将被测材料分别粘贴在平台表面和滑块表面使之相互接触。滑块与平台之间产生相对滑动时力传感器便可测出摩擦力的大小，经数据采集卡连接计算机和软件进行测量，得到整个摩擦力的变化曲线。

1) 使用无弹性柔绳测量摩擦因数

如图 4-16 所示，采用无弹性柔绳牵引时，平台以匀速运动，柔绳由松弛状态突然变化到绷紧状态，此时为摩擦力达到最大 F_s，由式(4.52)得到对应的摩擦因数 μ_s。随后滑块相对平台平稳地运动，此时的摩擦力为动摩擦力 F_t，由式(4.53)得到对应的摩擦因数为动摩擦因数 μ_t。由于动摩擦力是一个变化的力，可以通过选取 $t_1 \sim t_2$ 区间的平均处理得到。由此可见，此方法可以同时得到静摩擦因数和动摩擦因数。

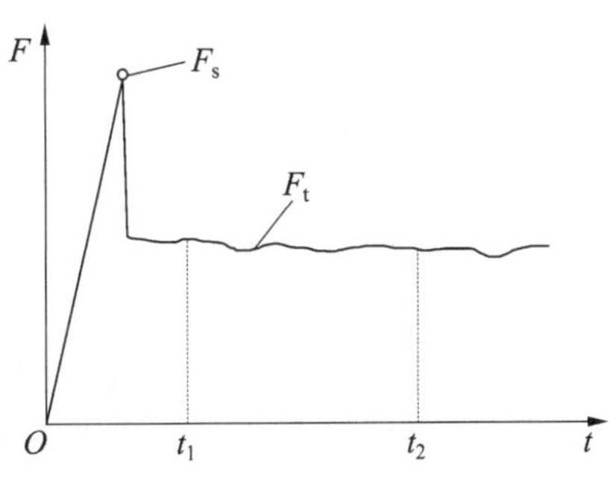

图 4-16　无弹性柔绳摩擦力曲线

2) 使用弹性柔绳测量摩擦因数

如图 4-17 所示，采用弹性柔绳牵引时，平台以匀速运动，此时滑块保持静止，摩擦力不断增加，弹性柔绳被逐渐拉长，弹性柔绳的牵引力也同时增加。当牵引力增加一定极限达到 F_s，滑块克服摩擦突然滑动后静止，摩擦力和牵引力回复至较小值，平台继续以匀速运动，摩擦力和牵引力也同时增加。当牵引力增加到 F_s 时，滑块又突然跳动。重复其实验过程。结果显示，滑块滑动前一时刻的摩擦力为最大静摩擦力 F_s，对应的摩擦因数为静摩擦因数 μ_s。因此，此方法无法得到动摩擦力和动摩擦因数。斜线对应的摩擦力和弹性柔绳的伸长量的关系，与弹

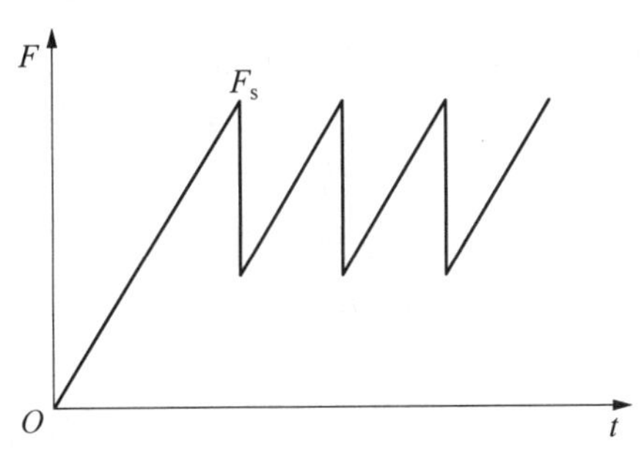

图 4-17　弹性柔绳摩擦力曲线

性柔绳的弹性系数有关,可以选取不同弹性系数的弹性柔绳,出现跳动的次数也不一样。在相同移动长度内,弹性系数大的柔绳出现的滑块跳动次数多,弹性系数小的柔绳出现的滑块跳动次数少。

4.4.4 实验步骤

1) 力传感器灵敏度标定

(1) 拧下传感器固定螺钉,取下传感器,在传感器上安装砝码盘后平放至桌面上,同时接通电源,启动计算机和伺服控制器。

(2) 在计算机桌面上运行“Labview Signalexpress”软件,打开“摩擦因数实验程序”。在“Project”项目“Monitor/Record”示波和记录窗口区双击“DAQmx Acquire”数据采集模块,进入“Step Setup”设置窗口,单击力传感器“configure scale…”标定系数对话框,在“Scale Setting”系数设置处选择“Two-Point Linear”尺度类型,设置电器灵敏度为 0～1 mV/V,对应的物理量为 0～30 N。然后单击“Data View”回到数据显示窗口。单击“run”运行工具条来运行程序。

(3) 把砝码轻放在传感器上,同时记录下“Data View”窗口中的“Dc”静态量,逐个加上其他 4 个砝码并且记录对应值,每个砝码为 500 g。通过作图线性回归求出两者标定系数 k。测量结束停止运行程序,并轻轻撤除砝码。

(4) 将标定系数写入力传感器“configure scale…”中,然后修改电器灵敏度第二值 1 为 k。

(5) 设定结束,单击“run”重新运行程序,把砝码轻放在传感器上,同时记录下“Data View”窗口中的“Dc”静态量。如果此时得到的静态量等于砝码大小,那么标定步骤完成。可以使用“Record and Running”运行程序,记录下整个曲线,使用“Playback”窗口来回放分析数据,截取曲线图像。

2) 使用无弹性柔绳测量摩擦因数

(1) 将力传感器用固定螺钉固定在滑动平台右端,使用无弹性柔绳与滑块相连,把滑块放在较远端,拉直柔绳并保持松弛状态。

(2) 在“Project”项目“Monitor/Record”示波和记录窗口,单击“Record and Running”运行程序。此时运行伺服控制器上的“◁”按钮,使得滑台向左移动,直至滑台停止。

(3) 在“Project”项目中单击“Playback”窗口来回放分析数据,如图 4-18 所示。首先在“Logs”记录中调入数据,单击“Playback option”选择“play entire intervals only”选项来选取整个记录曲线,单击“Subset and Resample”选取有效数据段,单击“Filter”滤波数据,单击“Scaling and convertion”尺度变化,在“Data View”窗口中得到最终的摩擦力曲线。在窗口上建立光标读取最大静摩擦力。选取动摩擦曲线部分,单击“Amplitude and Levels”处理得到平均动摩擦力值。单击“Project Documentation”截取报告所需要的图像。

(4) 可以增加滑块的质量,或者改变摩擦材料,来测量其他工况的摩擦力曲线。

(5) 记录静摩擦力和动摩擦力,通过与已知正压力相比获得摩擦因数。

3) 使用弹性柔绳测量摩擦因数

用弹性柔绳替换无弹性柔绳,其他步骤同(2)。

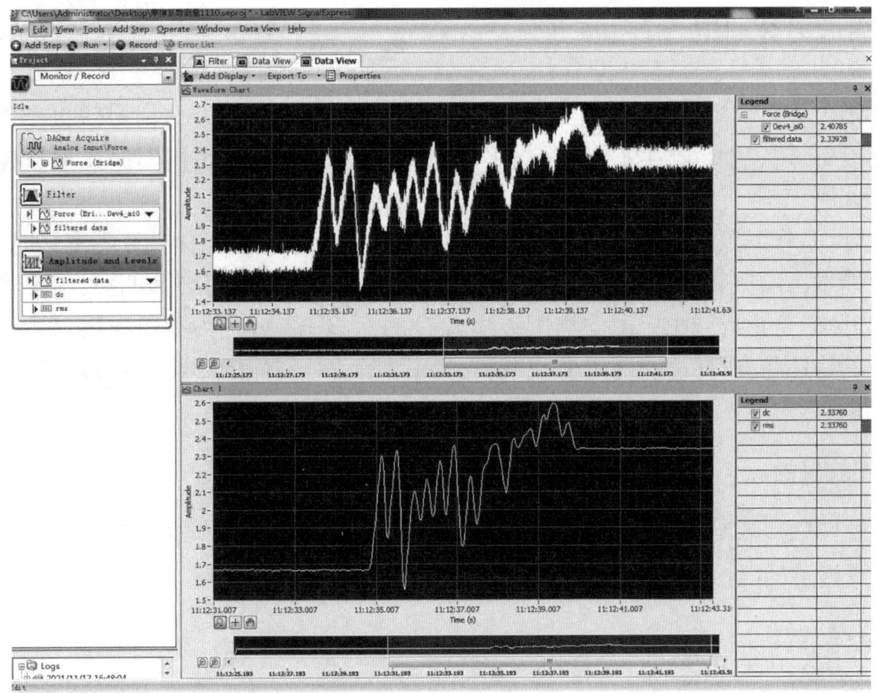

图 4－18　数据回放窗口

4.4.5　实验数据处理

1）记录力传感器标定数据

记录加载和卸载时的力和电压的数据，以及记录加载和卸载的图像，计算出标定系数，画出标定曲线。

2）记录使用无弹性柔绳测量摩擦因数的数据

记录使用无弹性柔绳时摩擦力变化曲线，测量动摩擦力和最大静摩擦力，计算摩擦因数。

3）记录使用弹性柔绳测量摩擦因数的数据

记录使用弹性柔绳时摩擦力变化曲线，测量最大静摩擦力，计算静摩擦因数。

4.4.6　实验报告

根据实验内容，自拟实验报告。

4.4.7　思考题

（1）观察不同正压力下的摩擦力和摩擦因数的变化，并比较分析。

（2）观察不同材料的摩擦力和摩擦因数的变化，并比较分析。

（3）观察使用不同弹性系数的弹性柔绳的摩擦力测试结果，并比较分析。

（4）比较分析两者测量静摩擦因数方法的优缺点。

4.5 隔振因数测定

振动不仅会影响机器本身的工作精度和使用寿命,甚至会使零部件损坏,也会传递给周围的仪器设备,使它们也产生振动,无法正常工作。因此,有效地采用隔振技术是现代工业中重要的课题。

隔振,就是将振源与需要隔振的物体之间用弹性元件和阻尼元件进行隔离,使振源产生的大部分能量由隔振装置吸收,以减小振源对设备的干扰。隔振可分为两类:一类将振源与基础隔离开来,防止或减少振源向周围传播,称为主动隔振(或称为积极隔振);另一类是将需要隔振的物体与振源隔离开,以防止或减少周围振动对物体的影响,称为被动隔振(或称为消极隔振)。

4.5.1 实验目的

(1) 掌握测定隔振器的位移传递率(隔振因数)的方法及隔振效率计算。

(2) 掌握被动隔振的理论和隔振器的设计原理。

4.5.2 实验装置

如图 4-19 所示,隔振器(由质量和弹簧组成)。主要仪器设备有信号发生器(含功率放大器)(DH-1301)、激振器(JZQ-2)、加速度传感器(A_1 和 A_2)、调理放大器(MI2004)和动态分析仪(USB6009)。

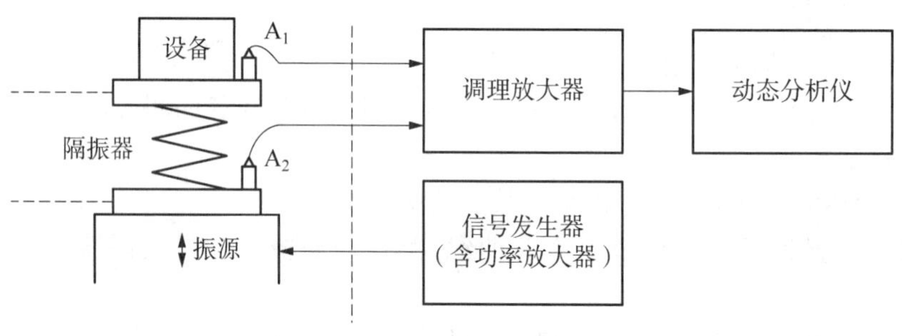

图 4-19 隔振装置及测量仪器

4.5.3 实验原理与方法

1. 理论知识

为了减小外部振动对设备的影响,在地基与设备之间增加一个由弹簧与阻尼组成的隔振器,隔振原理如图 4-20 所示。

建立运动微分方程为

$$m\ddot{x} = -k(x-y) - c(\dot{x}-\dot{y}) \tag{4.54}$$

或

$$m\ddot{x} + c\dot{x} + kx = ky + c\dot{y} \tag{4.55}$$

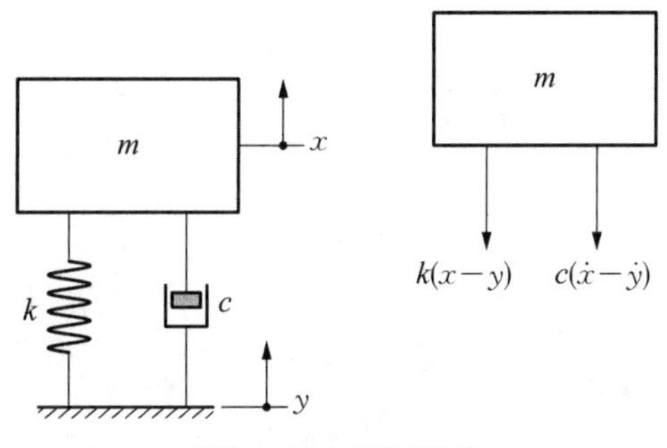

图 4-20　隔振原理

若地基的振动响应为

$$y = Y e^{i\omega t} \tag{4.56}$$

则质量的稳态受迫振动位移为

$$x = X e^{i(\omega t - \Phi)} \tag{4.57}$$

把式(4.56)和式(4.57)代入微分方程式(4.55)，得

$$(-m\omega^2 + i\omega c + k) X e^{i(\omega t - \Phi)} = (k + i\omega c) Y e^{i\omega t} \tag{4.58}$$

或

$$\frac{X}{Y} e^{-i\Phi} = \frac{k + i\omega c}{-m\omega^2 + i\omega c + k} \tag{4.59}$$

若设位移传递率(隔振因数)为

$$\zeta = \frac{\text{设备的振幅}}{\text{地基的振幅}} = \frac{X}{Y} \tag{4.60}$$

则

$$\zeta = \frac{X}{Y} = \sqrt{\frac{k^2 + (\omega c)^2}{(k - m\omega^2) + (\omega c)^2}} = \sqrt{\frac{1 + (2\zeta_s)^2}{(1 - s^2) + (2\zeta_s)^2}} \tag{4.61}$$

式中：s 为频率比，即 $s = \frac{\omega}{\omega_0}$。

当 $\zeta = 0$，即阻尼忽略不计时，可得

$$\zeta = \frac{1}{\left| 1 - \left(\frac{\omega}{\omega_0}\right)^2 \right|} \tag{4.62}$$

由式(4.62)可知(图 4-21)：

当 $s \ll 1$，$\zeta = 1$ 时，即当隔振器的固有频率远大于激振频率时，隔振效果几乎没有。

当 $s < \sqrt{2}$，$\zeta > 1$ 时，不但没有隔振效果，反而会将原来的振动放大。

当 $s = 1$，$\zeta > 1$ 时，系统产生共振。因此，隔振器避免在这一放大区域工作。

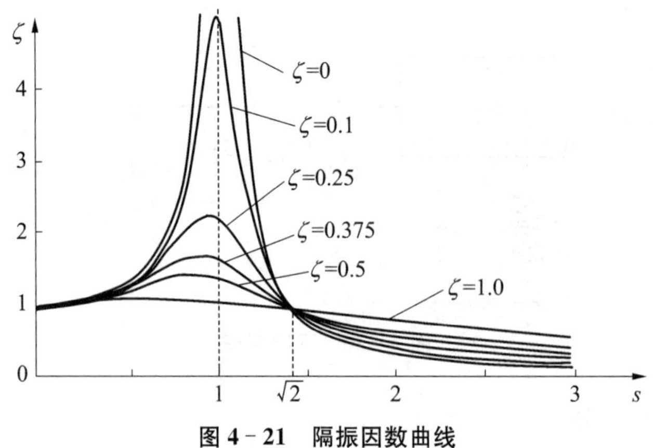

图 4-21　隔振因数曲线

当 $s>\sqrt{2}$，$\zeta<1$。振动隔离才有可能，故称隔振区。应该注意，在这个区域，阻尼不应过大，否则对隔振不利。

因为测量时，有

$$\zeta=\frac{设备的振幅}{地基的振幅}=\frac{X}{Y}=\frac{A_1/\omega^2}{A_2/\omega^2}=\frac{A_1}{A_2} \tag{4.63}$$

所以，有

$$\zeta=\frac{A_1}{A_2} \tag{4.64}$$

式中：A_1 为设备的加速度幅值；A_2 为地基的加速度幅值。

我们只要测出 A_1 和 A_2，就可以计算隔振因数 ζ。

若隔振后的效果以百分比来计算，则隔振效率 ψ 定义为

$$\psi=(1-\zeta)\times 100\% \tag{4.65}$$

2. *实验原理*

如图 4-19 所示，调节信号发生器的输出频率提供给激振器，对隔振器进行正弦激励，然后使用压电式传感器通过调理放大器分别测出不同频率下设备振动 x 和地基振动 y，记录对应设备的加速度幅值 A_1 和地基的加速度幅值 A_2，画出隔振因数随频率的变化曲线，从而计算出隔振效率 ψ。

4.5.4　实验步骤

(1) 按图 4-19 进行接线，并保证测量线路准确无误。

(2) 开机，注意开机顺序依次为信号发生器、调理放大器和动态分析仪。

(3) 调节信号发生器，调节频率为 10 Hz，振幅为 150 mV(始终保持不变)。

(4) 调节调理放大器的灵敏系数设置和增益大小，在示波器上读出测量值。

(5) 改变信号源的输出频率 f。

(6) 激振频率扫描范围为 10～40 Hz。

(7) 关机,注意关机顺序依次为调理放大器、动态分析仪、信号发生器。

4.5.5　实验数据处理

(1) 在表 4-9 中记录实验数据。

表 4-9　记录实验数据

序号	激振频率 f/Hz	A_1 /mV	A_2 /mV	ζ
1	10			
2	11			
3	12			
4	13			
5	14			
6	15			
7	16			
	…			

(2) 画出 $\zeta-f$ 曲线图。

4.5.6　思考题

(1) 简述被动隔振原理。
(2) 完成实验数据图表,计算最大效率,并分析实验结果是否满足隔振规律。
(3) 确定隔振器的隔振频率范围;如何提高隔振效率和扩大隔振范围?

4.6　单圆盘转子的临界转速测定

如果在临界转速下运行,转子出现剧烈的挠曲振动,而且轴的弯曲度明显增大,长时间运行还会造成轴的严重弯曲变形,甚至折断。一个转子有几个临界转速,分别叫作一阶临界转速 n_1、二阶临界转速 n_2…临界转速的大小与轴的结构、粗细、叶轮质量及位置、轴的支撑方式等因素有关。了解临界转速的目的在于设法让转子的工作转速避开临界转速,以免发生共振。当转子转速 $n \leqslant 0.7n_1$ 称作刚性轴,转速 $1.3n_1 < n \leqslant 0.7n_2$ 称作柔性轴。对于柔性轴来说,在启动或停车过程中,必然要通过一阶临界转速,此时振动肯定要加剧。但只要迅速通过,由于轴系阻尼作用的存在,是不会造成破坏的。

4.6.1　实验目的

(1) 掌握旋转轴临界转速测量的基本方法。
(2) 观察转子过临界转速时,旋转轴的振动及相位变化。
(3) 掌握电涡流位移传感器及速度传感器的使用方法。
(4) 了解高速转子滑动轴承的油膜涡动和油膜振荡现象。

4.6.2　实验装置

单圆盘转子实验台(含直流电动机),如图 4-22 所示。主要仪器设备有调速器、电涡流传感器(其中1，2，3号传感器分别测量轴的转速、水平和垂直振动位移)、速度传感器、前置器、信号采集仪、计算机及 DASP 转子实验软件。

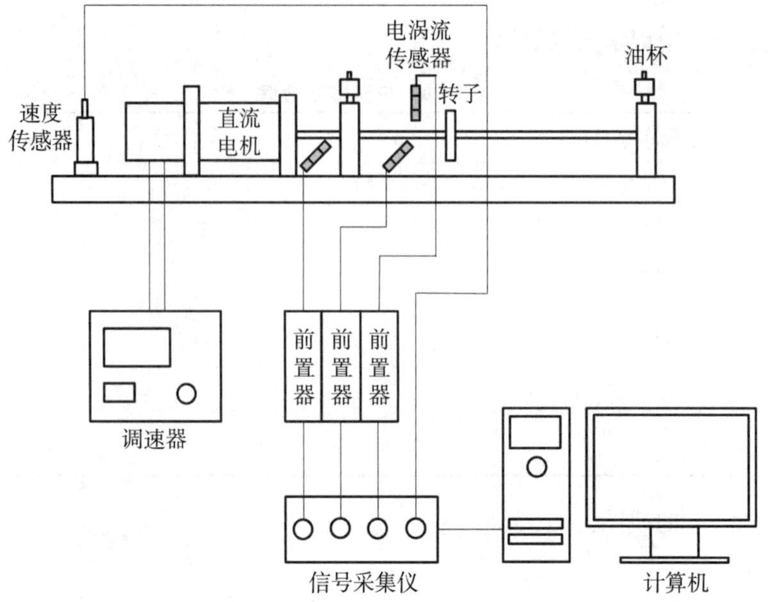

图 4-22　转子实验台组成及测量系统

4.6.3　实验原理与方法

1. 临界转速

如图 4-23 所示单圆盘转子，设圆盘质量为 m，质心为 C，转轴过圆盘的几何中心 A 点，偏心距 $AC=e$。不考虑阻尼影响，当圆盘与转轴一起以角速度 ω 运转时，由于质量偏心而引起的不平衡惯性力将使转轴产生弯曲变形。设点 O 为 z 轴与圆盘的交点，则转轴中点 A 的弯曲变形 $r_A=OA$。由图 4-23(b)可知，$F=F_C$，则

$$kr_A=m\omega^2 OC=m\omega^2(r_A+e) \tag{4.66}$$

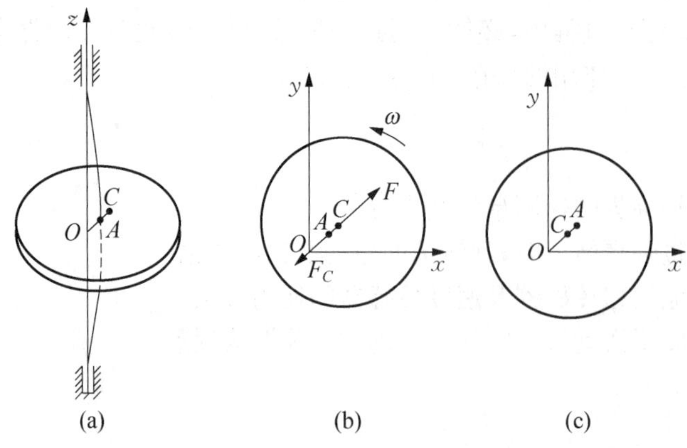

图 4-23　单圆盘转子转动

得

$$r_A = \frac{m\omega^2 e}{k - m\omega^2} = \frac{\omega^2 e}{\omega_0^2 - \omega^2} \tag{4.67}$$

式中:k 为转轴的弹簧常数。

转子转轴弯曲挠度幅值与转速曲线,如图 4-24 所示。当 $\omega \to \omega_0$ 时,r_A 逐渐增大;当 $\omega = \omega_0$ 时,$r_A \to \infty$。实际上由于阻尼和非线性刚度的影响,r_A 为一很大的有限值。

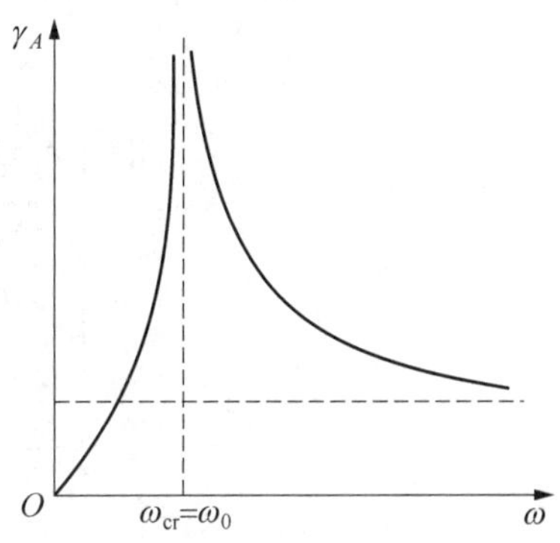

图 4-24　转轴弯曲挠度幅度与转动关系

使转轴挠度异常增大的转动角速度称为临界角速度,记为 ω_{cr}。可以表示为

$$\omega_{cr} = \omega_0 = \sqrt{\frac{k}{m}} \tag{4.68}$$

它等于系统的固有频率。此时转速称为临界转速,记为 n_{cr}。实践证明,当 $\omega > \omega_{cr}$ 时,质心 C 位于 O 和 A 之间,如图 4-23(c)所示,而且这时 $OC = r_A - e$。

$$m\omega^2 (r_A - e) = k r_A \tag{4.69}$$

即

$$r_A = \frac{m\omega^2 e}{m\omega^2 - k} = \frac{\omega^2 e}{\omega^2 - \omega_0^2} \tag{4.70}$$

ω 增大,r_A 减小。当 $\omega \gg \omega_0$ 时,$r_A \approx e$。这时质心 C 与轴心点 O 趋于重合,即圆盘绕质心 C 转动,这种现象称为自动定心现象。

2. 相位突变

当转子升速运行的转速达到临界转速时,转子的质心和轴心的相对位置发生变化,如图 4-23(b),(c)所示,转轴的振动位移与激励力之间的相位角会发生突变,此时轴心轨迹的李萨如图(椭圆)会达到最大并突然转向。

3. 滑动轴承的油膜涡动和油膜振荡

图 4-25　油膜振荡轴心轨迹

高速转子在临界转速以上工作时,由于滑动轴承中油膜的作用,使转轴在某特定转速下产生回旋,引起轴承和转子系统的强烈振动,称为油膜振荡。对本系统转速在一阶临界转速两倍左右时,即 $n \approx 2n_{cr}$ 时,产生油膜涡动,转子振动剧烈增加,轴心轨迹也从原来的椭圆形变为双椭圆形,如图 4-25 所示。继续增大转速时,轴心的轨迹会变得更加紊乱,并且很不稳定,此时称为油膜振荡。油膜振荡产生后,转速继续增加,也不易立即消除。

4.6.4　实验步骤

1. 测定转子的临界转速

1) 打开调速器和计算机电源,启动动态信号分析仪

双击 Windows 系统桌面“Coinv Dasp 2005 标准版”软件图标,依次选择“转子实验”→

“转子基本实验”，分析仪进入“转子实验”窗口，DASP 转子实验操作界面如图 4-26 所示。

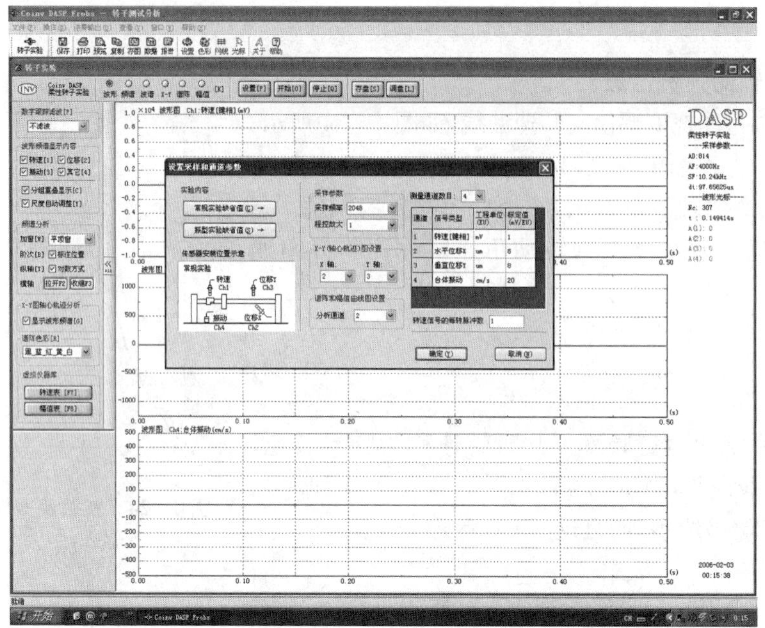

图 4-26　DASP 转子实验操作界面

2）设置测量参数

单击转子实验窗口上部工具条，设置“P”按钮，在“设置采样和通道参数”对话框的实验内容栏中选择“常规实验缺省值(C)”，单击“确定(Y)”，即完成设置。

这里应注意在 4 个测量通道设置中，Ch_1 为转速，Ch_2 为水平转速，Ch_3 为垂直位移，Ch_4 为台体振动。$X-Y$ 轴心轨迹由 Ch_2、Ch_3 获得，谱阵和幅值曲线由 Ch_2 获得，各通道标定参数由缺省值给出。分析仪采样频率为 2048 Hz，内置程序控制放大倍数为 1。

3）测试轴振动的幅值-转速曲线

在转子实验窗口上部工具条一组分析模式中选择“幅值”，并单击“开始【O】”按钮，分析仪进入采样与分析状态。缓慢旋动调速器转速按钮，使转子逐渐升速，至 8000 r/min 停止升速，单击“停止【Q】”按钮，停止测量。然后快速将电动机转速降至零，屏幕图形区会显示完整的幅值-转速曲线。单击鼠标将光标移至曲线最大幅值处。测得转子的临界转速及相应的水平幅值。

4）保存数据与结果输出

单击工具条“存盘[S]”按钮，保存数据文件，文件后缀为“.CRS”。单击转子测试分析窗工具条上的“保存”图标，输出图形文件。

2. 测定旋转轴的振动位移和台体的振动速度

(1) 单击转子实验窗口工具条“调盘[L]”按钮，调出刚保存的数据文件进行回放。

(2) 在工具条分析模式中选择“频谱”，利用回放操作控件测得临界转速处轴振动的水平与垂直位移量及台体振动的速度值，并输出图形。

(3) 重新回放，测量转子在 1000 r/min 附近和 6000 r/min 附近轴的位移与台体振动。

3. 观察旋转轴的轴心轨迹

(1) 选择分析和显示。在转子实验窗口左侧操作控制区的“数字跟踪滤波【F】”下拉菜单选项中选择“基频 1X 带通”，在 X－Y 图轴心轨迹分析选项中，选择“显示波形频谱”，其余保存不变。在上部工具条分析模式中选择“X－Y”。

(2) 单击工具条“开始【O】”按钮，缓慢旋动调速器转速旋钮，观察升速过程的轴心轨迹图，升速至 4 000 r/min 停止测试，并保存数据文件。

4. 验证转子过临界转速时，轴振动的相位突变

(1) 调出轴心轨迹数据文件。

(2) 在临界转速附近反复回放，观察轴心轨迹图的变化。

(3) 输出说明相位突变的图形文件。

5. 观察滑动轴承的油膜涡动和油膜振荡现象

(1) 在转子实验窗口左边操作控制区的“数字跟踪滤波器”下拉菜单选项中，选择“0～1X 低通滤波”，在上部工具条选择“幅值”选项。

(2) 单击工具条“开始[O]”按钮，逐渐提高电动机转速，观察转轴半频幅值-转速曲线在转速 $n=2n_{cr}$ 附近的变化。当 $n=8\,000$ r/min 时，单击工具条“停止[Q]”按钮，停止测量，并使电动机转速回零，再单击工具条“存盘[S]”按钮，保存数据文件。

(3) 调盘回放数据文件，选择工具条“X－Y”图分析模式，在 $n=2n_{cr}$ 附近观察轴心轨迹图的变化。

(4) 退出 DASP 软件结束本次实验。

4.6.5　实验数据处理

(1) 单圆盘转子的临界转速及转轴与台体在测点处的振动量，记录于表 4－10 中。

表 4－10　记录实验数据

测试内容	1 000 r·min^{-1} 附近	临界转速	6 000 r·min^{-1} 附近
转速/(r·min^{-1})			
转轴水平振幅/μm			
转轴垂向振幅/μm			
台体振动量/(cm·s^{-1})			

(2) 轴振动的幅值-转速特性曲线。

(3) 轴与台体在临界转速处的幅频图。

(4) 转轴过临界转速前、后的轴心轨迹图。

4.6.6　注意事项

(1) 启动转子实验台前，请务必检查油杯贮油情况，若缺油应加注机油；每次试验前都应检查各部件螺丝是否松动。

(2) 在观察到临界转速的相关现象后，应及时降速或升速，以保护设备。

(3) 油膜振荡产生后，转速很高，振动也很大，现象看清后，应尽快停止运转或把转速降下来。

(4) 转子实验台若出现异常情况,应立即停止运转,并报告实验指导老师及时处理。

4.6.7 思考题

(1) 不运行转子实验台,能否确定转子的临界转速,为什么?
(2) 转子的工作转速相对临界转速的范围应如何选取,为什么?

4.7 综合演示实验

演示实验是把工程中较复杂的力学现象,用简单的力学模型显示出来。通过简单的理论分析,使同学理解力学的基本原理在工程中的应用。进一步激发学生学习力学的兴趣,应用力学基本概念去认识和探索未知的力学世界。通过观察演示实验,完成演示实验思考题和实验报告,加深力学原理的掌握和理解。

综合演示实验:
(1) 陀螺仪。
(2) 高速自转陀螺的规则进动。
(3) 惯性主轴。
(4) 相对运动中的科氏惯性力。
(5) 动力消振器。
(6) 弦振动的振型。

4.7.1 陀螺仪

1. 自由陀螺的定轴性

陀螺指工程中具有固定点的,绕自身对称轴高速转动的刚体。其几何对称轴称为陀螺主轴。将陀螺安装在框架装置上,使陀螺的主轴有角转动的自由度,这种装置的总体叫做陀螺仪。当陀螺转子以高速旋转,无外力矩作用于陀螺时,可称为自由陀螺;此时动量矩相对惯性空间保持恒定不变,即转子的转轴相对惯性空间保持恒定不变,这就是陀螺的定轴性。

1) 实验现象

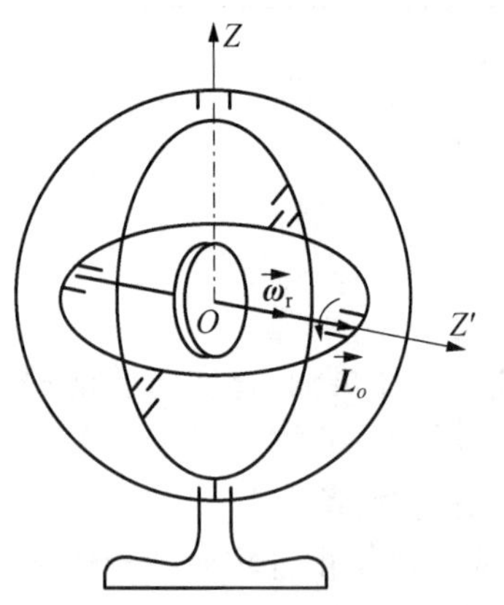

图 4-27 陀螺仪原理

当任意改变陀螺仪固定圆环的方向时,自由陀螺保持自身对称轴在惯性参考系中的方位不变。

2) 原理分析

如图 4-27 所示,系统重心与固定点重合,轴承摩擦和空气阻力忽略不计,即陀螺所受外力矩为 0,此时为自由陀螺。根据动量矩定理 $\frac{\mathrm{d}\boldsymbol{L}_O}{\mathrm{d}t}=\boldsymbol{M}_O^{(e)}=0$, $\boldsymbol{L}_O=J_z\cdot\boldsymbol{\omega}_r=$恒矢量,因高速自转陀螺动量矩矢方向 $\boldsymbol{L}_O$ 与自转轴 OZ' 重合,所以 $\boldsymbol{L}_O$ 方向不变,也就是对称轴方位保持不变。

3) 应用实例

陀螺的定轴性可用于惯性导航等。若将自由陀螺仪装在航海、航空或航天器等载体上，并让其自转轴指向某个恒星，则当载体的姿态产生变化时，陀螺装置系统即可对其进行测量和控制。

2. 高速自转陀螺的进动

陀螺绕自身对称轴的转动称为自转。对称轴绕空间固定轴的转动称为进动。

1）实验现象

陀螺受力矩作用，当力矩矢与对称轴不重合时，对称轴将进动。对称轴的进动不是发生在力矩作用面，而是发生在与力矩作用面相垂直的平面内。

如图 4-28 所示，对称轴 OZ' 水平，内环与中环所在平面正交，转轮逆时针急转时，力 $\boldsymbol{F}$ 作用于内环 a 轴端部，a 端不向下倾却引起 a 轴与中环以逆时针方向绕 OZ 轴做进动。

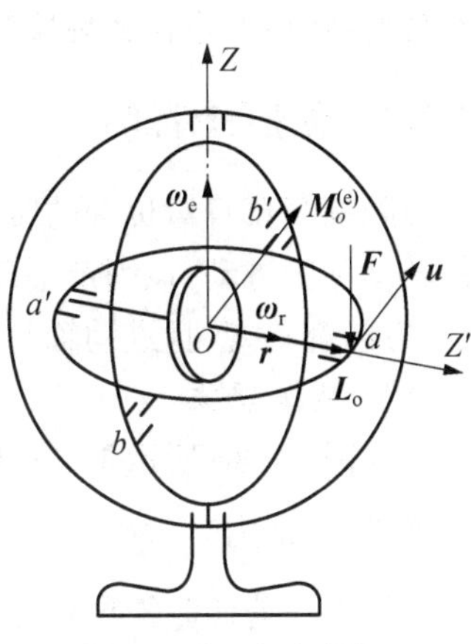

图 4-28 实验现象一

设 $\boldsymbol{\omega}_r$ 为陀螺自转角速度，$\boldsymbol{\omega}_e$ 为进动角速度，则陀螺的绝对角速度为

$$\boldsymbol{\omega}_a = \boldsymbol{\omega}_e + \boldsymbol{\omega}_r$$

所以

$$\boldsymbol{\omega}_r \gg \boldsymbol{\omega}_e$$

$$\boldsymbol{\omega}_a \approx \boldsymbol{\omega}_r \tag{4.71}$$

陀螺对定点 O 的动量矩矢为 $\boldsymbol{L}_O \approx J_z \cdot \boldsymbol{\omega}_r$，且与 OZ' 轴重合。

又设系统外力主矩为 $\boldsymbol{M}_O^{(e)}$，将 $\boldsymbol{L}_O$ 视为对称轴 OZ' 上 a 点的矢径，则该矢径端点速度为

$$\boldsymbol{u} = \frac{\mathrm{d}\boldsymbol{L}_O}{\mathrm{d}t} = \boldsymbol{M}_O^{(e)}$$

$$\boldsymbol{u} = \boldsymbol{\omega}_e \times \boldsymbol{L}_O = \boldsymbol{\omega}_e \times J_{z'} \boldsymbol{\omega}_r$$

$$\boldsymbol{\omega}_e \times J_{z'} \boldsymbol{\omega}_r = \boldsymbol{M}_O^{(e)} \tag{4.72}$$

由式(4.72)可确定 $\boldsymbol{\omega}_e$ 是逆时针转动，其大小为

$$\boldsymbol{\omega}_e = \frac{M_O^{(e)}}{J_{z'} \boldsymbol{\omega}_r} \tag{4.73}$$

若力 $\boldsymbol{F}$ 作用方向改变 180°，类似地可分析出 $\boldsymbol{\omega}_e$ 为顺时针转向。

如图 4-29 所示，若力 $\boldsymbol{F}$ 作用于中环，则转轮连内环一起将绕 bb' 轴翻转（a' 端向下），可得

$$\boldsymbol{M}_O^{(e)} = \boldsymbol{r} \times \boldsymbol{F} \tag{4.74}$$

由 $\boldsymbol{\omega}_e \times J_{z'} \boldsymbol{\omega}_r = \boldsymbol{M}_O^{(e)}$ 可判断 $\boldsymbol{\omega}_e$ 指向。若力 $\boldsymbol{F}$ 指向改变 180°，则 $\boldsymbol{\omega}_e$ 指向也改变 180°。

2）工程实例

海轮在航行时，受到海浪拍打，船体绕铅垂轴摆动，使装在船上的汽轮机高速转子对称轴绕同一轴发生强迫进动。根据陀螺对称轴进动与所受力矩的关系可知，轴承对转子对称轴的力矩作用面必在竖直面内。同时轴承也会在同一平面内受到

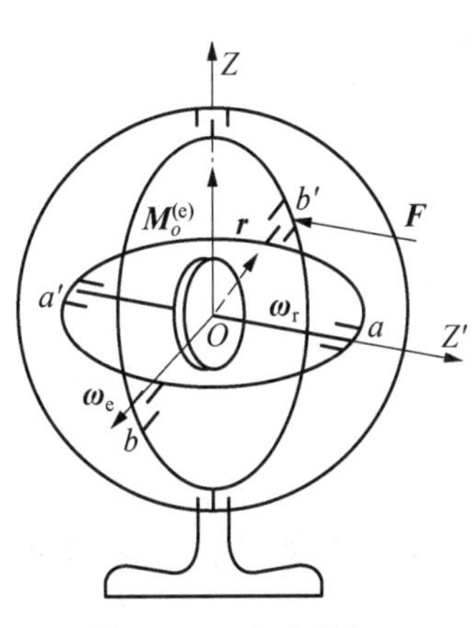

图 4-29 实验现象二

转子对称轴的反作用力矩。这一力矩称为陀螺力矩。船体在陀螺力矩作用下会绕水平横轴做俯仰摇摆。对称轴被迫进动时产生陀螺力矩的现象,称为陀螺效应。

3. 思考题

(1) 什么是自由陀螺?为什么自由陀螺具有定轴性?

(2) 试列举自由陀螺定轴性在工程实际中的一个应用实例。

(3) 陀螺进动与外力矩是什么关系?进动方向如何确定?

(4) 单螺旋桨或喷气涡轮发动机飞机,其转子高速右旋转动,当飞机做机动飞行,例如左转弯,将会产生什么现象?

4.7.2 高速自转陀螺

陀螺绕自身对称轴的转动称为自转,该对称轴又称为自转轴。自转轴绕空间固定轴 OZ 的转动称为进动,该固定轴又称为进动轴。自转角速度($\boldsymbol{\omega}_r$)大小不变,进动角速度($\boldsymbol{\omega}_e$)大小、方向都不变,且进动轴与自转轴间夹角保持不变的定点运动称为规则进动。

1. 实验现象

如图4-30所示是杠杆陀螺仪,当陀螺仪对称轴不旋转时若杠杆陀螺仪在水平位置静力不平衡,即力矩 $\sum m_0(\boldsymbol{G}_i) \neq 0$,则杆 AB 会在竖直面内绕 O 点按力矩 $\sum m_0(\boldsymbol{G}_i)$ 转向倾斜倒下。若使陀螺仪对称轴在水平位置发生高速自转,则杆 AB 在力矩 $\sum m_0(\boldsymbol{G}_i)$ 作用下不会在竖直面内倾斜,而是在水平面内绕 Oz 轴做规则进动,进动方向为自转角速度矢 $\boldsymbol{\omega}_r$ 以最短途径偏向外力主矩矢 $\boldsymbol{M}_O^{(e)}$ 的方向。若再加一水平力于杆 AB 上,企图使它加速进动,结果杆 AB 却绕点 O 沿 B 端向上方向偏转。

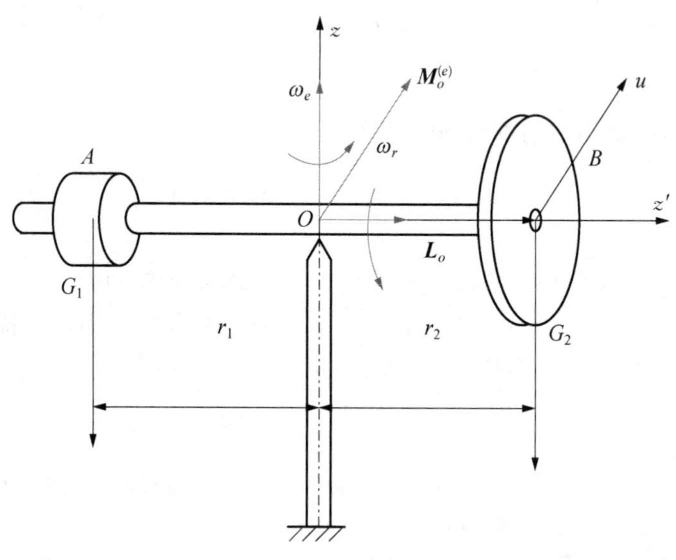

图4-30 杠杆陀螺仪

2. 原理分析

如图4-30所示转子系统,设 $\boldsymbol{\omega}_r$ 为陀螺自转角速度,$\boldsymbol{\omega}_e$ 为进动角速度,则陀螺的绝对角速度为

$$\boldsymbol{\omega}_a=\boldsymbol{\omega}_e+\boldsymbol{\omega}_r$$
$$\boldsymbol{\omega}_r \gg \boldsymbol{\omega}_e$$
$$\boldsymbol{\omega}_a \approx \boldsymbol{\omega}_r \tag{4.75}$$

陀螺对定点 O 的动量矩矢 $\boldsymbol{L}_o \approx J_{z'}\boldsymbol{\omega}_r$，且与 Oz' 轴重合。

另设系统外力主矩为 $\boldsymbol{M}_O^{(e)}$，将 $\boldsymbol{L}_O$ 视为对称轴 Oz' 上某点的矢径，则该矢径端点速度 $\boldsymbol{u}=\dfrac{\mathrm{d}\boldsymbol{L}_O}{\mathrm{d}t}=\boldsymbol{M}_O^{(e)}$（$\boldsymbol{M}^{(e)}=\sum m_0(\boldsymbol{G}_0)=\sum \boldsymbol{r}_i\times\boldsymbol{G}_i^{(e)}$）。当 $G_2r_2>G_1r_1$ 时，$\boldsymbol{M}_O^{(e)}$ 的指向如图 4-30 所示。

因 $\boldsymbol{u}=\boldsymbol{\omega}_e\times\boldsymbol{L}_O=\boldsymbol{\omega}_e\times J_{z'}\boldsymbol{\omega}_r$，所以

$$\boldsymbol{\omega}_e\times J_{z'}\boldsymbol{\omega}_r=\boldsymbol{M}_O^{(e)} \tag{4.76}$$

当 $\boldsymbol{\omega}_r$ 大小不变时，刚体做规则进动，进动角速度大小为 $\omega_e=\dfrac{M_O^{(e)}}{J_{z'}\omega_r}$，转向按式(4.76)矢量叉乘法则确定。

当沿自转轴进动方向再加一水平力于杆 AB 时，杆 AB 沿 B 端向上的方向偏转，可做类似分析，不再赘述。由以上两种现象可知，高速自转陀螺的进动发生在与力矩作用面相垂直的平面内。

3. 思考题

(1) 什么情况下陀螺会发生进动？进动方向与进动角速度大小如何确定？

(2) 什么是规则进动？

4.7.3　惯性主轴

1. 实验现象

图 4-31 至图 4-33 所示转子系统，转子质量相对转轴分别为对称分布(图 4-31)、偏心分布(图 4-32)和偏角分布(图 4-33)。当转子以匀角速度 ω 绕 z 轴转动时，图 4-31 系统转轴保持直线，转子平稳运转；图 4-32 系统与图 4-33 系统转轴发生挠曲变形，弹性转轴绕原几何轴线做弓状回转，转子系统发生振动。

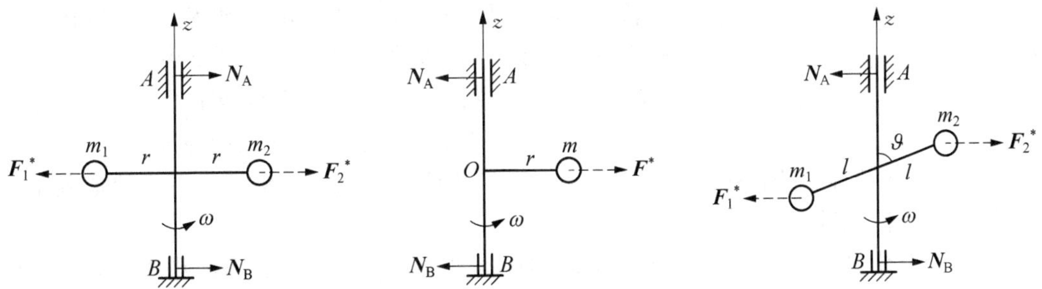

图 4-31　转子系统：对称分布　**图 4-32　转子系统：偏心分布**　**图 4-33　转子系统：偏角分布**

2. 原理分析

图 4-31 所示系统，转子对称质量 $m_1=m_2=m$ 绕 z 轴转动，$\omega=\text{const}$，惯性力 $F_1^*=F_2^*=m\omega^2 r$。因惯性力自成平衡力系，转轴保持铅垂状态，轴承 A、B 处无附加动反力。可

见,当转轴为对称轴且过转子质心时,不引起轴承处附加动反力。这样的轴称为中心惯性主轴。z 轴是该双质点转子的惯性主轴,且为中心惯性主轴。

如图 4-32 所示系统,转子偏心质量 m 绕 z 轴转动,$\omega=\text{const}$,不平衡惯性力 $F^*=m\omega^2 r$ 使转轴发生弯曲变形,轴承 A、B 处出现附加动反力。z 轴垂直于转子对称面,所以 z 轴是该单质点转子在 O 点的惯性主轴,但不是中心惯性主轴。

如图 4-33 所示系统,转子偏角质量 $m_1=m_2=m$ 绕 z 轴转动,$\omega=\text{const}$,惯性力 $F_1^*=F_2^*=m\omega^2 l\sin\theta$ 组成惯性力偶使转轴发生挠曲变形,轴承 A、B 处存在附加动反力。z 轴过转子质心,但不垂直于转子对称面,所以 z 轴不是该双质点转子的惯性主轴,更不是中心惯性主轴。

3. 应用实例

当转子质量偏心分布或偏角分布时,惯性力不能自成平衡力系,从而使轴承出现附加动反力。轴承附加动反力随转轴转动而呈周期性变化,引起转子系统振动,这将使轴承和转子部件受损。为避免出现轴承附加动反力,控制振动,工程上通常要对旋转机械的高速转子在使用前进行静平衡和动平衡试验,使其转轴成为中心惯性主轴。

4. 思考题

(1) 如何判断转轴是惯性主轴或中心惯性主轴?

(2) 轴承处不出现附加动反力的条件是什么?

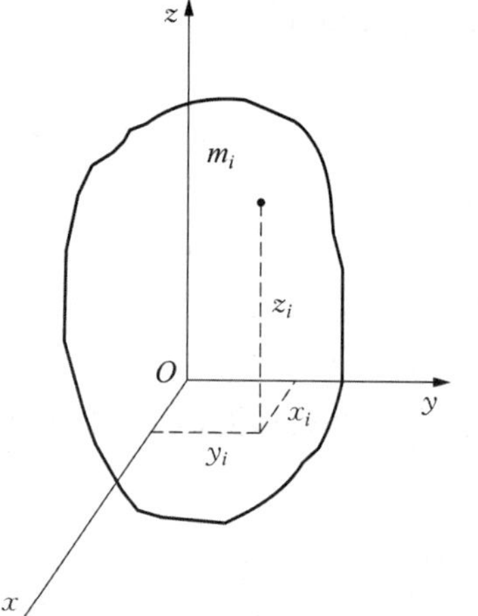

图 4-34 刚体惯性积

5. 附录:惯性主轴理论要点

1) 惯性积

如图 4-34 所示,一个刚体对给定的直角坐标系 $Oxyz$ 具有三个惯性积,可分别表示为

$$J_{yz}=\sum myz,\ J_{zx}=\sum mzx,\ J_{xy}=\sum mxy \tag{4.77}$$

可以看到,惯性积与转动惯量一样,也是表示刚体的质量对直角坐标系 $Oxyz$ 分布的几何性质的物理量。

2) 惯性主轴和中心惯性主轴

若刚体对于通过某点的坐标轴的惯性积为零,则此坐标轴称为刚体在该点的惯性主轴。例如在直角坐标系 $Oxyz$ 中,$J_{yz}=J_{zx}=0$,则 z 轴就是刚体在 O 点的惯性主轴。通过刚体上任一点,都有三个互相垂直的惯性主轴。

通过质心的惯性主轴,称为中心惯性主轴。利用刚体的某些对称性可以方便地确定刚体在某点的惯性主轴。

若刚体有质量对称面,则垂直于该平面的任何轴都是惯性主轴。因为刚体内有一坐标为 (x, y, z) 的质点,必有质量相同坐标为 $(x, y, -z)$ 的质点与它对应,则 $J_{yz}=\sum myz=0$,$J_{zx}=\sum mzx=0$,因此垂直于该平面的任何轴都是惯性主轴。

若刚体有质量对称轴,则该轴必为中心惯性主轴。设 Oz 轴为对称轴,因为刚体内有一质点,坐标为 (x, y, z),必有相同质量另一质点,坐标为 $(-x, -y, z)$ 与其对应,则 $J_{yz}=$

$\sum myz=0$, $J_{zx}=\sum mzx=0$，所以 Oz 轴是惯性主轴，又因刚体质量关于该轴对称分布，该轴一定过质心，所以该轴又称为中心惯性主轴。

3) 轴承附加动反力为零的条件

转子轴承附加动反力是惯性力引起的，避免出现转子轴承附加动反力在工程上具有重要意义，要使轴承附加动反力等于零必须使惯性力系主矢等于零，惯性力系对与转轴 z 垂直的 x 轴和 y 轴的力矩等于零，即

$$
\begin{aligned}
\boldsymbol{F}^{*} &= -M\boldsymbol{a}_{c}=0 \\
M_{x}^{*} &= J_{zx}\alpha - J_{yz}\omega^{2}=0 \\
M_{y}^{*} &= J_{yz}\alpha + J_{zx}\omega^{2}=0
\end{aligned}
\tag{4.78}
$$

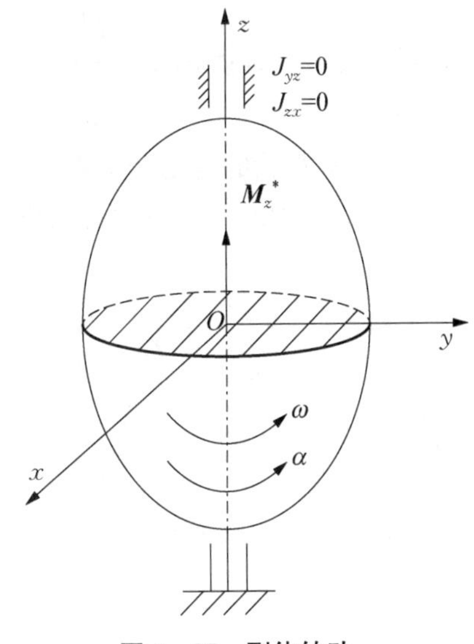

图 4 - 35　刚体转动

要使惯性力系主矢等于零，必须有 $a_{c}=0$，这相当于转轴过质心(图 4 - 35)，要使惯性力系对 x 轴、y 轴的力矩等于零，必须有对转轴 z 的惯性积 $J_{yz}=J_{zx}=0$，这相当于转轴是刚体的惯性主轴。因此刚体绕定轴转动时，避免出现轴承附加动反力的条件是，刚体的转轴是中心惯性主轴。

4) 静平衡和动平衡

转子质心在转轴轴线上的情况称为静平衡，实现了静平衡的转子其惯性力系的主矢为零。当刚体绕任一中心惯性主轴做匀速转动时其惯性力自成平衡力系，这种现象称为动平衡。实现了动平衡的转子，其惯性力系的主矢和主矩均为零。轴承无附加动反力，因此静平衡是动平衡的必要条件，但能够静平衡的转子，不一定能实现动平衡。可以看到转动刚体动平衡的要求与刚体转轴为中心惯性主轴的条件是一致的。因此，转动刚体实现动平衡的过程也就是刚体转轴成为中心惯性主轴的过程。

4.7.4　科氏惯性力

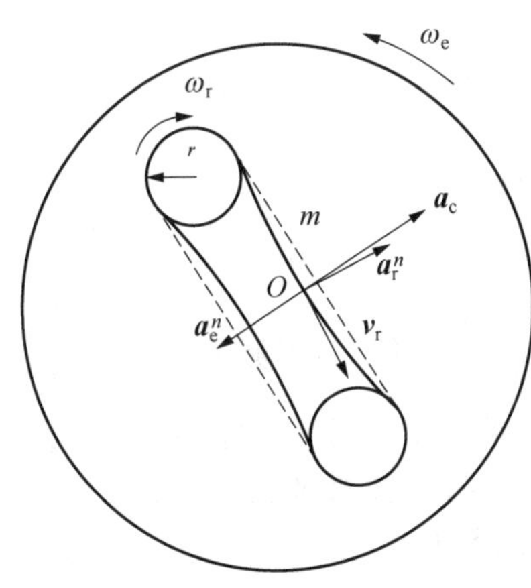

图 4 - 36　圆盘转动系统

1. 实验现象

如图 4 - 36 所示系统，已知大圆盘以匀角速度 ω_{e} 绕 O 轴做逆时针转动，安装在大圆盘上的带轮以匀角速度 ω_{r} 相对大圆盘做顺时针高速转动，此时带轮两侧张紧的运动胶带呈现向内侧凹的挠曲现象。

2. 原理分析

将动参考系固连于大圆盘，不失一般性，考察某瞬时胶带中部一微段质量 m（视为质点）相对转动参考系的运动。其运动分析如图 4 - 36 所示。质点在非惯性系中运动和力之间的关系可由质点相对运动动力学方程描述，即

$$m\boldsymbol{a}_{\mathrm{r}}=\sum \boldsymbol{F}+\boldsymbol{F}_{\mathrm{e}}^{*}+\boldsymbol{F}_{\mathrm{C}}^{*} \tag{4.79}$$

式中：$\boldsymbol{F}_{\mathrm{e}}^{*}=-m\boldsymbol{a}_{\mathrm{e}}$ 和 $\boldsymbol{F}_{\mathrm{C}}^{*}=-m\boldsymbol{a}_{\mathrm{C}}$ 为由参考系本身的运动所引起的附加项，在质点相对转动参考系的运动中具有与真实力相同的作用，分别称为牵连惯性力和科氏惯性力。

质点在转动参考系中的受力分析如图 4-37(a)所示。由于大圆盘低速转动 ω_{e} 很小，而带轮相对大圆盘高速转动 ω_{r} 很大(因而 v_{r} 很大)，根据 $F_{\mathrm{C}}^{*}=2m\omega_{\mathrm{e}}v_{\mathrm{r}}=2m\omega_{\mathrm{e}}\omega_{\mathrm{r}}r$ 和 $\boldsymbol{F}_{\mathrm{e}}^{*}=m\omega_{\mathrm{e}}^{2}r$，可知 $\boldsymbol{F}_{\mathrm{C}}^{*}\gg\boldsymbol{F}_{\mathrm{e}}^{*}$，$\boldsymbol{F}_{\mathrm{e}}^{*}$ 的影响可忽略。胶带上其余各点均可做类似分析。这样忽略牵连惯性力，两侧张紧的运动胶带系受沿胶带均匀分布的科氏惯性力作用而发生弓状挠曲变形。其一侧受分布的科氏惯性力而挠曲的现象如图 4-37(b)所示。

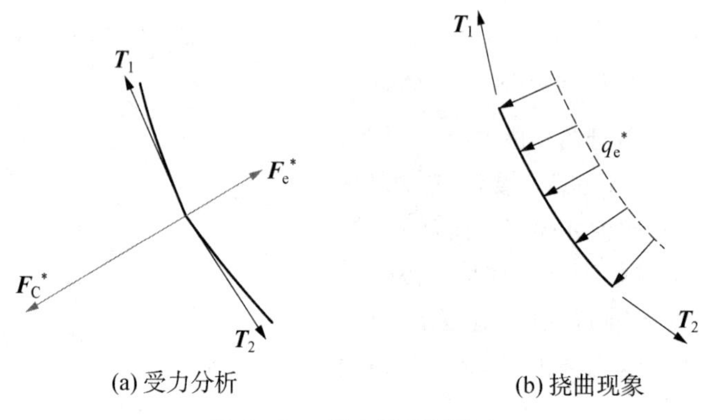

图 4-37　质点科氏惯性力

当 ω_{e} 为顺时针转向时，两侧运动胶带呈现向外凸的挠曲现象，可作类似分析，不再赘述。

3. 工程实例

在工程实际和自然界中有许多和科氏惯性力有关的现象，例如，北半球沿南北方向的双轨铁路，其每一条铁道沿火车运行方向的右轨内侧均磨损较严重；在北半球沿南北方向流动的河流，在河水流动方向的右岸所受到的冲刷均比左岸厉害。读者可自行分析其形成原因。

4. 思考题

运动胶带在转动圆盘中出现挠曲现象的原因是什么？

4.7.5　动力消振器

1. 实验现象

由电动机、弹性梁所构成的基本系统 (m_1, k_1)，在激励频率等于其固有频率 $\tilde{\omega}_1=\sqrt{\dfrac{k_1}{m_1}}$ 时，会发生共振。为消除基本系统的共振状态，在该系统上再附加一质量弹簧系统 (m_2, k_2) 而形成一新的两自由度系统(见图 4-38)，则原先系统的共振状态被消除。因附加系统 (m_2, k_2) 具有消除基本系统 (m_1, k_1) 共振的作用，故称为动力消振器。

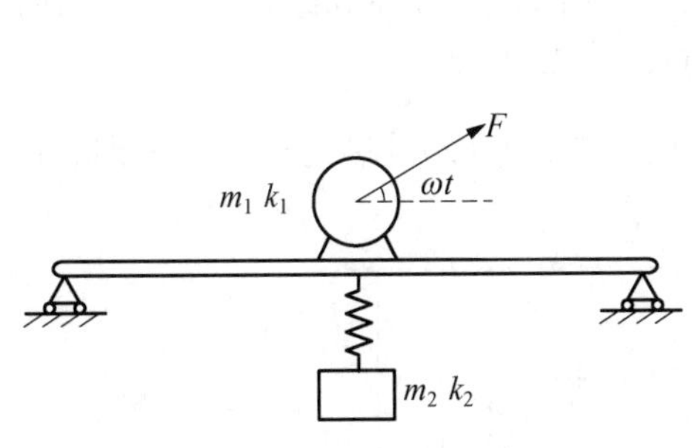

图 4-38　消振器系统

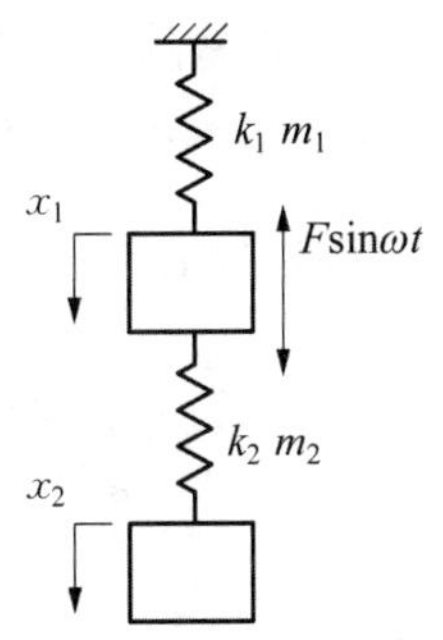

图 4-39　新系统简化的力学模型

2. 原理分析

新系统简化的力学模型如图 4-39 所示。系统的振动微分方程为

$$\begin{cases} m_1\ddot{x}_1+k_1x_1+k_2(x_1-x_2)=F\sin\omega t \\ m_2\ddot{x}_2+k_2(x_2-x_1)=0 \end{cases} \tag{4.80}$$

其稳态解为

$$\begin{cases} x_1(t)=B_1\sin\omega t \\ x_2(t)=B_2\sin\omega t \end{cases} \tag{4.81}$$

将式(4.81)代入式(4.80)中,得振幅 B_1、B_2 的无量纲形式为

$$\begin{cases} \dfrac{B_1}{\delta_{st}}=\dfrac{1-\dfrac{\omega^2}{\tilde{\omega}_2^2}}{\left(1-\dfrac{\omega^2}{\tilde{\omega}_2^2}\right)\left(1+\dfrac{k_2}{k_1}-\dfrac{\omega^2}{\tilde{\omega}_1^2}\right)-\dfrac{k_2}{k_1}} \\ \dfrac{B_2}{\delta_{st}}=\dfrac{1}{\left(1-\dfrac{\omega^2}{\tilde{\omega}_2^2}\right)\left(1+\dfrac{k_2}{k_1}-\dfrac{\omega^2}{\tilde{\omega}_2^2}\right)-\dfrac{k_2}{k_1}} \end{cases} \tag{4.82}$$

式中:$\delta_{st}=\dfrac{F}{k_1}$ 为基本系统在力 F 作用下的静变形;$\tilde{\omega}_1=\sqrt{\dfrac{k_1}{m_1}}$ 为基本系统的固有频率;$\tilde{\omega}_2=\sqrt{\dfrac{k_2}{m_2}}$ 为附加系统的固有频率。

由式(4.82)知,当 $\omega\approx\tilde{\omega}_2=\sqrt{\dfrac{k_2}{m_2}}$ 时,$B_1=0$,即激励频率等于附加系统固有频率时,受激励的 m_1 静止不动。这样消振器起到消除基本系统振动的作用。此时动力消振器的振幅为

$$B_2=-\frac{k_1}{k_2}\delta_{st}=-\frac{F}{k_2} \tag{4.83}$$

m_2 的运动方程为

$$x_2(t)=-\frac{F}{k_2}\sin\omega t \tag{4.84}$$

动力消振器的消振作用在力学上可以这样来解释:作用于基本系统 m_1 上的力有激励力

$F\sin\omega t$ 及附加弹簧的弹性力 $k_2x_2=-F\sin\omega t$，因为弹性力和激励力平衡，从而控制了 m_1 的运动。此时，基本系统的振动转移到了附加系统。

图 4－40 为质量比 $\omega=\dfrac{m_2}{m_1}=\dfrac{k_2}{k_1}=\dfrac{1}{5}$ 时，按式(4.82)绘制的 m_1 的幅频特性曲线。

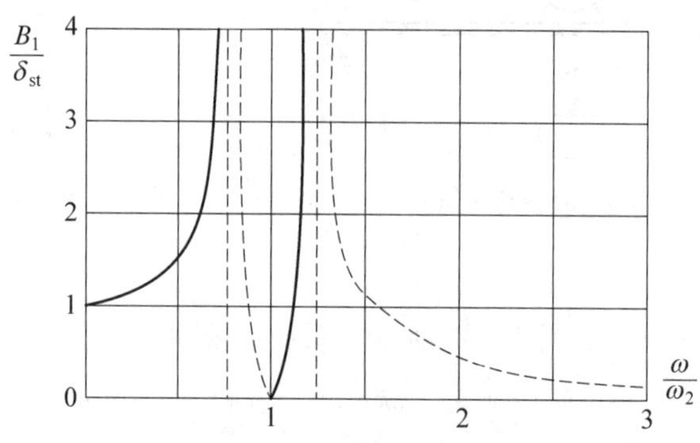

图 4－40　幅频特性曲线

3. 应用实例

桥梁在车流和风载等激励源形成的宽频激励下，某些局部区域因质量和刚度的不同分布会产生强烈振动，测出这些局部区域的振动频率，利用单摆动力消振器进行减振，能有效抑制这些局部区域的振动。

4. 思考题

(1) 动力消振器自身的固有频率应如何设计才能减小甚至消除原振动系统的振动?

(2) 试列举动力消振器在工程实际中的一个应用实例。

4.7.6　弦振动的振型

1. 实验现象

对两端固定且张紧的钢丝弦利用单点稳态正弦激励装置，对其进行稳态正弦扫频激励。当激励频率等于钢丝弦连续几阶固有频率时，钢丝弦会发生相应的连续各阶共振，其振动呈现出各阶主振型。系统的前三阶主振型如图 4－41 所示。

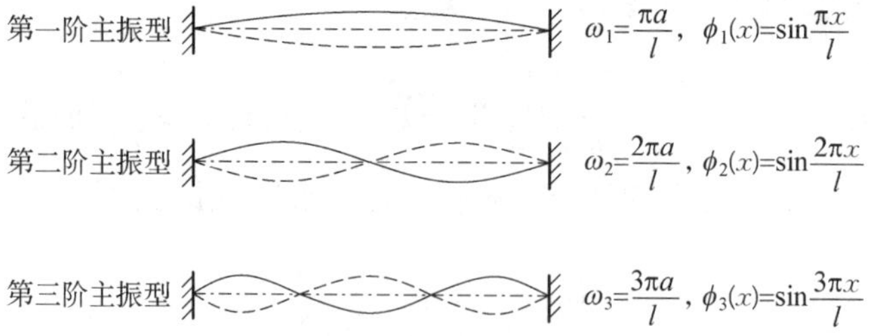

第一阶主振型　$\omega_1=\frac{\pi a}{l}$，$\phi_1(x)=\sin\frac{\pi x}{l}$

第二阶主振型　$\omega_2=\frac{2\pi a}{l}$，$\phi_2(x)=\sin\frac{2\pi x}{l}$

第三阶主振型　$\omega_3=\frac{3\pi a}{l}$，$\phi_3(x)=\sin\frac{3\pi x}{l}$

图 4－41　弦振动振型

2. 原理分析

如图 4－42 所示，两端固定且张紧的弦，在一点处受简谐激扰力作用的受迫振动问题在数学上可表示为下列波动方程的定解问题，即

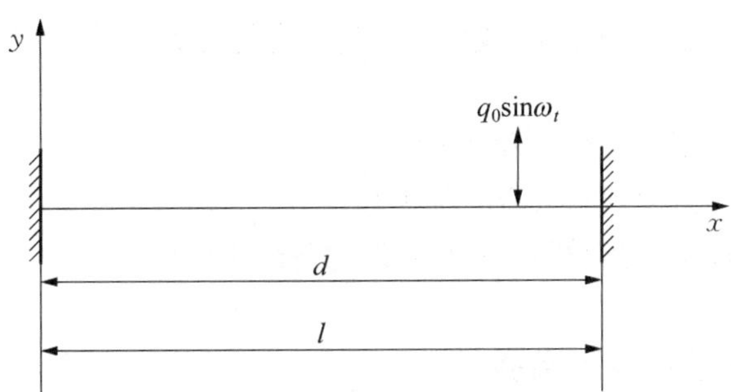

图4-42 受迫振动模型

$$\begin{cases}\dfrac{\partial^2 y(x,\ t)}{\partial t^2}=u^2\ \dfrac{\partial^2 y(x,\ t)}{\partial x^2}+\dfrac{1}{\rho}q(x,\ t)\\ y\,|_{x=0}=y\,|_{x=l}=0\\ y\,|_{t=0}=\left.\dfrac{\partial y}{\partial t}\right|_{t=0}=0\end{cases} \tag{4.85}$$

式中：$u=\sqrt{\dfrac{T}{\rho}}$ 为弹性横波沿弦向的传播速度；T 为弦的张力；ρ 为弦的线密度；$q(x,\ t)=q_0\sin\omega t\delta(x-d)$ 为集中激扰力。

弦振动系统的固有频率和主振型可从式(4.85)中 $q(x,\ t)=0$ 所对应的齐次方程解出，固有频率为 $\omega_i=\dfrac{i\pi a}{l}(i=1,\ 2,\ 3,\ \cdots)$，主振型为 $\varphi_i(x)=\sin\dfrac{i\pi x}{l}(i=1,\ 2,\ 3,\ \cdots)$。系统的受迫振动响应可表示为各阶主振型的线性组合，即

$$y(x,\ t)=\sum_{i=1}^{\infty}H_i(t)\sin\frac{i\pi x}{l} \tag{4.86}$$

式中：$H_i(t)(i=1,\ 2,\ 3,\ \cdots)$ 为主坐标，它表示系统各阶主振型对响应的贡献。

将式(4.86)代入式(4.85)中，根据数理方程的求解方法，可求得

$$H_i(t)=\frac{2q_0}{\rho l}\sin\frac{i\pi d}{l}\ \frac{1}{\omega_i(\omega^2-\omega_i^2)}(\omega\sin\omega_i t-\omega_i\sin\omega t) \tag{4.87}$$

由式(4.87)可知，当 $\omega=\omega_i$，即激励频率等于第 i 阶固有频率时，第 i 阶主坐标 $H_i(t)$ 将随时间 t 无限增大(利用洛毕达法则判定)，其余各阶主坐标 $H_s(t)(s=1,\ 2,\ 3,\ \cdots)$ 且为有限 $(s\neq i)$ 。因此，式(4.86)可表示为

$$y(x,\ t)=\sum_{i=1}^{\infty}H_i(t)\sin\frac{i\pi x}{l}\approx H_i(t)\sin\frac{i\pi x}{l} \tag{4.88}$$

这表明发生第 i 阶共振时，其共振振型与第 i 阶主振型一致。因此可利用稳态正弦激励获得系统的各阶主振型。

3. 应用实例

在钢琴、提琴等器乐演奏中，弦振动是一种音源，弦不同的主振动具有不同的音频和主振型，最低阶的音频称为基频，其整数倍的音频称为谐频，发出的声音称为泛音。弦被激励后发声，其中基频振动起主要作用，并伴有一些谐振动。我们所听到的声音，则是基音和泛

音迭加后产生的结果。泛音越丰富,我们听到的声音越动听。

4. 思考题

(1) 振动的固有频率与什么因素有关?

(2) 如何从实验观察中判断振型的阶次?

(3) 为什么利用稳态正弦激励可获得系统的各阶主振型?

4.8 非惯性系气浮台系列实验

研究物体在非惯性参考系中的动力学问题是许多工程需要解决的课题。例如,宇航员在航天器中的运动、洲际导弹相对地球的运动、水流沿水轮机叶片的运动等,航天器、地球、水轮机等对于相对其运动的物体而言都是非惯性参考系。非惯性参考系的概念是理论力学学习的难点,通过基于气浮动力学仿真平台的综合实验,构造一个非惯性系,从而加深对非惯性参考系的理解。

4.8.1 非惯性系气浮台与傅科摆演示

1851年,傅科在巴黎圣母院用67 m长的单摆进行实验,根据摆的摆动平面偏转效应证明地球自转,博得了很大的声誉,该装置被命名为傅科摆。在纽约联合国总部大厅安装的傅科摆由质量为90 kg的镀金球,摆线长度为23 m的不锈钢丝组成。本实验利用单轴气浮台(简称气浮台)来模拟一个相似的傅科摆实验。

1. 实验目的

(1) 了解非惯性实验平台的组成、实验方法及应用。

(2) 通过傅科摆演示,观察和理解地球的自转规律。

2. 实验装置

非惯性系单轴气浮台结构如图4-43所示,主要由平台、地面气源、测控系统等部分组

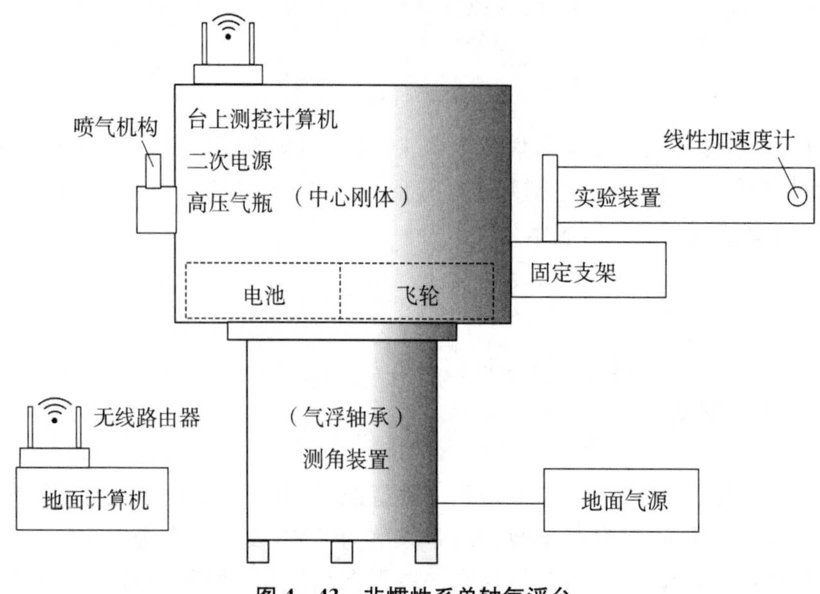

图4-43 非惯性系单轴气浮台

成。可构造一个相对地球(惯性参考系)的旋转参考系,即非惯性参考系平台。

气浮台主要参数:单轴柱面气浮轴承(图 4-44)最大承载能力大于 200 kgf;台体搭载后总质量为 100 kg;绕垂直轴的转动惯量约为 10 kg·m^2;平台的最终干扰力矩小于 8×10^{-4} N·m。

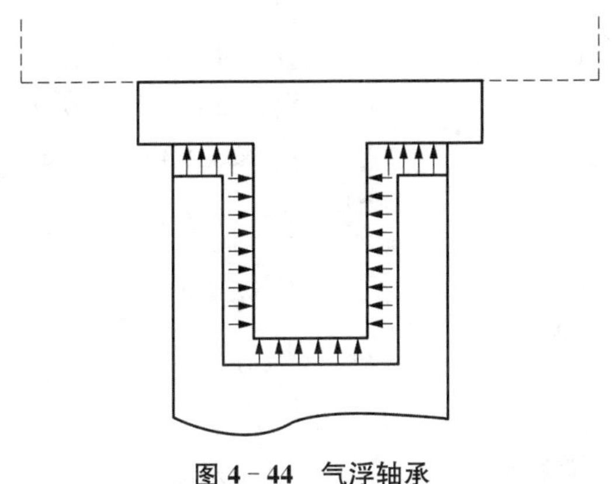

图 4-44　气浮轴承

平台及测控系统的组成,如图 4-45 所示。其主要参数:反作用飞轮最大角动量为 2 N·ms,最大控制力矩为 0.1 N·m,时间常数小于 0.1 s;喷气执行机构喷气最小脉冲宽度为 30 ms,推力大于 0.23 N,力矩范围为 0.14～0.5 N·m,延时时间小于 8 ms;线性加速度计角速度测量范围为 $\pm10^{-4}\sim\pm1$ g,测量灵敏度为 10^{-5} g;感应同步器角位移测量范围为 0°～360°,测量精度为 2.5×10^{-4}°;

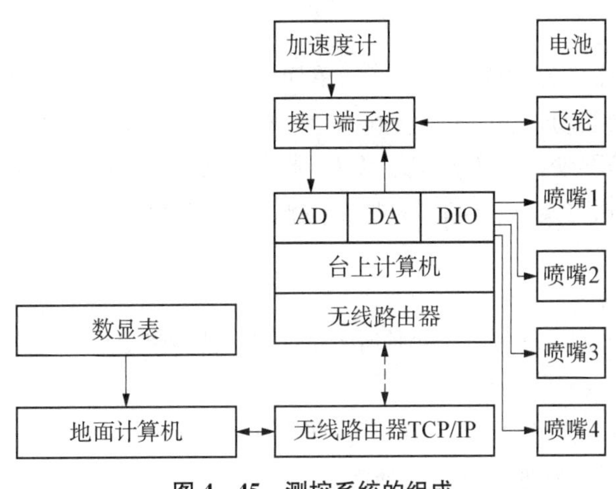

图 4-45　测控系统的组成

地面气源:空气经空气压缩机增压、过滤器过滤,并通过空气管道向气浮台气浮轴承输出干燥、无尘且有一定压力的空气,提供平台旋转刚体向上的支撑力,使其受到的轴承摩擦阻力极小,模拟一个自由的旋转平台。

3. 实验原理

傅科摆实验装置是安装在地球表面的一个数字摆。如果地球不旋转,摆在当地铅垂面内摆动,摆动平面保持不变。由于地球的自转,摆的摆动平面将相对与地球以角速度 $\Omega\sin\phi$(Ω 是地球的转动角速度,ϕ 是纬度)绕地垂线旋转。这个效应在南北两极最为明显,此时

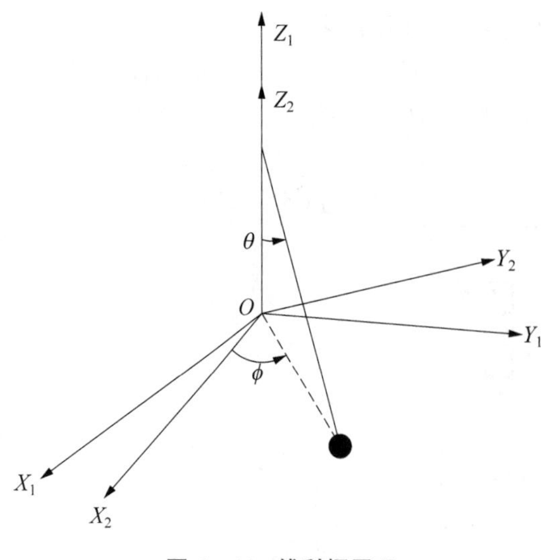

图 4-46 傅科摆原理

地球在摆的下方旋转，并且每昼夜转过一周。在赤道上，这种效应消失。

用拉格朗日第二类方程推导质点的运动方程。$OX_1Y_1Z_1$ 为定参考系，$OX_2Y_2Z_2$ 为动参考系，动参考系绕 Z_1 轴以角速度 Ω 匀速旋转。如图 4-46 所示。质点有两个自由度，取广义坐标 θ、ϕ，将质点动能 $T=\frac{1}{2}m\{(\theta L)^2+[(\dot{\phi}+\Omega)L\theta]^2\}$，势能 $E=-mgL\cos\theta$ 代入拉氏第二类方程得

$$mL^2\ddot{\theta}-m(\dot{\phi}+\Omega)^2L^2\theta+mgL\sin\theta=0 \tag{4.89}$$

忽略二阶微量，$(\dot{\phi}-\Omega)^2=0$，$\sin\theta\approx\theta$，得 $\ddot{\theta}+\frac{g}{L}\theta=0$，同单摆的运动方程一致，即

$$\theta\ddot{\phi}+2\dot{\theta}(\dot{\phi}+\Omega)=0 \tag{4.90}$$

当 $\ddot{\phi}=0$ 时，可得 $\dot{\phi}=-\Omega$，质点摆动的平面相对动参考系转动的角速度与动系的角速度相同，方向相反。

4. 实验步骤

首先，浮起非惯性平台，给定初始角度，单摆就可以摆动起来，如果平台相对地面静止，单摆将在一个平面内摆动，例如在红色范围内。接着，平台自由转动一个角度，单摆的运动在惯性空间中看仍是不变的平面运动。但相对平台(非惯性参考系)的运动不再是平面运动，单摆的摆动平面相对于平台也将转动，并逐渐离开红色范围。实验模拟了把傅科摆放在北极的运动。

5. 实验数据处理

记录傅科摆在 10 秒、20 秒、30 秒时所处的位置，观察摆动平面的变化。

6. 实验报告要求

(1) 简述非惯性实验平台的组成和傅科摆原理。

(2) 观察实验现象，并进行讨论与分析。

(3) 根据现有条件，让学生自己设计非惯性实验。

(4) 根据实验要求自拟实验报告。

4.8.2 气浮台及复杂物体转动惯量测量

在研究刚体的定轴转动问题中，都涉及刚体对于轴的转动惯量。均质的规则几何形体对转轴的转动惯量可以通过数学计算，然而在工程中存在大量非规则几何形状、非均质的刚体，其对转轴的转动惯量只能通过实验方法得到。常见的实验方法有两线扭摆法和三线扭摆法。本实验通过采用单轴气浮台构成扭摆来实现对复杂物体转动惯量的测量。

1. 实验目的

(1) 测定复杂物体的质心位置。

(2) 测定被测物体对过质心转轴的转动惯量。

2. 实验装置

实验装置系统包括单轴气浮台、力传感器、静态应变仪及标准砝码。

3. 实验原理

1) 质心位置测量(称重法)

如图 4-47 所示,求物体的质心 $C(x_C, y_C)$。首先确定物体上 A、B 及 O 三个支点组成一个平面,并保持与水平面平行。在每个支点放置称重仪或力传感器,分别称出点 A、B 及 O 的支反力 F_{NA}、F_{NB}、F_{NO},以及物体的重量 G,根据力系平衡规律 $\sum m_x(\boldsymbol{F})=0$、$\sum m_y(\boldsymbol{F})=0$ 和 $\sum Z=0$,得到

$$\begin{gathered} F_{NA}y_A+F_{NB}y_B-Gy_C=0 \\ F_{NB}x_B-Gx_C=0 \\ F_{NA}+F_{NB}+F_{NO}-G=0 \end{gathered} \tag{4.91}$$

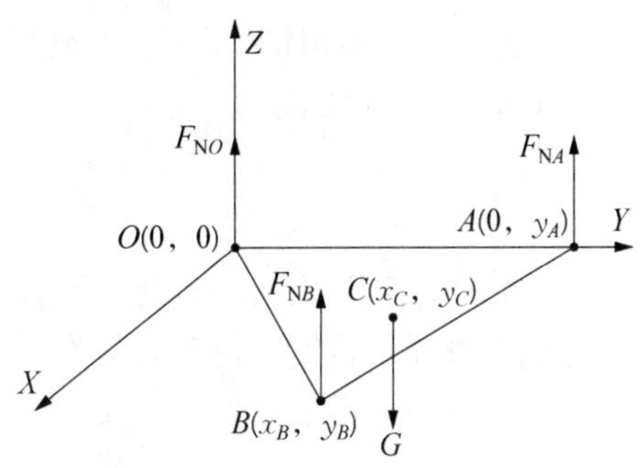

图 4-47　称重法质心测量原理

即可根据式(4.91)求出 $C(x_C, y_C)$。

上述方法只完成测求出物体相对 ABO 平面内质心位置,如果需要测求出物体的空间质心位置,只要将物体翻转 90°,然后采用上述方法进行再次测量即可。

2) 过质心转轴的转动惯量测量

如图 4-48 所示,被测物体对轴的转动惯量的测试,是在单轴气浮动力学仿真平台进行的。

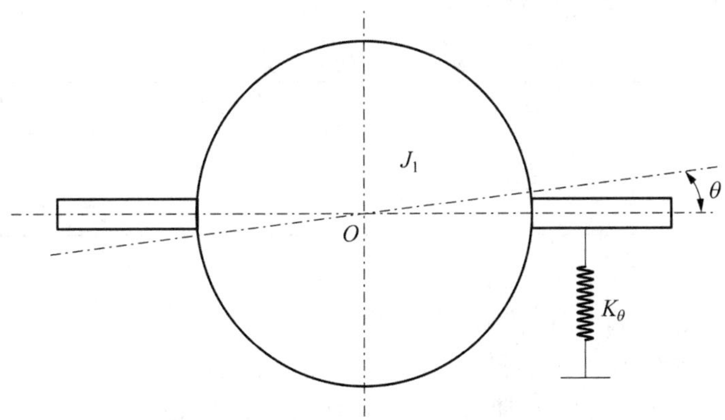

图 4-48　扭摆法测量转动惯量

首先,将气浮台浮起并经水平调整后,在其两端刚性臂和基座之间安装两组弹簧,则可将气浮台视为一个单自由度弹簧振子系统。测试时保证气浮台振幅小于 5°,以满足微幅振动条件,其无阻尼自由振动方程为

$$J_1\ddot{\theta}+K_\theta\theta=0 \tag{4.92}$$

式中:J_1 为气浮台绕 O 转轴的转动惯量,K_θ 为等效扭转刚度,θ 为气浮台角位移。

系统对应的振动频率为

$$f_1 = \frac{1}{2\pi}\sqrt{K_\theta / J_1} \tag{4.93}$$

然后,将被测物体固定在平台上,安装时被测物体的质心与气浮台的转动轴重合。此时,保持系统刚度不变,则其振动方程为

$$(J_1 + \Delta J)\ddot{\theta} + K_\theta \theta = 0 \tag{4.94}$$

式中:ΔJ 为被测物体相对气浮台转轴的转动惯量。

对应的振动频率为

$$f_2 = \frac{1}{2\pi}\sqrt{K_\theta / (J_1 + \Delta J)} \tag{4.95}$$

由式(4.93)和式(4.95)消去 K_θ,如果已知 J_1,测出两次振动频率 f_1 和 f_2,可得被测物体相对气浮台转轴的转动惯量为

$$\Delta J = \frac{f_1^2 - f_2^2}{f_2^2} J_1 \tag{4.96}$$

按照上述测试方法,只要改变物体放置的方向,就可测出其绕 X、Y、Z 轴的转动惯量。

4. 实验步骤

(1) 根据实验原理自拟操作步骤。

(2) 台面与弹簧组成了振子系统,用专用控制软件记录振子系统的角度信号,并用 Origin 软件,求出其系统运动的周期与频率。

5. 实验数据处理

(1) 测量计算物体的质心位置。

(2) 计算物体的转动惯量记录于表 4-11 中。

表 4-11　转动惯量

类型	周期 T	频率 f	转动惯量 J
空台			
空台+物体			

6. 实验报告要求

(1) 简述如何测出转台相对转轴的转动惯量。

(2) 分析实验结果,误差大小和来源,并计算测量精度。

(3) 假如物体以点为基准点,通过计算求出质心相对基准点的位置坐标。

(4) 根据实验要求自拟实验报告。

4.8.3 陀螺力矩测定

1. 实验目的

(1) 通过实验了解陀螺力矩产生的原因,以及在工程中的应用。

(2) 理解陀螺力矩产生的规律。

2. 实验装置

主要实验装置包括单轴气浮平台、高速转子、动态应变仪和应力传感器等，如图 4－49 所示。

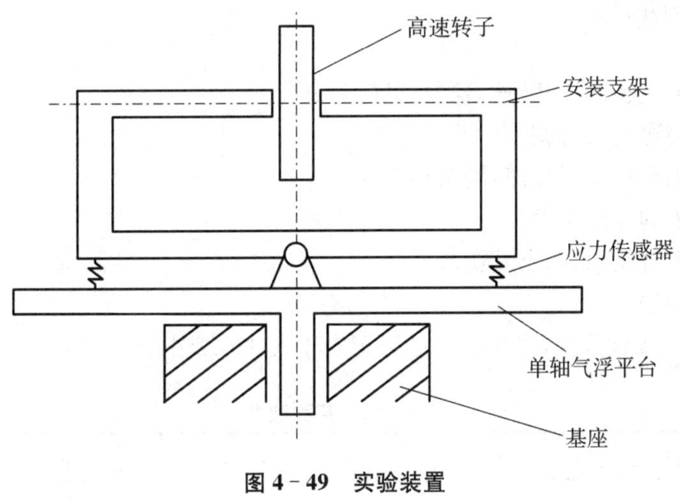

图 4－49　实验装置

3. 实验原理

任何绕对称轴高速旋转的转动物体，当对称轴被迫使在空间改变方向，必然产生力矩作用在迫使转轴改变方向的物体上，这一力矩称为陀螺力矩，这种现象称为陀螺效应。简化模型如图 4－50 所示。

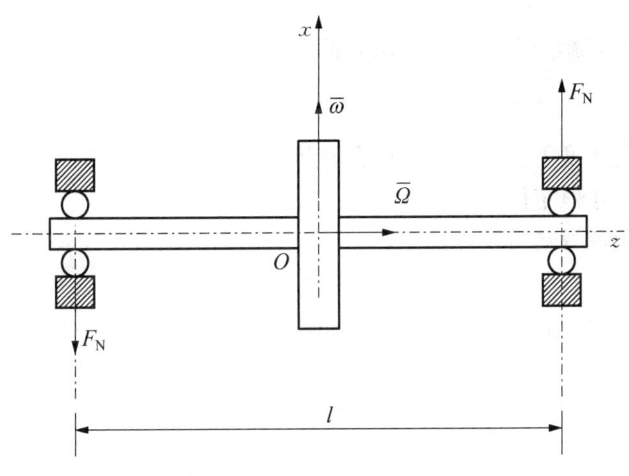

图 4－50　陀螺力矩模型

由于高速转子高速自转，转子对于对称轴 OZ 的动量矩近似为 $\boldsymbol{L}_0 = J_{OZ}\boldsymbol{\Omega}$。如果转子轴绕 OX 轴转动的角速度为 $\boldsymbol{\omega}$，且产生的陀螺力矩 $\boldsymbol{M}_0 = J_{OZ}\boldsymbol{\Omega}\times\boldsymbol{\omega}$，$\boldsymbol{M}_0$ 的方向垂直于纸面指向外，轴承上所受压力 $F_N = \dfrac{\boldsymbol{M}_0}{l}$，如果转子转动角速度过大，则轴承会受到很大压力并且是周期性变化引起破坏。通过实验可以加深对这一工程问题(如安装在运载器上的高速转子)的理解。

本实验在旋转的平台上(非惯性参考系)安装一个高速匀速转动转子,其转速为 Ω,旋转平台一个转动的角速度为 ω。由于陀螺力矩的作用,在转子的轴承上产生一附加的动压力,用传感器测量该动压力的大小。分别测试高速转子转动速度 Ω、实验平台在恒速 ω 下旋转和摆动下的陀螺力矩的大小。

4. 实验步骤

(1) 使转子匀速转动,用转速表测出其转速 Ω。

(2) 使轴承两边约束力调零。

(3) 使实验平台转动到恒速,测出转速 ω。

(4) 测出轴承的支座反力。

(5) 使实验平台摆动,测出其实验曲线。

5. 实验数据处理

根据记录下的实验数据,求出计算结果记录于表 4-12 中。

表 4-12 实验数据

测量状态	1	2	3	4
平台转速 ω /(rad · s^{-1})				
测出转速后计算值 F_{Nj} /N				
直接测量值的 F_{Nc} /N				
误差分析/%				

$L=$　　　　$J_{OZ}=$　　　　$\Omega=$

4.8.4 气浮台角速度测量与动量矩守恒验证

1. 实验目的

(1) 给定飞轮角速度下测量气浮台的角速度。

(2) 验证动量矩守恒定律。

(3) 加深学习和理解动量矩守恒定律。

2. 实验装置

实验仪器包括单轴气浮台及转动飞轮,如图 4-51 所示。

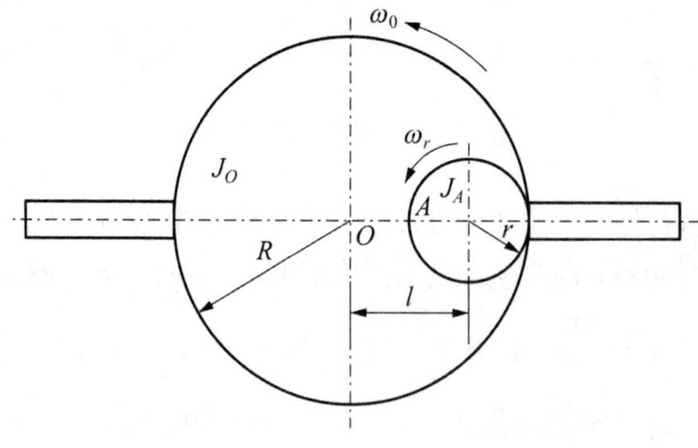

图 4-51 实验装置

3. 实验原理

如图 4-51 所示,系统的总动量矩为

$$\begin{aligned} L_0 &= J_O\omega_0 + J_A\omega_0 + mv_A l \\ &= J_O\omega_0 + J_A\omega_0 \pm J_A\omega_r + ml^2\omega_0 \\ &= (J_O + J_A + ml^2)\omega_0 \pm J_A\omega_r \end{aligned} \tag{4.97}$$

由于总动量矩 $L_0=\text{const}$,则有 $(J_O+J_A+ml^2)\omega_0 \pm J_A\omega_r=\text{const}$。此时,改变 ω_r 的大小,ω_0 也会随之发生变化。当系统处于静止状态时,$L_0=\text{const}=0$,则 $(J_O+J_A+ml^2)\omega_0 \pm J_A\omega_r=0$。

如果转台的转动惯量 J_O、飞轮的转动惯量 J_A、质量 m 和中心距离 l 已知,给定飞轮以角速度 ω_r,求出转台的角速度 ω_0。同时通过实验可以测出转台的角速度 ω_0,从而验证动量矩守恒定理 $\omega_0=\dfrac{\pm J_A\omega_r}{J_O+J_A+ml^2}$。

4. 实验步骤

(1) 打开转台下计算机的应用程序,并连接气浮台台上计算机。

(2) 给定飞轮的角速度 ω_r,测量转台的角速度 ω_0。

5. 实验数据处理

根据记录下的实验数据,求出计算结果并记录于表 4-13 中。

表 4-13　实验数据

	m	l	J_O	J_A	ω_r	实验 ω_0	计算 ω_0
计算							
实验	—	—	—	—	—		
误差分析	—	—	—	—	—		

第5章

材料力学实验

5.1 金属拉伸

拉伸是材料力学最基本的实验。通过拉伸可以测定出材料一些基本的力学性能参数，如弹性模量、强度、塑性等。

5.1.1 实验目的

(1) 测定塑性材料的上、下屈服强度 R_{eH}、R_{eL}、抗拉强度 R_m、断后延伸率 A 和截面收缩率 Z；测定脆性材料的抗拉强度 R_m。

(2) 掌握用引伸计测定塑性材料的弹性模量的方法。

(3) 绘制材料的载荷-位移曲线。

(4) 观察和分析上述两种材料在拉伸过程中的各种现象，并比较它们力学性质的差异。

(5) 了解电子万能材料试验机的构造和工作原理，掌握其使用方法。

5.1.2 实验装置

实验装置包括电子万能材料试验机、引伸计、游标卡尺等。最常见的拉伸试件的截面是圆形和矩形，如图 5-1 所示。

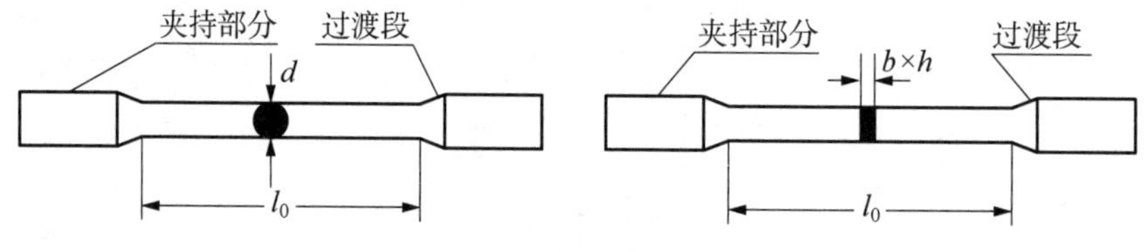

图 5-1 试件的截面形状

试样分为夹持部分、过渡段和待测部分。标距 l_0 是待测部分的主体，其截面积为 S_0。按标距 l_0 与其截面积 S_0 之间的关系，拉伸试样可分为比例试样和非比例试样。按国家标准 GB/T 228.1—2021 的规定，比例试样的有关尺寸见表 5-1。

表5-1　试样尺寸

试样		标距 l_0 /mm	截面积 S_0 /mm	圆形试样直径 d /mm	延伸率
比例	长	$11.3\sqrt{S_0}$ 或 $10d_0$	任意	任意	A
	短	$5.65\sqrt{S_0}$ 或 $5d_0$			A

5.1.3　实验原理

1. 塑性材料弹性模量的测试

在弹性范围内大多数材料服从胡克定律，即变形与受力成正比。纵向应力与纵向应变的比例常数就是材料的弹性模量 E，也叫杨氏模量。因此金属材料拉伸时弹性模量 E 的测定是材料力学中最主要、最基本的一个实验。

测定材料弹性模量 E 一般采用比例极限内的拉伸试验，材料在比例极限内服从胡克定律，其荷载与变形关系为

$$\Delta l = \frac{Fl_0}{ES_0} \tag{5.1}$$

若已知载荷 F 及试件尺寸，只要测得试件标距内的伸长量 Δl 或纵向应变即可得出弹性模量 E，即

$$E = \frac{Fl_0}{\Delta l S_0} = \frac{F}{S_0} \cdot \frac{1}{\varepsilon} \tag{5.2}$$

当采用引伸计测量 E 时，先进行试样预拉伸。在进入弹性阶段后，将引伸计夹持在试样的中部进行测量。在弹性阶段结束前即将进入屈服阶段时取下引伸计，弹性模量测量完毕。

2. 塑性材料的拉伸(低碳钢)

实验原理如图 5-2(a)所示，实验各参数的设置由计算机传送给测控中心后开始实验，拉伸时，力传感器和引伸计分别通过两个通道将试样所受的载荷和变形连接到测控中心，经相关程序计算后，再在计算机上显示出各相关实验结果。

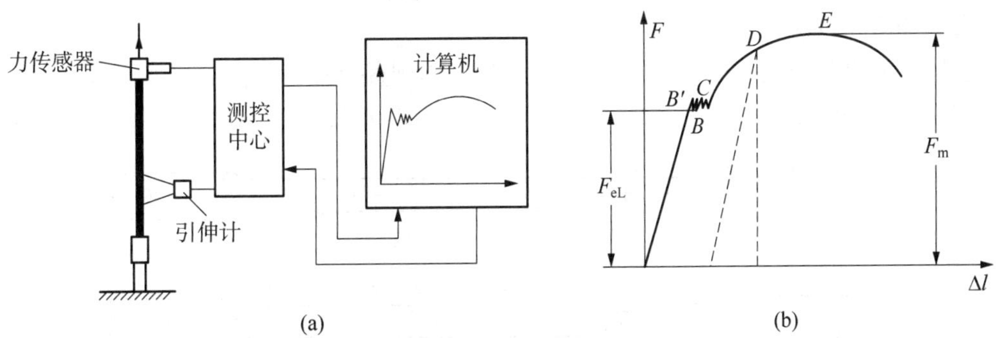

图5-2　实验原理与典型塑性材料拉伸

图5-2(b)所示是典型的低碳钢拉伸曲线图。当试件开始受力时,因夹持力较小,其夹持部分在夹头内有滑动,故图中开始阶段的曲线斜率较小,它并不反映真实的载荷-变形关系;载荷加大后,滑动消失,材料的拉伸进入弹性阶段。

低碳钢的屈服阶段通常是较为水平的锯齿状(图中的 B'- C 段),与最高载荷 B'对应的应力称为上屈服极限,由于它受变形速度等因素的影响较大,一般不作为材料的强度指标;同样,屈服后第一次下降的最低点也不作为材料的强度指标。除此之外的其他最低点中的最小值(B 点)作为屈服强度 R_{eL}。

$$R_{eL}=\frac{F_{eL}}{S_0} \tag{5.3}$$

当屈服阶段结束后(C 点),继续加载,载荷-变形曲线开始上升,材料进入强化阶段。若在这一阶段的某一点(如 D 点)卸载至零,则可以得到一条与比例阶段曲线基本平行的卸载曲线。此时立即再加载,则加载曲线沿原卸载曲线上升到 D 点,以后的曲线基本与未经卸载的曲线重合。可见经过加载、卸载这一过程后,材料的比例极限和屈服极限提高了,而延伸率降低了,这就是冷作硬化。

随着载荷的继续加大,拉伸曲线上升的幅度逐渐减小,当达到最大值(E 点) R_m 后,试样的某一局部开始出现颈缩,而且发展很快,载荷也随之下降,迅速到达 F 点后,试样断裂。材料的强度极限 R_m 为

$$R_m=\frac{F_m}{S_0} \tag{5.4}$$

当载荷超过弹性极限时,就会产生塑性变形。金属的塑性变形主要是材料晶面产生了滑移,是剪应力引起的。材料塑性的指标主要用材料断裂后的延伸率 A 和截面收缩率 Z 来表示,即

$$\begin{aligned} A&=\frac{l_u-l_0}{l_0}\times 100\% \\ Z&=\frac{S_0-S_u}{S_0}\times 100\% \end{aligned} \tag{5.5}$$

式中:l_0、l_u 和 S_0、S_u 分别是断裂前、后试样标距的长度和截面积。

l_u 可用下述方法测定:

直接法:如断口到最近的标距端点的距离大于 $l_0/3$,则直接测量两标距端点间的长度为 l_u。

移位法:如断口到最近的标距端点的距离小于 $l_0/3$,如图5-3所示。在较长段上,从断

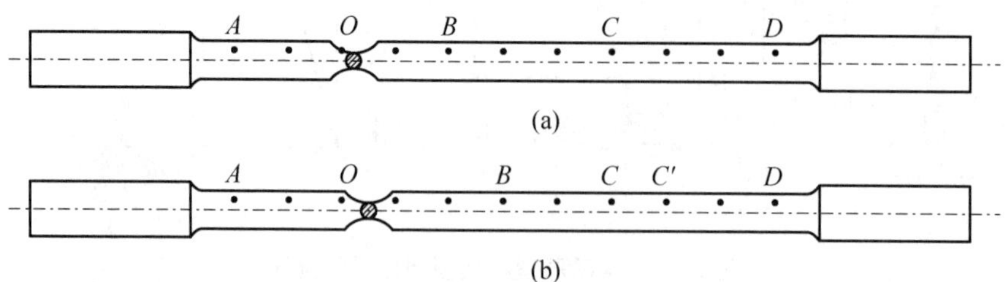

图5-3 断口位置

口处 O 起取基本短段的格数，得到 B 点，所余格数若为偶数，则取其一半，得到 C 点；若为奇数，则分别取其加 1 和减 1 的一半，得到 C、C' 点，那么移位后的 l_u 分别为 $l_u = AO + OB + 2BC$，$l_u = AO + OB + BC + BC'$。

5.1.4　实验步骤

1. 塑性材料的拉伸（圆形截面低碳钢）

1）确定标距

根据表 5-1 的规定，选择适当的标距（这里以 $10d_0$ 作为标距 l_0），并测量 l_0 的实际值。为了便于测量 l_u，将标距均分为若干格，如 10 格。

2）试样的测量

用游标卡尺在试样标距的两端和中央的三个截面上测量直径，每个截面在互相垂直的两个方向各测一次，取其平均值，并用三个平均值中最小者作为计算截面积的直径 d_0，计算出 S_0 值。

3）设备仪器准备

根据材料的强度极限 R_m 和截面积 S_0 估算最大载荷值 F_m，根据 F_m 选择试验机合适的档位，并调零；同时调整好试验机的自动绘图装置。

4）安装试件

试件先安装在试验机的上夹头内，再移动下夹头，使其达到适当的位置，并把试件下端夹紧。

5）预加载、卸载

注意预加载不能超过比例极限。

6）测量过程

采用 ZWICK 万能材料实验机操作步骤如下：

(1) 打开主机电源。

(2) 静候数秒，以待机器系统检测。

(3) 打开 TestXpert 测试软件，选取相应测试程序（或直接在计算机桌面上双击程序图标）。

(4) 单击主机“ON”按钮，以使主机与程序相连。

(5) 单击“Le”图标以使夹具恢复到设定值。

(6) 用游标卡尺测量试样尺寸，并输入。

(7) 摆放试样于试样台，用夹具夹持试样一端。

(8) 单击“Force 0”图标，以使力值清零。

(9) 用夹具夹持试样另一端。

(10) 单击“Start”图标，开始测试。

(11) 弹出试样尺寸确认框，单击“OK”按钮。

(12) 测试终止后，取出试样。

(13) 单击“Le”按钮，使横梁自动恢复到初始位置，程序自动计算测试结果并作出图表。

(14) 开始下一次测试。

(15) 所有测试结束后，单击“Protocol”按钮图标，输入测试报告名称。

(16) 单击“Print”按钮图标,打印测试报告。

(17) 保存测试结果文件,另存为 *.zse 格式的文件。

(18) 退出程序。

(19) 关闭主机电源,清理工作台。

(20) 将断裂试件的两断口对齐并尽量靠紧,测量断裂后标距段的长度 l_u;测量断口颈缩处的直径 d_u,计算断口处的横截面积 S_u。

2. 脆性材料的拉伸(圆形截面铸铁)

铸铁等脆性材料拉伸时的载荷—变形曲线与低碳钢不同,很难区分出弹性、屈服、颈缩和断裂四个阶段,而是一根接近直线的曲线,且载荷没有下降段。它是在非常小的变形下突然断裂的,断裂后几乎看不到残余变形。因此,测试它的 R_{eL}、A、Z 就没有实际意义,只要测定它的强度极限 R_m 即可。

实验前测定铸铁试件的横截面积 S_0,然后在试验机上缓慢加载,直到试件断裂,记录其最大载荷 F_m,求出其强度极限 R_m。

5.1.5 思考题

(1) 当断口到最近的标距端点的距离小于 $l_0/3$ 时,为什么要采取移位的方法来计算 l_u?

(2) 用同样材料制成的长、短比例试件,其拉伸试验的屈服强度、伸长率、截面收缩率和强度极限都相同吗?

(3) 观察铸铁和低碳钢在拉伸时的断口位置,为什么铸铁大都断在根部?

(4) 比较铸铁和低碳钢在拉伸时的力学性能。

5.1.6 实验报告要求

实验报告应包括实验名称、实验目的、仪器设备名称、规格、量程、实验记录及计算结果。如低碳钢及铸铁拉伸时的机械性能图,两种试件破坏时的断口状态图等。分析讨论低碳钢和铸铁破坏情况及原因。

5.2 弹性模量 E 和泊松比 μ 的测定

拉伸实验中得到的屈服极限 R_{eL}、R_{eH} 和强度极限 R_m,反映了它承受载荷的能力。延伸率 A 和截面收缩率 Z,反映了材料塑性变形的能力。弹性模量 E 则反映材料在弹性范围内抵抗变形的能力,它是以其所承受载荷下产生的变形量来表征的。

在弹性范围内纵向应力与纵向应变的比例常数就是材料的弹性模量 E,横向应变与纵向应变之比值称为泊松比 μ,也叫横向变形系数,它是反映材料横向变形的弹性常数。

5.2.1 实验目的

(1) 用电测方法测定低碳钢的弹性模量 E 及泊松比 μ。

(2) 验证胡克定律。

(3) 掌握电阻应变测试方法的基本原理与应用。

5.2.2 实验装置

实验装置包括材料试验机、静态电阻应变仪、游标卡尺等。采用平板试件，试件形状尺寸及贴片方位如图5-4所示。

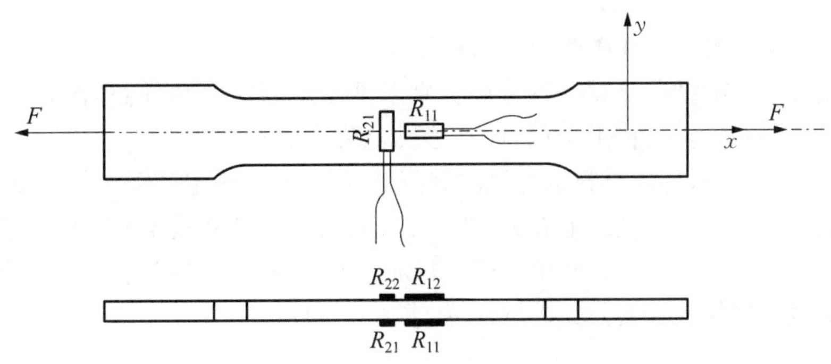

图5-4 平板试件布片

5.2.3 实验原理

测定材料弹性模量 E 一般采用比例极限内的拉伸实验，材料在比例极限内服从胡克定律，其载荷与变形关系为

$$\Delta l=\frac{\Delta F l_0}{E S_0} \tag{5.6}$$

若已知载荷 ΔF 及试件承载面积 S_0，只要测得试件单位长度上的伸长量 $\Delta l/l_0$，即应变 ε，便可得出弹性模量为

$$E=\frac{\Delta F l_0}{\Delta l S_0}=\frac{\Delta F}{S_0}\cdot\frac{1}{\Delta l/l_0}=\frac{\Delta F}{S_0}\cdot\frac{1}{\varepsilon} \tag{5.7}$$

本实验采用电阻应变片测量线应变 ε。在面积确定的情况下，通过测试所加载荷对应的线应变 ε，求得材料的弹性模量 E。

采用增量法逐级加载，分别测量在相同载荷增量 ΔF 作用下试件所产生的应变增量 $\Delta\varepsilon$。采用增量法可以验证力与变形间的线性关系。若每次载荷增量 ΔF 相等，相应地由应变仪读出的应变增量 $\Delta\varepsilon$ 也相等，则线性关系成立，从而验证了胡克定律。

加载的最大应力值不应超过材料的比例极限，一般取屈服极限 R_{eL} 的70%～80%，故最大载荷为

$$F_{max}=0.8R_{eL}\cdot S_0 \tag{5.8}$$

加载级数一般不少于5级。

材料在受拉伸或压缩时，不仅沿纵向发生纵向变形，在横向也会同时发生缩短或增大的横向变形。由材料力学知，在弹性变形范围内，横向应变 ε_y 和纵向应变 ε_x 成正比关系，这一比值称为材料的泊松比，一般以 μ 表示，即

$$\mu = \left| \frac{\varepsilon_y}{\varepsilon_x} \right| \tag{5.9}$$

实验时,如果同时测出纵向应变和横向应变,则可由式(5.9)计算出泊松比 μ。

5.2.4 实验步骤

(1) 用游标卡尺测量试件中间的截面积尺寸。

(2) 在试件中间沿纵向及其垂直方向分别贴两个电阻应变片,同样在另一边对称地贴两个电阻应变片,选取与试件相同材料的补偿块上贴温度补偿片。

(3) 计算最大载荷,选择材料试验机的载荷量程范围,并确定分级加载的载荷量。

(4) 安装试件夹于试验机的上夹头,把三个工作片及补偿片接至电阻应变仪。

(5) 载荷调零,夹紧下夹头,开始加载。每加一次载荷,记录各测点的应变值。

(6) 将测试结果代入有关公式进行计算,求出 E 和 μ。

5.2.5 思考题

(1) 怎样验证胡克定律?

(2) 为何沿试件纵向轴线方向两面贴两片电阻应变片?

5.2.6 实验报告要求

实验报告要求包括实验名称、实验目的、试件尺寸、实验记录及结果;绘制 $F-\Delta l$ 关系曲线,机器、仪器名称、型号和量程;回答思考题中提出的问题。

5.3 金属材料扭转

5.3.1 实验目的

(1) 掌握典型塑性材料(低碳钢)和脆性材料(铸铁)的扭转性能。

(2) 绘制扭矩-扭角图。

(3) 观察和分析上述两种材料在扭转过程中的各种现象,并比较它们性质的差异。

(4) 了解扭转材料试验机的构造和工作原理,掌握其使用方法。

5.3.2 实验装置

实验装置包括扭转材料试验机、游标卡尺等。圆截面扭转试件的结构如图 5-5 所示。

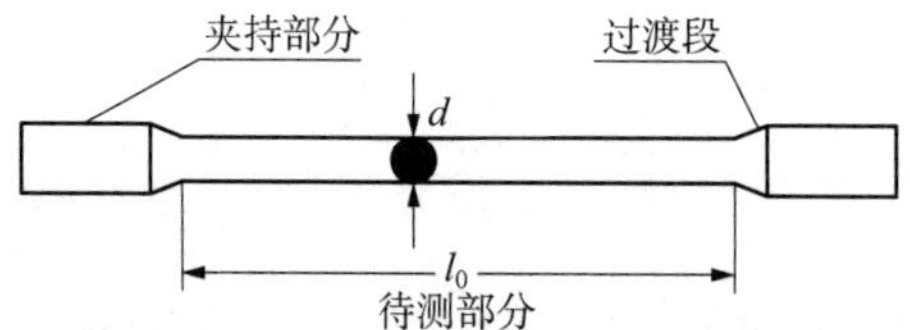

图 5-5 圆截面扭转试件的结构

试样分为夹持部分、过渡段和待测部分。标距（l_0）是待测部分的主体，其截面积为S_0。按国家标准《金属材料室温扭转试验方法》(GB/T 10128—2007)的规定，选用合适的尺寸。

5.3.3　实验原理

由材料力学可知，圆柱扭转时半径为ρ的横截面上任一点的剪应力和单位扭转角分别为

$$\tau_\rho = \frac{T_n \rho}{J_n}$$
$$\theta = \frac{\mathrm{d}\varphi}{\mathrm{d}x} = \frac{T_n}{GJ_n} \tag{5.10}$$

其中，$\mathrm{d}\varphi/\mathrm{d}x$表示扭转角沿轴长的变化率，对同一截面$\theta=\frac{\mathrm{d}\varphi}{\mathrm{d}x}$为一常量。

最大剪应力产生在试件的外表面，表达式为

$$\tau_{\max} = \frac{T_n R}{J_n} = \frac{T_n}{W_n} \tag{5.11}$$

式中：T_n为扭矩；J_n为极惯性距；W_n为抗扭截面模量。

圆柱扭转时，其表面上任意一点都处于平面应力状态，如图5-6所示。沿任意斜截面上的正应力和剪应力为$\sigma_\alpha=-2\tau\sin\alpha\cos\alpha=-\tau\sin 2\alpha$，$\tau_\alpha=\tau\cos^2\alpha-\tau\sin^2\alpha=\tau\cos 2\alpha$。当$\alpha=45^\circ$时，$\sigma_{45^\circ}=-\tau=\sigma_{\max}$；当$\alpha=135^\circ$时，$\sigma_{135^\circ}=\tau=\sigma_{\max}$。

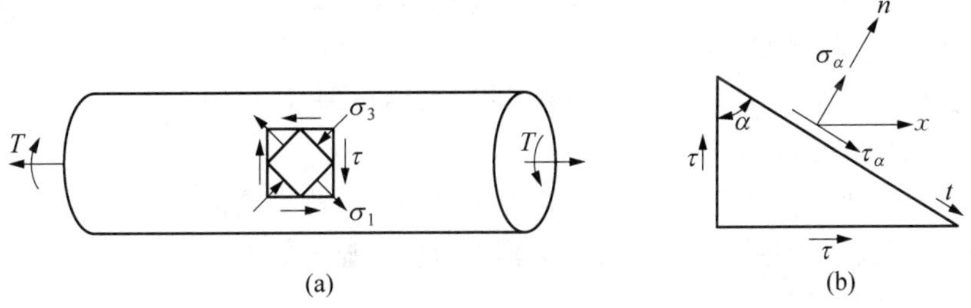

图5-6　扭转应力状态

各种材料抵抗剪切的能力不同，因此不同材料的扭转破坏方式也不相同。低碳钢圆试件扭转到破坏时，因已超过屈服阶段，如作为理想塑性考虑(图5-7)，横截面上的剪应力的分布趋于均匀，如图5-8所示。假设应力均达到了破坏应力(强度极限)，则这时截面上剪应力$\tau_{\max}$与破坏时扭矩$T_{\max}$的关系为

$$\tau_{\max} = \frac{3}{4} \cdot \frac{T_{\max}}{W_n} \tag{5.12}$$

式(5.12)可用于计算塑性材料的剪切强度极限。对于铸铁等脆性材料在扭转至破坏时其变形也较小，无屈服现象，故仍可用破坏时的扭矩$T_{\max}$代入式(5.11)得剪切强度极限为

$$\tau_{max}=\frac{T_{max}}{W_n} \tag{5.13}$$

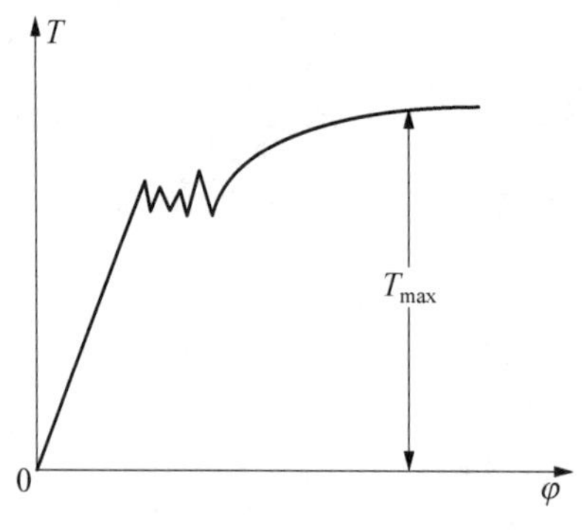

图 5-7 理想塑性曲线

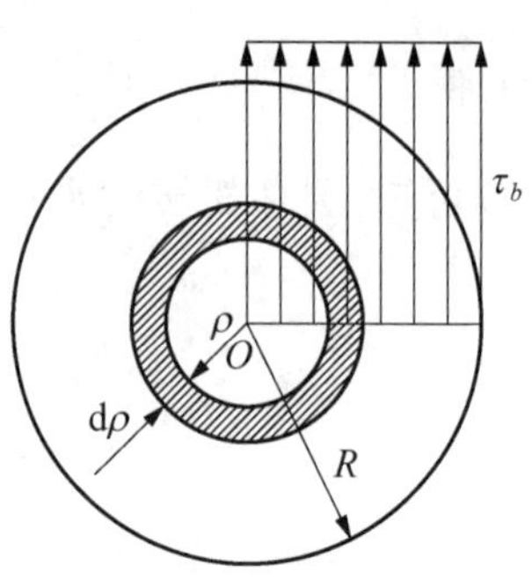

图 5-8 剪应力分布

5.3.4 实验步骤

1) 低碳钢扭转实验

采用SANS CTT系列扭转实验机操作步骤如下：

(1) 打开主机电源,启动计算机、预热。

(2) 打开实验软件,选取相应程序。

(3) 按照实验目的,确定实验方案、输入实验参数、试件参数等。

(4) 安装试件。

(5) 按下试验机操作按键板上的“对正”,使两端夹头对正;如发现有明显偏差,单击“正转”或“反转”按钮进行微调。

(6) 将试件先安装在从动夹头中,对称夹紧试件;单击“扭矩清零”按钮。

(7) 推动“移动座”,使试件的另一端进入主动夹头中。

(8) 按下试验机操作按键板上的“试样保护”按钮,对称夹紧试件。

(9) 单击“扭转角清零”按钮,监视器屏幕上扭转角显示值为0。

(10) 单击“运行”按钮,实验开始。

(11) 实验结束后,松开夹头,取下试件。对于同批次试件可重复上述过程。

(12) 保存实验结果,退出程序。

(13) 关闭主机电源,关闭计算机,清理工作台。

2) 铸铁扭断实验

步骤与低碳钢扭转实验相同,只是在确定实验方案时要注意需要设定的参数不同。

3) 切变模量的测定

(1) 安装扭角测量装置。

① 先将一个定位环夹套在试件的一端,装上卡盘,拧紧螺钉。

② 再将另一个定位环夹套在试件的另一端,装上另一个卡盘;将装好两个卡盘的试件搁放在V形块上;根据标距的大小,调节两个卡盘间的距离,同时保证卡盘与试件垂直,拧紧卡盘上的螺钉。

③ 将装好卡盘的试件安装在从、主动夹头中。

④ 单击试验机操作按键板上的“试样保护”，对称夹紧试件。

⑤ 调节两个转动臂的距离，使转动臂辊压在卡盘的外圆柱面上。

(2) 打开实验软件，选取相应程序。

(3) 按照实验目的，确定实验方案、输入实验参数、试件参数等。

(4) 单击“扭转角清零”按钮，监视器屏幕上扭转角显示值为0。

(5) 单击“运行”按钮，实验开始。

(6) 实验结束后，松开夹头，取下试件。对于同批次试件可重复上述过程。

(7) 保存实验结果，退出程序。

(8) 关闭主机电源，关闭计算机，清理工作台。

5.3.5 实验报告要求

实验报告应包括实验名称、实验目的、仪器设备名称、规格、量程、实验记录及相应的计算结果。如低碳钢及铸铁扭转时的机械性能图(用坐标纸绘制)，两种试件破坏时的断口状态图等。分析讨论低碳钢和铸铁破坏情况及原因，并与拉伸、压缩实验情况进行比较。

5.4 剪切弹性模量 *G* 的测定

5.4.1 实验目的

(1) 测定材料的剪切弹性模量 G，并验证剪切胡克定律。

(2) 掌握扭角仪的原理及使用方法。

5.4.2 实验装置

实验装置包括测 G 实验台、扭转试件、千分表、游标卡尺。

5.4.3 实验原理

圆柱扭转时，若最大剪应力不超过材料的比例极限时，则扭矩 T_n 与扭转角 φ 存在线性关系，即

$$\varphi=\frac{T_n l_0}{GJ_n} \tag{5.14}$$

式中：$J_n=\frac{\pi D^4}{32}$ 为圆截面的极惯性矩，D 为试件的直径；φ 为 l_0 的两截面之间的相对扭转角；T_n 为扭矩；G 为低碳钢剪切弹性模量。

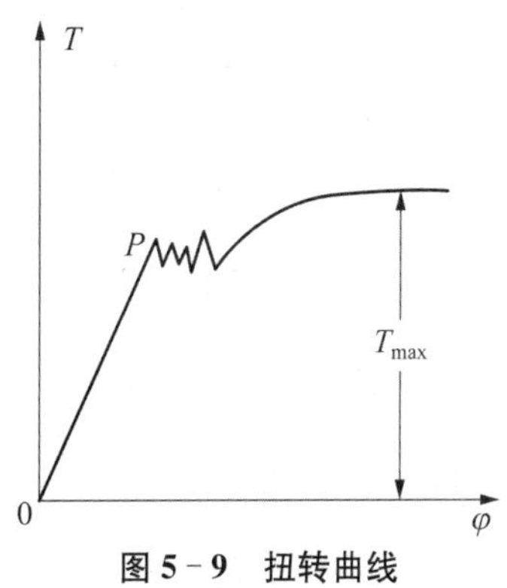

图5-9 扭转曲线

由式(5.14)可知，在弹性范围内，材料的扭转符合胡克定律，即在扭矩达到 P 点之前，T_n 和 φ 成线性关系，如图5-9所示。当试件受到一定的扭矩增量 ΔT_n 后，在标矩 l_0 内可测得相应的扭转角增量 $\Delta\varphi$。于是由式(5.14)可求得

$$G=\frac{\Delta T_n l_0}{\Delta\varphi J_n} \tag{5.15}$$

5.4.4 实验步骤

(1) 用游标卡尺测量试件直径 D,在标距范围内量取三个直径,取平均值作为直径 D。

(2) 采用等级加载法进行实验,一般分为 4~5 级加载。根据试件的直径及其许用应力确定总的加载载荷。一般控制在许用应力的 60%~80%,然后确定每次所加扭矩的大小。

(3) 安装扭角仪和试件。将扭角仪的两根臂杆分别安装、固定在试件标距的两端,测量标距长度 l_0。当试件受扭 ΔT_1 时,固定在试件上扭角仪的两根臂杆就会绕试件轴线转动,它们所转过的角度差为 $\Delta\varphi_1=\varphi_{21}-\varphi_{11}$。再分别加扭矩 ΔT_2、ΔT_3、ΔT_4 和 ΔT_5,相应得到 $\Delta\varphi_2$、$\Delta\varphi_3$、$\Delta\varphi_4$ 和 $\Delta\varphi_5$。

(4) 重复上述测试三次,观察其线性关系及重复性,取各次的平均值,得到 ΔT_n 和 $\Delta\varphi$,根据上述公式计算出材料的剪切模量 G。

5.4.5 思考题

(1) 分析测量 G 的误差情况。

(2) 根据本实验结果 G 的测定,分析讨论 G 与 E、μ 值三个弹性常数之间的关系。

5.4.6 实验报告要求

实验报告应包括实验名称、实验目的、仪器设备名称、规格、量程,实验记录及结果。

5.5 偏心拉伸

当作用力不通过杆件截面的形心而产生拉伸(压缩)也会引起杆弯曲和拉压的组合变形。本实验介绍用电测法测定直杆受偏心拉伸的组合变形测试方法。

5.5.1 实验目的

(1) 用电测法测定直杆受偏心拉伸时截面上的应力大小及其分布规律,并与理论应力比较,验证理论公式,计算相对误差。

(2) 掌握分析误差产生的原因。

(3) 熟练掌握电测桥路特性及其应用。

5.5.2 实验装置

实验装置包括材料试验机、静态电阻应变仪、游标卡尺等。

5.5.3 实验原理

采用矩形截面直杆,加载方式如图 5-10 所示。横截面上任一点的正应力为

$$\sigma=\frac{F}{S}+\frac{M}{J_z}\cdot y=\frac{F}{S}+\frac{F\cdot e}{J_z} \tag{5.16}$$

式中：F 为轴向力；M 为弯矩；J_z 为横截面对中性轴的惯矩，$J_z=\frac{t\cdot b^3}{12}$；$y$ 为测点至中心线距离；S 为横截面面积，$S=bt$。

式(5.16)表明截面上任一点的正应力为拉、压应力和弯曲应力之和。正应力沿横截面呈线性分布。最大与最小正应力分别为

$$\begin{aligned}\sigma_{\max}&=\sigma_5=\frac{F}{A}+\frac{F\cdot e}{W}\\ \sigma_{\min}&=\sigma_1=\frac{F}{A}-\frac{F\cdot e}{W}\end{aligned} \tag{5.17}$$

式中：W 为抗弯截面模量，$W=\frac{t\cdot b^2}{6}$。

由式(5.17)分析可知横截面上各点均为单向应力状态，由此在直杆中心的横截面上沿轴线方向依次贴上应变片，测得在 F 力作用下各点的线应变 ε，根据胡克定律 $\sigma=E\varepsilon$，即可求得在相应各点的应力值，给出应力应变分布曲线。

试件采用低碳钢直杆，截面形状为矩形的偏心拉伸试件。试件的尺寸、加载方式及应变片的布片位置如图 5－10 所示。在试件中间截面处两面沿截面宽度 4 等分，取 5 个测点，贴 10 片电阻应变片，并使试件两面对应电阻应变片串联。

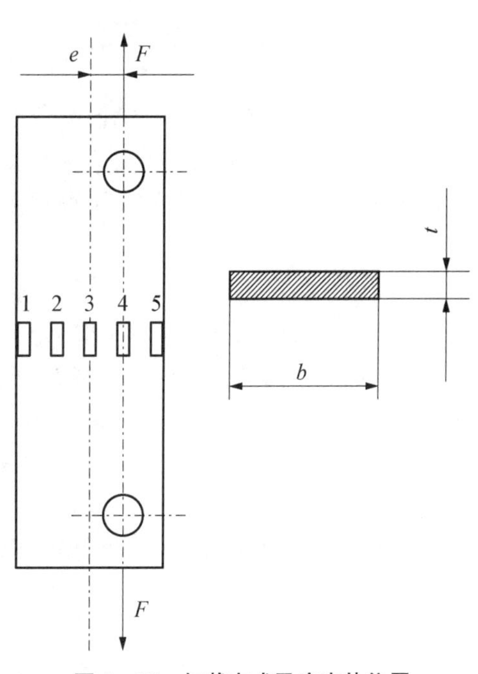

图 5－10 加载方式及应变片位置

5.5.4 实验步骤

(1) 用游标卡尺测量试件中间的截面积尺寸。

(2) 将试件安装在试验机上，夹紧上夹头。把五个工作片及补偿片接至电阻应变仪。以 1/4 桥方式联接。

(3) 夹紧下夹头，开始加载。每加一次载荷，读出并记下各测点的应变值。载荷等级选择如下：5 kN、10 kN、15 kN、20 kN。

(4) 将测试结果代入有关公式进行计算，求出相应各点的应力值。

5.5.5 思考题

(1) 直杆的偏心拉伸各测点上仅单面贴电阻应变片对实验结果将有何影响?

(2) 怎样计算理论与实测值的相对误差?

(3) 如果只需要测轴向正应力或测弯曲正应力，则电阻应变片与测量桥路如何联接?并画出其接桥方式图。

5.5.6 实验报告要求

实验报告包括实验名称、实验目的、机器、仪器名称、型号、量程、试件尺寸,实验数据记录、表格、图线及计算结果。

5.6 工字梁弯曲应力测定

工程上有许多杆件在外力作用下产生以弯曲为主的变形,习惯上称它们为梁,如起重机的横梁、桥梁等。它们的特点是载荷和支反力都垂直于梁的轴线,变形时相邻横截面各绕其横向轴转动,产生相对角位移,梁的轴线由直线弯成曲线。

5.6.1 实验目的

(1) 掌握电阻应变测试技术的基本原理和方法。

(2) 测试对称和非对称工字型截面梁在纯弯曲时正应力的大小及分布规律,并与理论计算值进行比较。

5.6.2 实验装置

实验装置包括多功能电测实验台、电阻应变仪、载荷仪。

5.6.3 实验原理

本实验的试件为对称和非对称工字型截面梁(铝合金),加载方式及应变测点位置布置如图 5-11 所示。集中载荷 F 作用在小梁上,被测梁的中段承受纯弯曲载荷作用。在弹性范围内纯弯曲梁的正应力公式为

$$\sigma=\frac{M\times y}{J_z} \tag{5.18}$$

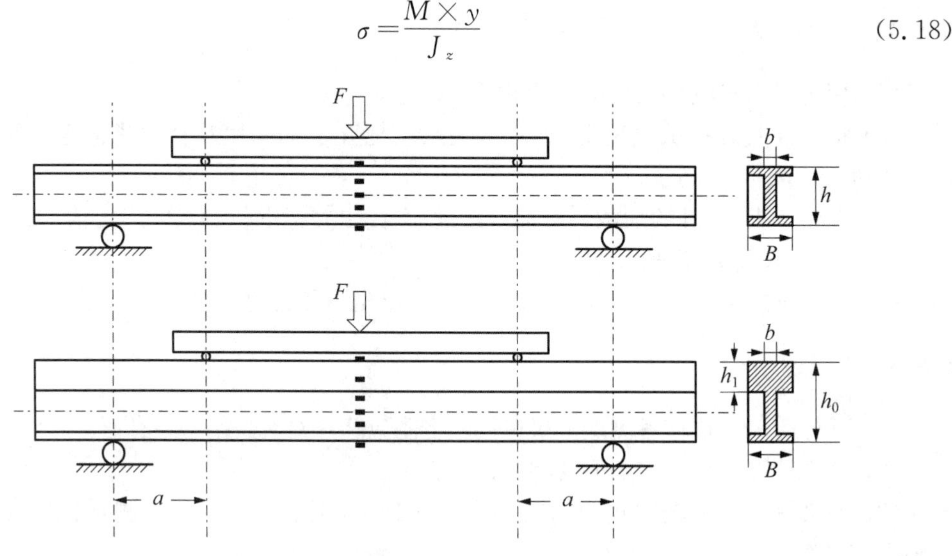

图 5-11 加载方式及应变测点位置布置

式中：M 为纯弯曲段梁截面上的弯矩，$M=\frac{F}{2}\cdot a$；J_z 为横截面对中性轴的惯性矩；y 为截面上测点至中心轴的距离。

在各测点沿轴线方向贴上电阻应变片，可测得各点的线应变 ε_i，由于各点处于单向应力状态，由胡克定律得各点正应力为

$$\sigma_i=E\times\varepsilon_i \tag{5.19}$$

式中：ε_i 为各测点的线应变；σ_i 为相应各测点的正应力；E 为材料的弹性模量。

实验时采用等幅、分级加载的方式，即每增加一次等量载荷 ΔF，测定一次各点响应的应变增量 $\Delta\varepsilon_i$。因此在计算应力的实验值及理论值时，均应根据载荷增量 ΔF 及相应的弯矩增量 ΔM 和应变增量 $\Delta\varepsilon_i$ 的平均值代入，即

$$\begin{aligned}\Delta\sigma_i&=E\times\Delta\varepsilon_{i\text{平均}}\\ \Delta\sigma_{\text{理论}}&=\frac{\Delta M\times y}{J_z}\end{aligned} \tag{5.20}$$

然后，将实测应力 $\Delta\sigma_i$ 与理论应力 $\Delta\sigma_{\text{理论}}$ 进行比较。

5.6.4　实验步骤

(1) 安装实验梁及加载小梁，梁的各测点上应事先贴上电阻应变片(一般此工作已由实验室完成)。

(2) 测量、记录梁截面的尺寸、支点及力点的距离。

(3) 将各测点的工作应变片及补偿应变片按顺序接入应变仪，并逐点调整零位。

(4) 检查各项准备工作及线路无误后，即可均匀缓慢加载，载荷大小及载荷增量的选定应根据梁的尺寸及材料的比例极限估算确定。加载的同时，读出并记录相应的应变值。

(5) 按规定载荷测试，可重复三遍，观察实验结果。

(6) 测毕，关闭各仪器的电源。

(7) 根据实验数据计算各测点正应力，在坐标纸上按比例绘制实验应力分布曲线，并与理论计算应力比较。

5.6.5　注意事项

(1) 操作电阻应变仪时应遵守操作规程。

(2) 加载要缓慢均匀，操作稳着，切忌急躁。在实验台压头与加载小梁即将接触时，加载速度要放慢，以确保加载数值的准确。

(3) 实验前应调整应变仪的 K 值(数值一般由实验室指定)，如没有调整，实验后可按下式进行换算

$$\varepsilon=\frac{K_{\text{仪}}\,\varepsilon_{\text{仪}}}{K_{\text{片}}} \tag{5.21}$$

式中：ε 为修正后的正确应变值；$\varepsilon_{\text{仪}}$ 为应变仪读出的应变值；$K_{\text{仪}}$ 为应变仪原有的 K 值；$K_{\text{片}}$ 为应变仪实际的 K 值。

5.6.6 思考题

(1) 直梁弯曲正应力公式的意义和推导方法。
(2) 了解电阻应变片和电阻应变仪的基本原理和多点测量的方法。
(3) 已知梁的尺寸、载荷方式及材料的比例极限,如何确定实验的最大载荷?
(4) 根据非对称梁的应力分布曲线,能否计算梁的中心轴。
(5) 比较梁各测点实验应力值与理论应力值,并分析其误差的原因。
(6) 说明梁在纯弯曲区域各测点的正应力分布规律。

5.6.7 实验报告要求

实验报告应包括实验名称、实验目的、实验装置草图、仪器名称、规格、原始数据、实验数据记录、计算结果、曲线绘制、比较实验及理论计算结果、思考题等。

5.7 弯扭组合应力测定

工程实际中的构件往往是几种基本变形的组合,处于复杂应力状态下。要确定这些构件上某点的主应力大小和方向,也就比较复杂,甚至有些复杂的工程结构尚无准确的理论公式可供计算,在这种情况下,常常要借助实验的方法解决,如电测法、光测法等。

5.7.1 实验目的

(1) 应用电测技术测定弯扭组合载荷下的主应力的大小与方向。
(2) 测试薄壁圆管某截面内弯矩、剪力、扭矩所分别引起的应变。
(3) 了解剪切弹性模量的测定。

5.7.2 实验装置

实验装置如图5-12所示。它由薄壁管1(已经黏贴好应变片)、扇臂2、钢索3、传感器4、底座5、加载手轮6、数字测力仪7等组成。实验时转动加载手轮,传感器受力,有信号输至数字测力仪,此时,数字测力仪显示的数字即作用在扇臂端的载荷值,扇臂端作用力传递至薄壁管上,薄壁管会产生弯扭组合变形。

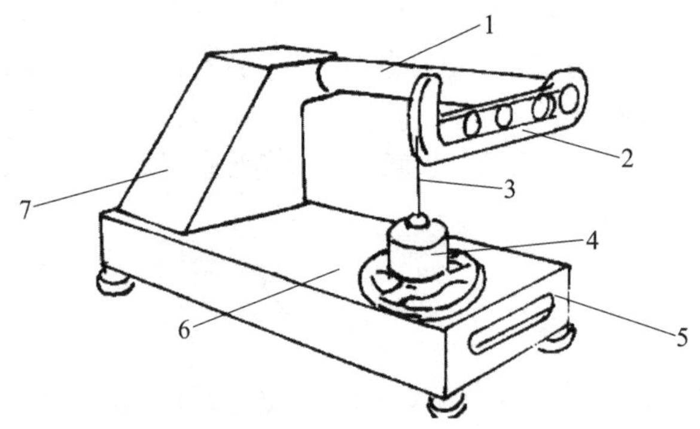

图5-12 弯扭组合应力测定实验装置

薄壁管材料为铝合金，其弹性模量 E 为 70 GN/m^2，泊松比 μ 为 0.33。薄壁管受力简图和有关尺寸如图 5-13(a)所示，图 5-13(b)为薄壁管截面尺寸，Ⅰ-Ⅰ截面为被测试截面，取四个被测点，位置如图 5-13(a)所示的 A、B、C、D，在每个被测点贴上一枚直角应变花(−45°、0°、45°)，如图 5-14 所示，共计 12 片应变片。

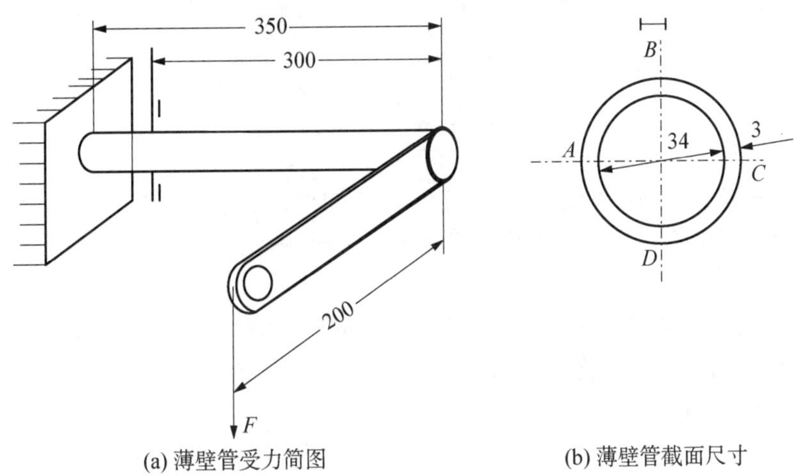

图 5-13　受力简图及截面尺寸

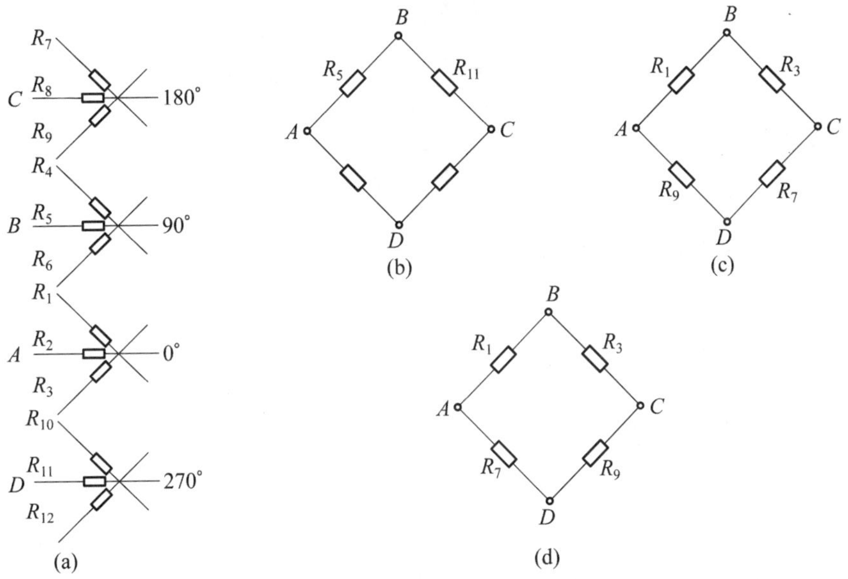

图 5-14　测点布置及电桥连接方式

5.7.3　实验原理及方法

1. 实验原理

由平面应力状态理论可知，假若已知该点的应变分量 ε_x、ε_y 和 γ_{xy}，则用广义胡克定律就可已求出该点的应力分量 σ_x、σ_y 和 τ_{xy}。

由此可见,对于平面应力问题,要用实验方法确定某一点的主应力大小和方向,一般只要测得该点一对正交方向的应变分量 ε_x、ε_y 及 γ_{xy} 即可。然而用实验手段测定线应变 ε 比较容易,但剪应变 γ_{xy} 的测定要困难得多。下面介绍用应变花来测量平面应力状态中一点的主应力及其方向的方法。

设平面上某点处的坐标应变分量为 ε_x、ε_y 和 γ_{xy},则该点处任一指定方向 α 的线应变可由下式计算

$$\varepsilon_\alpha = \frac{\varepsilon_x + \varepsilon_y}{2} + \frac{\varepsilon_x - \varepsilon_y}{2}\cos 2\alpha - \frac{\gamma_{xy}}{2}\sin 2\alpha \tag{5.22}$$

ε_α 可通过实验测定,那么,选取该点三个不同方向 α_1、α_2、α_3,并测出其相应的线应变 $\varepsilon_{\alpha1}$、$\varepsilon_{\alpha2}$、$\varepsilon_{\alpha3}$ 就可以建立式(5.22)那样的三个独立方程,解此方程组,即可求出坐标应变分量为 ε_x、ε_y 及 γ_{xy}。

在实际测试中,为了测出任一点三个不同方向的应变,可将三个应变片成特定角度组合在同一基底上,称为应变花。比如沿 0°、45°、90°三个方向布置的应变片为直角应变花。

对直角应变花,根据式(5.22),即

$$\begin{aligned}
\varepsilon_0 &= \frac{\varepsilon_x + \varepsilon_y}{2} + \frac{\varepsilon_x - \varepsilon_y}{2}\cos 0^\circ - \frac{\gamma_{xy}}{2}\sin 0^\circ \\
\varepsilon_{45^\circ} &= \frac{\varepsilon_x + \varepsilon_y}{2} + \frac{\varepsilon_x - \varepsilon_y}{2}\cos 90^\circ - \frac{\gamma_{xy}}{2}\sin 90^\circ \\
\varepsilon_{90^\circ} &= \frac{\varepsilon_x + \varepsilon_y}{2} + \frac{\varepsilon_x - \varepsilon_y}{2}\cos 180^\circ - \frac{\gamma_{xy}}{2}\sin 180^\circ
\end{aligned} \tag{5.23}$$

于是可以解出

$$\begin{aligned}
\varepsilon_x &= \varepsilon_{0^\circ} \\
\varepsilon_y &= \varepsilon_{90^\circ} \\
\gamma_{xy} &= \varepsilon_{0^\circ} - 2\varepsilon_{45^\circ} + \varepsilon_{90^\circ}
\end{aligned} \tag{5.24}$$

主应变的大小和方向为

$$\begin{gathered}
\left.\begin{matrix}\varepsilon_1 \\ \varepsilon_2\end{matrix}\right\} = \frac{\varepsilon_x + \varepsilon_y}{2} \pm \sqrt{\left(\frac{\varepsilon_x - \varepsilon_y}{2}\right)^2 + \left(\frac{\gamma_{xy}}{2}\right)^2} \\
\mathrm{tg}\, 2\alpha = \frac{-\gamma_{xy}}{\varepsilon_x - \varepsilon_y}
\end{gathered} \tag{5.25}$$

求得了主应变的大小后,就可用胡克定律求出其主应力

$$\begin{aligned}
\sigma_1 &= \frac{E}{1-\mu^2}(\varepsilon_1 + \mu\varepsilon_2) \\
\sigma_2 &= \frac{E}{1-\mu^2}(\varepsilon_2 + \mu\varepsilon_1)
\end{aligned} \tag{5.26}$$

式中:E, μ 分别为材料的弹性模量和泊松比。

按上述计算过程直接从测试结果中得出的主应力计算公式为

$$\frac{\sigma_1}{\sigma_2}=\frac{E}{2(1+\mu)}\left[\frac{1+\mu}{1-\mu}(\varepsilon_{0^\circ}+\varepsilon_{90^\circ})\pm\sqrt{2}\sqrt{(\varepsilon_{0^\circ}-\varepsilon_{45^\circ})^2+(\varepsilon_{45^\circ}-\varepsilon_{90^\circ})^2}\right] \tag{5.27}$$

第一主应力 σ_1 的方向与 x 轴的夹角，可根据 ε_{0° 与 ε_{90° 代数值大小的比较来确定：

设 α 为 σ_1 相应的第一主应力方向与 x 轴的夹角，即

当 $\varepsilon_{0^\circ}\geqslant\varepsilon_{90^\circ}$ 时，$\alpha=\dfrac{1}{2}\tan^{-1}\dfrac{2\varepsilon_{45^\circ}-\varepsilon_{90^\circ}-\varepsilon_{0^\circ}}{\varepsilon_{0^\circ}-\varepsilon_{90^\circ}}$；

当 $\varepsilon_{0^\circ}<\varepsilon_{90^\circ}$ 时，$\alpha=\dfrac{1}{2}\tan^{-1}\dfrac{2\varepsilon_{45^\circ}-\varepsilon_{90^\circ}-\varepsilon_{0^\circ}}{\varepsilon_{0^\circ}-\varepsilon_{90^\circ}}\pm\dfrac{\pi}{2}$。

应用上述公式时，要注意：

(1) 设 0°的方向为 x 轴的方向，逆时针为正。

(2) 应力与应变的符号规定：拉应力为正，压应力为负；剪应力则以绕截面内任一点的矩为顺时针转向者为正，逆时针转向者为负；伸长线应变为正，缩短线应变为负。

2. *实验方法*

1) 指定点主应力大小和方向的测定

将Ⅰ-Ⅰ截面 B、D 两点的应变片 $R_4\sim R_6$、$R_{10}\sim R_{12}$ 按照 1/4 桥方式接入电阻应变仪，采用公共温度补偿片，加载后测得 B、D 两点得 ε_{-45°、ε_{0°、ε_{45°，已知材料的弹性常数，可用下式计算主应力大小

$$\frac{\sigma_1}{\sigma_2}=\frac{E}{2(1+\mu)}\left[\frac{1+\mu}{1-\mu}(\varepsilon_{-45^\circ}+\varepsilon_{45^\circ})\pm\sqrt{2}\sqrt{(\varepsilon_{-45^\circ}-\varepsilon_{0^\circ})^2+(\varepsilon_{0^\circ}-\varepsilon_{45^\circ})^2}\right] \tag{5.28}$$

在计算主应力方向时，因为 ε_{45° 值小于 ε_{-45° 的值，即

$$\tan 2\alpha=\frac{\varepsilon_{45^\circ}-\varepsilon_{-45^\circ}}{2\varepsilon_{0^\circ}-\varepsilon_{-45^\circ}-\varepsilon_{45^\circ}} \tag{5.29}$$

式中：ε_{-45°，ε_{0°，ε_{45° 分别表示与圆管轴线组成−45°，0°和 45°的应变。

2) 弯矩、剪力、扭矩所分别引起的应变的测定

(1) 弯矩 M 引起的正应变的测定。

用上、下(B、D)两测点 0°方向的应变片组成图 5-14(b)所示半桥线路，测得 B、D 两处由于弯矩 M 引起的正应变 $\varepsilon_M=\dfrac{\varepsilon_i}{2}$。其中，$\varepsilon_i$ 为应变仪读数，ε_M 为由弯矩 M 引起的轴线方向的应变。

(2) 扭矩 T_n 引起的剪应变的测定。

用 A、C 两测点的−45°、45°方向的四片应变片组成图 15-14(c)所示的全桥线路，可测得扭矩 T_n 引起的剪应变 $\gamma_n=\dfrac{\varepsilon_{mi}}{2}$。其中，$\varepsilon_{mi}$ 为应变仪读数应变。

(3) 剪力 Q 引起的剪应变的测定。

用 A、C 两测点的−45°、45°方向的四片应变片组成图 5-14(d)所示的全桥线路，可测得剪力引起的剪应变 $\gamma_Q=\dfrac{\varepsilon_{Qi}}{2}$。其中，$\varepsilon_{Qi}$ 为应变仪的读数应变。

3) 剪切弹性模量 G 的测定

若已知载荷,则扭矩引起的剪应力的理论值 $\tau_{理}=\frac{T_n}{W_n}$。其中,T_n 为根据载荷计算的扭矩值;W_n 为薄壁管抗扭截面模量。然后由测得的扭矩引起的剪应变 γ_n,剪切弹性模量 $G=\frac{\tau_{理}}{\gamma_n}$。

5.7.4 实验步骤

(1) 将数字测力仪开关置开,预热十分钟,并检查该装置是否处于正常实验状态。

(2) 将应变片按照实验要求接至应变仪上。

(3) 逆时针旋转手轮,预置 50 N 初载。

(4) 对每片应变片用零读法预调平衡或记录下各应变片的初读数。

(5) 分级加载,以每级 100 N,加载至 450 N,记录各级载荷下各应变片的应变读数(也可以根据实验者需求,另定加载方案)。

(6) 每个实验项目重复三遍,数据重复性好即可。

5.7.5 注意事项

(1) 每次实验时,必须先打开测力仪,方可旋转手轮,以免损坏实验装置。

(2) 每次实验完毕,必须卸载,即测力仪显示为零或出现"—"号,再将测力仪关闭。

(3) 最大加载量为 500 N,超载会损坏实验装置。

5.7.6 思考题

(1) 分析测点的实测应力与理论应力之间的误差情况。

(2) 如果测点位置移动,实测应力将会如何变化,分析原因。

(3) 测主应力大小和方向是否可选其他点,如何实现?

5.7.7 预习要求

(1) 电测的基本测试技术及电阻应变仪的操作步骤。

(2) 计算薄壁管在受弯扭组合变形时的应力。

(3) 如何利用 45°−3 应变花确定平面应力状态下的主应力大小和方向。

5.7.8 实验报告要求

实验报告包括实验名称、实验目的、实验仪器和设备名称、型号规格、实验装置的简化图的尺寸、实验记录以及计算结果、测试记录数据、实验及理论计算结果、思考题等。

5.8 压杆稳定实验

当作用在细长杆上的轴向压力达到或超过一定限度时,杆件可能会突然变弯,即产生失稳现象。杆件的失稳往往会产生很大的变形甚至导致系统的破坏。因此对轴向受压的杆件，除了考虑其强度与刚度外，还应考虑其稳定性问题。

5.8.1　实验目的

(1) 观察和了解细长杆轴向受压时失稳现象。

(2) 用电测法确定两端铰支，两端固定，一端固定一端铰支的矩形截面压杆的临界载荷 F_{cr}，并与理论计算的结果进行比较。

(3) 针对横截面积相同的矩形截面，圆截面和空心圆截面压杆，用电测法确定两端铰支边界条件下它们的临界载荷 F_{cr}，并将结果进行相互比较，讨论截面形状对临界载荷的影响。

5.8.2　实验装置

实验装置包括压杆实验台、压杆试件、静态电阻应变仪、游标卡尺及钢尺。

5.8.3　实验原理

根据欧拉小挠度理论，对于两端铰支的大柔度杆(低碳钢 $\lambda \geqslant \lambda_p = 100$)，压杆保持直线平衡最大的载荷，保持曲线平衡最小载荷即临界载荷 F_{cr}，按照欧拉公式可得

$$F_{cr} = \frac{\pi^2 EI}{(cl)^2} \tag{5.30}$$

式中：E 为材料的弹性模量；I 为试件截面的最小惯性矩；l 为压杆长度；c 为与压杆端点支座情况有关的系数，两端铰支杆 $c=1$，两端固定杆 $c=0.5$，一端固定一端铰支杆 $c=0.7$。

如图 5-15(a)所示，当两端铰支压杆所受的荷载 F 小于试件的临界力 F_{cr}，压杆在理论上应保持直线形状，压杆处于稳定平衡状态；当 $F=F_{cr}$ 时，压杆处于稳定与不稳定平衡之间的临界状态。稍有干扰，压杆即失稳而弯曲，其挠度迅速增加。若以载荷 F 为纵坐标，压杆中点挠度 δ 为横坐标，按欧拉小挠度理论绘出的 F-δ 图形即折线 OAB，如图 5-15(b)所示。

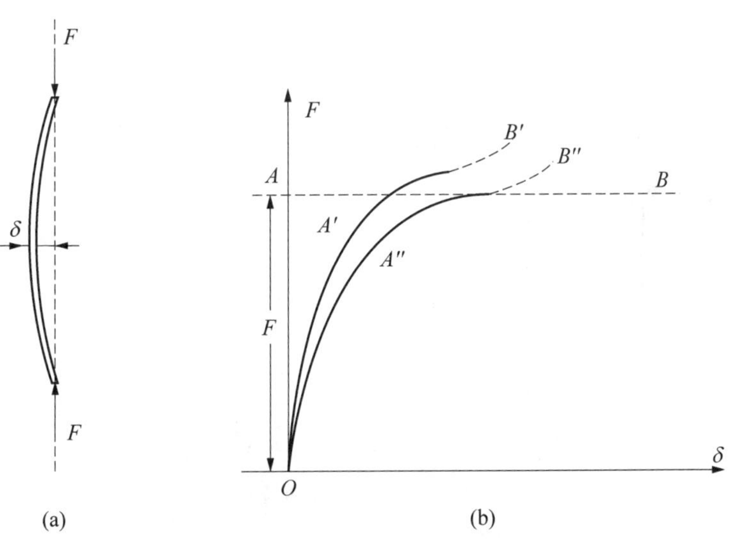

图 5-15　压杆受力

由于试件可能有初始曲率,荷载会有微小的偏心,以及材料的不均匀等因素,压杆在受力后就会发生弯曲,其中,点挠度 δ 随荷载的增加而逐渐增大。当 $F \ll F_{cr}$ 时,δ 增加缓慢;当 F 接近 F_{cr} 时,虽然载荷增加很慢,而 δ 却迅速增大,如 $OA'B'$ 或 $OA''B''$ 所示。曲线 $OA'B'$ 或 $OA''B''$ 与折线 OAB 的偏离,就是由于初曲率载荷偏心等影响造成。此影响越大,则偏离也越大。

若令杆件轴线为 x 轴,杆件下端为坐标轴原点,则在 $x=l/2$ 处横截面上的内力如图 5-15 所示。其中弯矩 $M_{l/2}=F\delta_{l/2}$,内力 $N=-F$,横截面上的应力为

$$\sigma=-\frac{F}{A}\pm\frac{M_y}{I} \tag{5.31}$$

采用半桥温度自补偿的方法将电阻应变片接到静态电阻应变仪后,可消除由轴向压力产生的应变读数,在应变仪上读数就是测点处由弯矩 M 产生的真实应变的两倍。令应变仪读数为 ε_{ds},真实应变为 ε,则 $\varepsilon_{ds}=2\varepsilon$。杆上测点处的正应力 $\sigma=E\varepsilon=E\frac{\varepsilon_{ds}}{2}$。由弯矩产生的测点处的正应力可表达为 $\sigma=\frac{M_{l/2}}{I}=\frac{F\delta_{l/2}}{I}$,其中 W 为抗弯截面系数,且 $W=\frac{1}{y_{max}}$。所以 $\frac{F\delta_{l/2}}{I}=E\frac{\varepsilon_{ds}}{2}$,即

$$\delta_{l/2}=\frac{EI}{2F}\varepsilon_{ds} \tag{5.32}$$

由式(5.32)可见,在一定的荷载 F 作用下,应变仪读数 ε_{ds} 的大小反映了压杆挠度 δ 的大小。所以可用电测应变的方法来确定临界载荷 F_{cr}。这只要在压杆中间截面两边贴上电阻应变片按互补偿半桥接法接到应变仪上,随着荷载 F 的增加测得相应的应变值 ε,绘制 $F-\varepsilon$ 曲线,根据实验曲线作渐近线即得临界载荷 F_{cr},如图 5-16 所示。

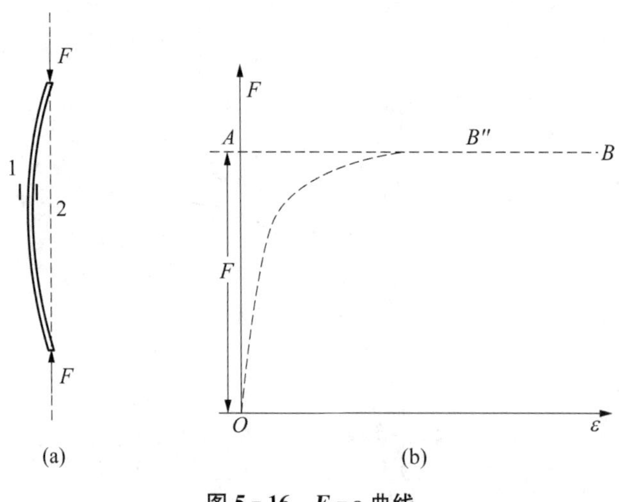

图 5-16 $F-\varepsilon$ 曲线

对于两端固定的压杆,其在 $x=l/2$ 处横截面上的内力不仅受到轴向压力 F 的影响,还受到固定端约束力偶的影响。考虑到对称性,两固定端的约束力偶大小相同,方向相反。设

固定端约束力偶大小为 M_0，那么 $x=l/2$ 处横截面上的弯矩 $M_{l/2}=F\delta-M_0$。利用半桥接法，由弯矩产生的测点处的正应力可表达为 $\sigma=\dfrac{M_{l/2}}{W}=\dfrac{F\delta-M_0}{W}$。考虑到应变仪读数为 ε_{ds} 和测点弯曲正应力 σ 之间关系 $\sigma=\dfrac{1}{2}E\varepsilon_{ds}$，故有 $\delta=\dfrac{EW}{2F}\varepsilon_{ds}+\dfrac{M_0}{F}$。

对于下端固定上端铰支的压杆，其在 $x=l/2$ 处横截面上的内力同时受到轴向压力 F 和铰支端约束反力的影响。设铰支端的约束反力大小为 R_0，那么 $x=l/2$ 处横截面上的弯矩 $M_{l/2}=F\delta-\dfrac{1}{2}R_0l$。利用半桥接法，由弯矩产生的测点处的正应力可表达为 $\sigma=\dfrac{M_{l/2}}{W}=\dfrac{2F\delta-R_0l}{2W}$。考虑到应变仪读数为 ε_{ds} 和测点弯曲正应力 σ 之间关系 $\sigma=\dfrac{1}{2}E\varepsilon_{ds}$，故有 $\delta=\dfrac{EW}{2F}\varepsilon_{ds}+\dfrac{R_0l}{2F}$。

由此可见，对于两端固定压杆和一端固定一端铰支压杆，半桥接法下应变仪读数 ε_{ds} 的大小同样反映了压杆中点挠度 δ 的大小。但是，由于中点挠度 δ 的表达式中含有未知的固定端约束力偶 M_0 或铰支端的约束反力 R_0，直接绘制 F-δ 图形难以实现。对于两端固定压杆可定义 $\Delta=\delta-\dfrac{M_0}{F}$，对于一端固定一端铰支压杆可定义 $\Delta=\delta-\dfrac{R_0l}{2F}$，则 $\Delta=\dfrac{EW}{2F}\varepsilon_{ds}$，容易绘制 F-Δ 图形以代替 F-δ 图形。

在临界载荷 F_{cr} 作用下，理想压杆处于随遇平衡状态，中点挠度 δ 可以是任意值。但实际情况下，由于试件初始曲率、荷载的微小偏心、材料不均匀等因素的影响，压杆受力即发生弯曲，中点挠度随着轴向压力向临界载荷 F_{cr} 靠近会越来越大。实验中，判断何时压杆可以停止加载，一直是比较棘手的问题。如果从零开始加载，可以明显观察到，压杆会依次经历微弯、大挠度弯曲、甚至压杆瞬间失去横向承载能力倾倒。压杆倾倒不仅会对试件造成明显的塑性变形，而且有可能损坏粘贴在压杆中点的应变片。为保护实验装置和试件，有必要对试件承受的最大正应力加以一定限制，即要求试件的最大正应力低于材料的比例极限，即 $\sigma_{max}\leqslant\sigma_p$。考虑到应留有一定的强度储备，故引入安全因数 n，令 $\sigma_{max}\leqslant\dfrac{\sigma_p}{n}$。电阻应变仪的读数 ε_{ds} 与试件正应力直接相关，因此由上式可确定实验加载中电阻应变仪的最大读数。

由(5.31)可知，对于两端铰支以及两端固定的矩形截面压杆，横截面上最大正应力一定发生在压杆中点处，且 $\sigma_{max}=\dfrac{F}{A}+\dfrac{M_{l/2}}{W}$。原因在于，这两种压杆变形时关于中点对称，因此在中点处必定挠度最大，转角为零。为保证试件不发生塑性变形，要求 $\sigma_{max}\leqslant\dfrac{\sigma_p}{n}$。考虑到 $\dfrac{M_{l/2}}{W}=E\dfrac{\varepsilon_{ds}}{2}$，故有 $\dfrac{F}{A}+\dfrac{1}{2}E\varepsilon_{ds}\leqslant\dfrac{\sigma_p}{n}$。压杆的轴向力始终满足 $F\leqslant F_{cr}$ 且 $\sigma_{cr}=\dfrac{F_{cr}}{A}$，故有 $\dfrac{1}{2}E\varepsilon_{ds}\leqslant\dfrac{\sigma_p}{n}-\sigma_{cr}$。再考虑到 $\sigma_{cr}=\dfrac{\pi^2E}{\lambda^2}$，其中 $\lambda=\dfrac{\mu l}{i}$ 为压杆柔度，该值容易根据压杆长度 l，压杆长度系数 μ，以及压杆失稳面内截面惯性半径 i 计算获得。由此确定应变仪读数为 $\varepsilon_{ds}\leqslant\dfrac{2\sigma_p}{E}\left[\dfrac{1}{n}-\left(\dfrac{\lambda_p}{\lambda}\right)^2\right]$。以尺寸为 605 mm×23.80 mm×2.30 mm 的低碳钢矩形截面压杆

为例，$\sigma_p=200\,\text{MPa}$，$E=200\,\text{GPa}$，$\lambda_p=\pi\sqrt{\dfrac{E}{\sigma_p}}\approx 99.3$。若取 $n=1.2$，两端铰支情况下 $\lambda\approx 911.2$，应变仪最大读数应不超过 1 643$\mu\varepsilon$；两端固定情况下 $\lambda\approx 455.6$，应变仪最大读数应不超过 1 571$\mu\varepsilon$。

对于一端固定一端铰支的压杆，由于两端边界条件不对称，导致最大挠度发生位置不在中点处，而在越过中点稍稍偏向简支端一侧。考虑到该挠度最大位置非常接近中点，近似将中点作为横截面最大应力的发生位置，故仍有 $\sigma_{\max}\approx\dfrac{F}{A}+\dfrac{M_{l/2}}{W}$。参考以上关于两端铰支及两端固定压杆的推导过程，同样有 $\varepsilon_{\text{ds}}\leqslant\dfrac{2\sigma_p}{E}\left[\dfrac{1}{n}-\left(\dfrac{\lambda_p}{\lambda}\right)^2\right]$。以尺寸为 605 mm × 23.80 mm × 2.30 mm 的低碳钢矩形截面压杆为例，一端固定情一端铰支情况下 $\lambda\approx 637.8$，仍取 $n=1.2$，故应变仪最大读数应小于 1 618$\mu\varepsilon$。

从 $\varepsilon_{\text{ds}}\leqslant\dfrac{2\sigma_p}{E}\left[\dfrac{1}{n}-\left(\dfrac{\lambda_p}{\lambda}\right)^2\right]$ 可以看出，应变仪读数不仅与材料本身有关，而且与边界条件，截面形状，以及压杆长度均有关系。因此，在对不同材料的压杆进行试验时，需按实际情况计算后取相应值作为实验加载时应变仪最大允许读数。考虑到通过作渐近线确定临界载荷，故可将安全因数 n 设得大一些，以保护装置和试样。

5.8.4 实验步骤

(1) 测量试件尺寸：对于矩形截面压杆，测量厚度 t，宽度 b，长度 l。对于圆截面压杆，测量直径 d 和长度 l。测量截面尺寸时，至少要沿长度方向量三个截面，取其平均值。

(2) 计算试件的临界载荷 F_{cr}，拟定分级加载方案。

(3) 安装试件。

(4) 将电阻应变片接入电阻应变仪，按电阻应变仪操作规程，调整仪器及“零”位。

(5) 分级加载，每加一级载荷，记录一次应变值，当应变突然变得很大时，停止加载。重复实验 2～3 次。

(6) 根据实验数据绘制 $F-\varepsilon$ 曲线，作曲线的渐近线确定临界载荷 F_{cr} 值。

5.8.5 注意事项

(1) 由于采用杠杆加载，加载前应先对杠杆调平衡，使其处于水平位置。令砝码盘上所加的荷载为 F^*，则试件上所受的荷载 F 等于 F^* 乘以杠杆比 H，加上支座自重(0.7 N)。可先绘制 $F^*-\varepsilon$ 曲线，得到 F^*_{cr} 值，然后再换算到 F_{cr} 值。

(2) 为了保证试件和试件上所贴的电阻应变片都不损坏，可以反复使用，故本实验要求试件的弯曲变形不可过大，应变读数控制在 1 500$\mu\varepsilon$ 左右。

(3) 加载时，砝码轻取轻放。实验中禁止用手按压加力杆和试件。

5.8.6 思考题

(1) 欧拉公式的应用范围。

(2) 本实验装置与理想情况有何不同?

（3）实验误差分析。
（4）横截面积相同情况下，为什么不同的截面形状对应的临界载荷相差很大？

5.8.7　预习要求

（1）复习有关理论，明确临界载荷的意义，了解其测试方法。
（2）实验中应记录哪些数据？如何选取载荷增量？在接近 F_{cr} 值时要注意什么？

5.9　冲击载荷系数测定

在工程实践中经常会遇到动载荷问题，在动载荷作用下构件各点的应力应变与静载荷作用有很大的不同。按照加载速度的不同，动载荷形式也不同，在极短的时间内以很大的速度作用在构件上的载荷，称为冲击载荷，它是一种常见的动载荷形式。由冲击载荷作用而产生的应力称为冲击应力。因此对于锻造、冲击、凿岩等承受冲击力的构件，是设计中应考虑的主要问题。

5.9.1　实验目的

（1）运用实验的方法测定冲击应力及动载荷系数。
（2）了解动应力的电测原理、方法及仪器。

5.9.2　实验装置

实验装置包括动态电阻应变仪、数字示波器、简支梁及重物冲击实验装置、游标卡尺及卷尺。

5.9.3　实验原理

本实验采用矩形截面简支梁，如图 5－17 所示，在中央受到重物 Q 在高度 H 处自由落下的冲击作用。由理论可知该简支梁的动载荷系数为

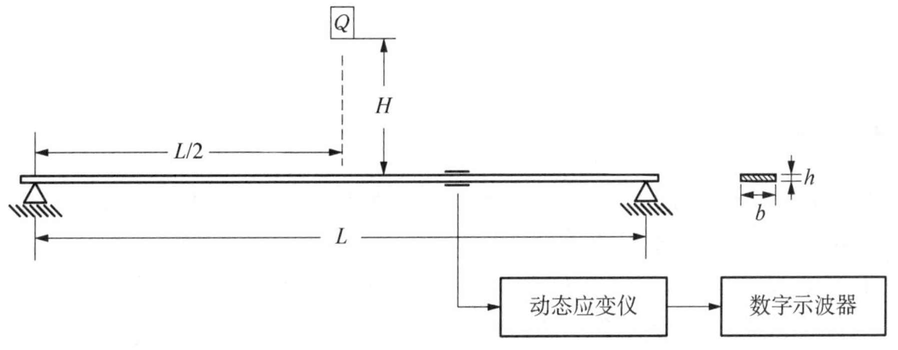

图 5－17　实验装置

$$K_d = 1 + \sqrt{1 + \frac{2H}{\delta_j}} \tag{5.33}$$

式中：H 为重物高度；Q 为重物的重量；$\delta_j=\dfrac{QL^3}{48EJ}$ 为简支梁的静挠度；L 为梁的跨度；E 为材料的弹性模量；J 为梁截面的惯性矩。

在简支梁上下表面贴上互为补偿的两片应变片，用导线接入动态应变仪及数字示波器。当重物 Q 从高度 H 落下冲击简支梁时，测点的动应变 ε_d 将通过动态应变仪及数字示波器记录下来。再将重物 Q 静止放在梁上可测得同一点的静应变 ε_j。动荷系数为 $K_d=\dfrac{\varepsilon_d}{\varepsilon_j}$，冲击应力为 $\sigma_d=E\varepsilon_d$ 或 $\sigma_d=K_d\varepsilon_j$。

5.9.4 实验步骤

(1) 记录简支梁的几何尺寸、重物高度、重量及材料的弹性模量。

(2) 连接导线：将梁上两应变片按半桥接法接入接线盒，然后将接线盒接入动态电阻应变仪的输入插座，将动态电阻应变仪的输出端接入数字示波器。

(3) 按照动态电阻应变仪的操作规程，设置好各项参数；按照数字示波器的操作规程，设置好各项参数。

(4) 进行应变标定：桥路调平衡后，数字示波器光点或线应在屏幕坐标的中心(可调整)，然后由应变仪给出标定信号(例如 $500\mu\varepsilon$)，此时数字示波器的光点或线跳动一高度，调节 Y 轴开关和“衰减”开关使光点或线处于数字示波器屏幕坐标的某一格上(例如第四格)，可反复几次，并记录该光点或线的电压值 u_0。标定完毕数字示波器光点或线仍应在屏幕坐标的中心(电压值为0伏)。

(5) 测试。

① 将重物轻放在梁上，从数字示波器上记录该光点或线的电压值 u_j。

② 将重物放在高度 H 上，突然放下重物冲击梁的中点，从数字示波器上记录该冲击振动曲线最大的电压值 u_d。

(6) 计算理论动荷系数及实测动荷系数，并进行比较。应变测量方法如下：设标定的应变值为 ε_0，在数字示波器上对应记录为 u_0，静态应变值为 ε_j，在数字示波器上对应记录为 u_j，动态应变值为 ε_d，在数字示波器上对应记录为 u_d，于是实测的动、静应变及动荷系数为

$$\varepsilon_d=\frac{u_d\times\varepsilon_0}{u_0},\ \varepsilon_j=\frac{u_j\times\varepsilon_0}{u_0},\ K_d=\frac{\varepsilon_d}{\varepsilon_j}=\frac{u_d}{u_j} \tag{5.34}$$

5.9.5 注意事项

(1) 实验前应检查应变片及接线，不得有松动、断线或短路，否则会引起仪器的严重不平衡，输出电流过大而导致示波器受损。

(2) 数字示波器各项参数应严格按规定操作，根据采样波形适当加以调整。

(3) 在应变标定后，应变仪所有旋钮勿再扳动。

5.9.6 思考题

(1) 分析实验误差情况。

(2) 动应力测试与静应力测试有何异同，应注意些什么问题?

5.9.7　预习要求

(1) 复习冲击动荷系数的概念及计算方法。

(2) 了解动应变测量方法及动应变标定方法。

(3) 了解动态应变仪及数字示波器的一般原理与使用方法。

5.9.8　实验报告要求

实验报告应包括实验名称、实验目的、实验装置草图、仪器名称、规格；实验结果包括数据记录、计算结果、曲线绘制。

5.10　单层复合材料弹性常数的测定

材料的弹性常数是其宏观力学性能的基本参数。各向同性材料，如金属材料有两个独立的弹性常数：弹性模量 E 和泊松比 μ。 而复合材料，由于其各向异性性质，独立的弹性常数增加了。

单层复合材料是层压结构复合材料的基本单元体，同时也可看作是一种最基本的复合材料，所以测定其弹性常数是复合材料力学中的基本实验。对于单层复合材料，它是一种正交各向异性材料，在可以简化成广义平面应力的情况下，独立的弹性参数有四个。它们是纵向弹性模量 E_L、垂直(横向)主纤维方向弹性模量 E_T、顺主纤维方向泊松比 μ_{LT} 及平面剪切弹性模量 G_{LT}。

下面介绍用电测法测试单层复合材料弹性常数。

5.10.1　实验目的

(1) 学习和掌握单层复合材料弹性常数的测试方法。

(2) 测定弹性量 E_1、E_2 及泊松比 μ_{12}、μ_{21}。

(3) 用偏轴 45°复合材料测定剪切弹性模量 G_{12}。

(4) 了解单层复合材料的各向异性特性，并验算工程常数的相容条件：$E_1 \cdot \mu_{12} = E_2 \cdot \mu_{21}$。

5.10.2　实验装置

实验装置包括材料试验机、静态电阻应变仪、游标卡尺。试件的材料是单向碳纤维增强的复合材料。纤维复合材料试件的方向如图 5-18 所示，拉伸试件形状如图 5-19 所示。

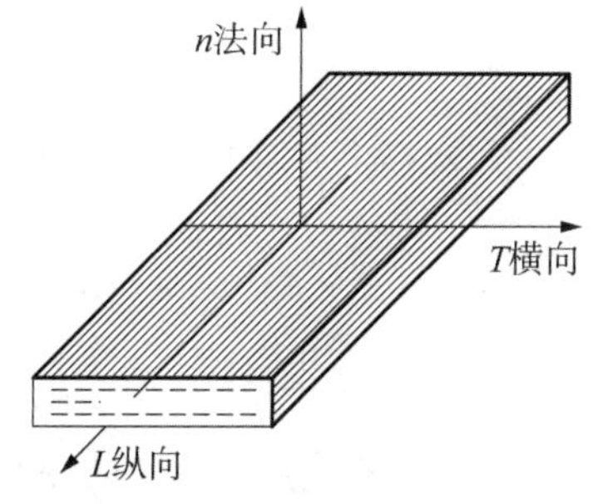

图 5-18　纤维复合材料的方向

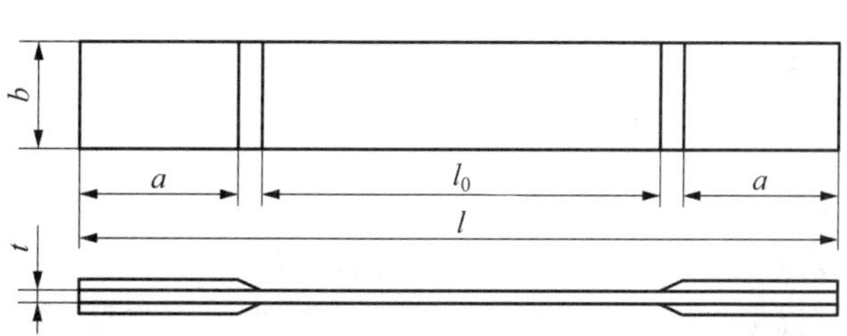

图 5-19　拉伸试件形状

为了测试它的弹性参数，采用三种不同角度的试件，尺寸类别见表 5-2。按图 5-20 所示的位置，在三种试件正、反两面的中部贴电阻应变片。

表 5-2　试件尺寸类别

试件类别	尺寸			
	b/mm	l/mm	a/mm	t/mm
0°	12	230	50	1
90°	12	230	50	1
±45°	12	230	50	1

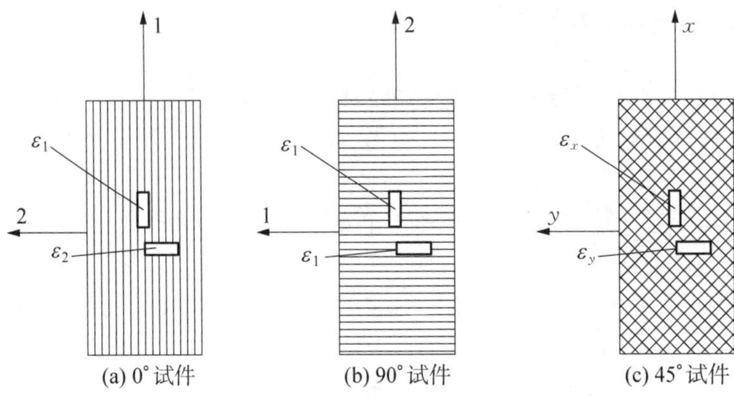

(a) 0° 试件　(b) 90° 试件　(c) 45° 试件

图 5-20　试件贴片位置

5.10.3　实验原理

本实验采用电测法测定单层复合材料四个弹性参数。根据复合材料力学理论及电测原理，对各弹性参数的计算可采用以下关系式：

1) 0°试件拉伸实验

采用 0°试件，沿纵向拉伸，用应变片测纵向应变 ε_1 和横向应变 ε_2，记录 $\sigma_1-\varepsilon_1$ 曲线，根据下列公式计算应力 σ_1、主泊松比 μ_{12} 及纵向弹性模量 E_1，即

$$\sigma_1=\frac{F}{S},\ \mu_{12}=-\frac{\varepsilon_2}{\varepsilon_1},\ E_1=\frac{\sigma_1}{\varepsilon_1} \tag{5.35}$$

2) 90°试件拉伸实验

用应变片测量 ε_2，记录 $\sigma_2-\varepsilon_2$ 曲线，计算应力 σ_2、泊松比 μ_{21} 及横向弹性模量 E_2，即

$$\sigma_2=\frac{F}{S},\ \mu_{21}=-\frac{\varepsilon_1}{\varepsilon_2},\ E_2=\frac{\sigma_2}{\varepsilon_2} \tag{5.36}$$

3) 用 S(±45°)试件测剪切模量 G_{12}

直接测剪切模量 G_{12} 需要较复杂的实验装置。比较简单的办法是使用对称铺层的 S(±45°)试件做单向拉伸实验。假定试件的纵向为 x 轴，横向为 y 轴，测出纵向的有效应力 σ_x，试件的纵向和横向应变 ε_x 和 ε_y，那么材料主轴方向的剪切模量为

$$G_{12}=\frac{\sigma_x}{2(\varepsilon_x-\varepsilon_y)} \tag{5.37}$$

5.10.4 实验步骤

由学生自行编制实验方法与步骤，编制时要注意以下几个方面：

（1）根据所贴电阻应变片如何布置测量电桥，画出测量桥路图。

（2）如何预估确定实验最大载荷？可用 $P_{max}=(0.6\sim0.8)bt\sigma_{max}$ 估算，其中，σ_{max} 由不同角度的试件的拉力确定。

（3）为了减少所测数据的分散性，首先要预加初载荷。确定初载荷的方法：静强度 σ_{max}（10%～20%）加载，然后载荷降至5%，以此作为初载荷。

（4）加载分级，从初载荷到最大载荷分3～4级。（±45°拉伸，因近似线性级差还可小些）

（5）重复循环加载。

5.10.5 注意事项

（1）实验前编制好实验方法与步骤。

（2）实验时，控制好加载速度，保证均匀缓慢的加载速度，特别是在测量同一参数的重复加载过程中保持相同的加载速度。

5.10.6 实验报告要求

（1）做实验时，详细记录试件情况、环境温度、加载条件。

（2）用表格的形式记录实验原始数据，并将测试结果代入上面的有关公式计算，得出四个弹性参数 E_1、E_2、μ_{12} 和 G_{12}。

（3）绘制三种试件的应力-应变图。

5.11 不同截面结构的扭转

工程中许多构件承受扭转变形，如各种传动轴、方向盘的操纵杆、弹簧。为了减轻重量，许多构件还常常采用空心薄壁构件，如工字钢、槽钢、空心圆管。也有一些构件因设计要求，需要采用矩形截面等。

5.11.1 实验目的

（1）掌握电测法测定不同截面构件在扭转载荷下的应力大小及分布。

（2）通过对等面积、不同结构截面试件在相同载荷的应力的测试，选择合理的结构。

5.11.2 实验装置

实验装置包括扭转试验机、静态电阻应变仪、游标卡尺、钢尺。试件的截面形状有实心圆、实心正方形和空心圆环、空心正方形环及空心长方形环五种。其标距段的尺寸、结构如图5-21所示。两端部的结构需要根据试验机的夹头确定。

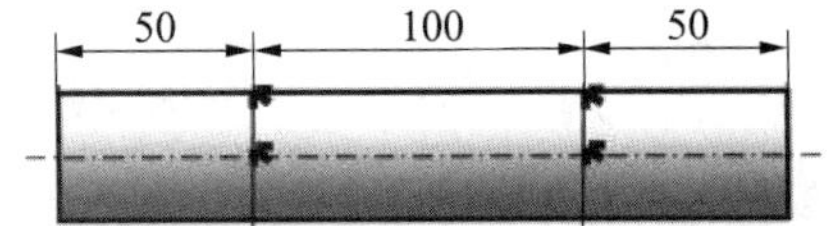

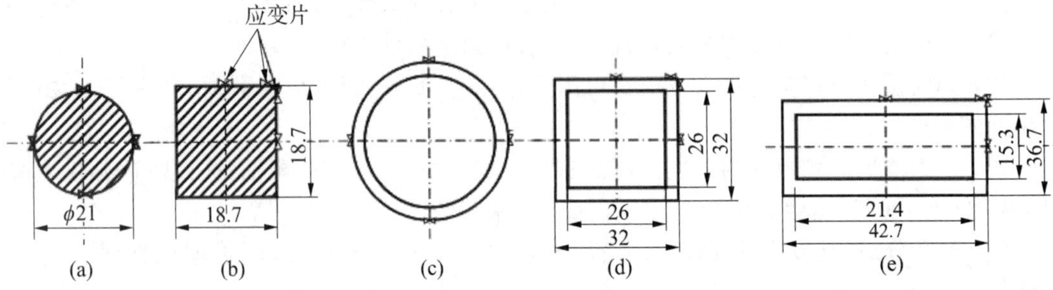

图5-21　不同截面尺寸

5.11.3　实验原理

最大剪切应力计算：

1）实心圆截面

$$\tau_{\max}=\frac{T_nR}{J_n}=\frac{T_n}{W_n},\ \theta=\frac{T_n}{GJ_n},$$
$$J_n=\int_A\rho^2\mathrm{d}A=\frac{\pi}{32}D^4,\ W_n=\frac{\pi D^3}{16} \tag{5.38}$$

2）空心圆截面

$$W_n=\frac{\pi D^3}{16}(1-\alpha^4)$$
$$\alpha=\frac{d}{D} \tag{5.39}$$

3）实心矩形截面

$$\tau_{\max}=\frac{T_n}{W_n}=\frac{T_n}{\alpha b^2h},\ \theta=\frac{T_n}{GJ_n}=\frac{T_n}{G\beta b^3h},\ \tau'=\xi\tau_{\max} \tag{5.40}$$

式中：h 为矩形截面的高度；b 为矩形截面的宽度；τ' 为短边中点的剪应力。

矩形截面系数：当 $h/b=1$ 时，$\alpha=0.208$，$\beta=0.141$，$\xi=1$；当 $h/b=2$ 时，$\alpha=0.246$，$\beta=0.229$，$\xi=0.8$。

4）空心矩形截面

$$\tau_{\max}=\frac{T_n}{2A_st_{\min}},\ \theta=\frac{T_n}{4GA_s^2}\int_s\frac{\mathrm{d}s}{t}=\frac{T_n}{4GA_s^2t}\bigg|_{t=\mathrm{const}} \tag{5.41}$$

式中：A_s 为薄壁中线所围成的面积；$t_{\min}$ 为最小壁厚度；s 为薄壁截面中线的全长。

5.11.4 实验步骤

1）试件准备

用游标卡尺测量试件尺寸，检查应变片的位置和状况，记录应变片的灵敏系数 K 值。安装试件。

2）仪器准备

按照电阻应变仪的操作规程，将试件上测量应变片及温度补偿片连接到应变仪上，检查是否能调好平衡，并调正应变仪上的灵敏系数。

3）实验测试

（1）各项准备工作就绪后，即可启动试验机。按给定的载荷分级缓慢加载，同时读出并记录相应的应变值，可重复三遍以观察试验结果；载荷分级如下：20 N · m、40 N · m、60 N · m、80 N · m。

（2）分别安装图 5－21(b)至图 5－21(e)所示的试件，重复上述实验。

（3）测毕，关闭机器及仪器电源，拆下接线，整理现场。

（4）根据试验数据计算各测点应力的实测值及理论值。

5.11.5 思考题

（1）根据实验结果说明上述等截面积试件的承载能力。

（2）分析实验误差可能来源。

（3）试分析当图 5－21(c)至图 5－21(e)试件为开口时，最大应力比。

5.11.6 预习要求

（1）复习有关理论，明确实验目的及方法，复习万能试验机及电阻应变仪的原理及使用。

（2）自拟实验表格。若已知材料的许用应力及试件尺寸，如何确定试件所允许承受的载荷。

5.11.7 实验报告要求

实验报告包括实验目的、设备及仪器的名称、型号、试件尺寸、有关数据记录表格、理论分析与计算、实测应力，并绘图。

第6章

流体力学实验

6.1 流体静力学实验(1)

6.1.1 实验目的

(1) 掌握测压管测量流体静压强的基本方法。

(2) 熟悉微压计的原理及使用。

(3) 利用不可压缩流体静力学方程和等压面概念测定未知流体的密度。

6.1.2 实验装置

1. 实验装置的组成

图 6-1 所示为一种静水压强实验仪。其中,测压管①-②和测压管③-④各组成一个 U 形管;测压管⑤和⑥均为测压管,分别与蓄水箱 A 点和 B 点接通;测压管⑦与水箱上、下相通。

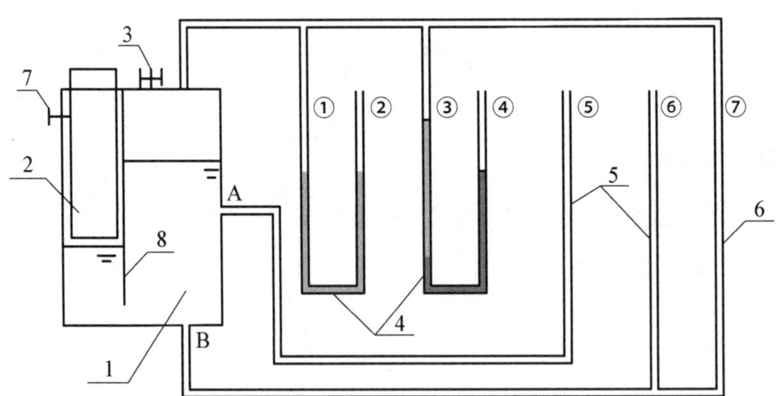

1-蓄水箱;2-调压控制块;3-通气阀;4-U形测压管;5-测压管;6-连通器;7-螺钉;8-隔板。

图 6-1 静水压强实验装置

说明:下述中的仪器部件编号均指实验装置图中的编号,如测压管 5 即图 6-1 中"5-测压管"。后述各实验中述及的仪器部件编号也均指相应实验装置图中的编号。

2. 实验装置说明

1) 调压控制块

如图 6-1 所示，蓄水箱 1 中部设有纵向隔板 8，其上部与水箱盖密合；下部不通到底，使水箱左、右两部分保持相通。隔板右侧水箱顶板密闭，上装有一通气阀 3；左侧放置调压控制块 2，通过控制块的升降调节蓄水箱液面的压强。当通气阀开启时，蓄水箱左、右两侧液面上均为大气压强，应为同一水平线；当通气阀关闭时，调节控制块位置可使水箱右侧液面上气压增加或减少。调节完成后采用螺钉 7 固定调压控制块的位置。

2) 测压管

如图 6-1 所示，测压管 5 为测量液体相对压强的一种机械式静态测量仪器。通常采用透明玻璃制成，一端开口与大气相通，另一端连接于容器侧壁与被测液体连通。适用于测量流体测点的静态低压范围的相对压强，测量精度为 1 mm。

3) 连通器

如图 6-1 所示，测压管⑦与水箱上、下相通，组成连通器。连通器属于测量液体恒定水位的机械式静态测量仪器，其一端连接于被测液体，另一端与被测液体表面气体相连通。

4) U 形测压管

U 形测压管在用于真空测量中属于绝对真空计，可作为真空计量标准。如图 6-1 所示装置中，U 形测压管①-②装有未知密度的液体 ρ_1，测压管③-④装有另两种未知密度 ρ_2 和 ρ_3 的液体，利用流体静力学方程和等压面概念可求出三种液体的密度。

此外，通气阀 3 上端采用软管与倾斜式微压计相接，打开通气阀使水箱液面上的气体与微压计相通，用微压计测量水箱液面上的压强可提高其精度。

5) 倾斜式微压计的组成，如图 6-2 所示

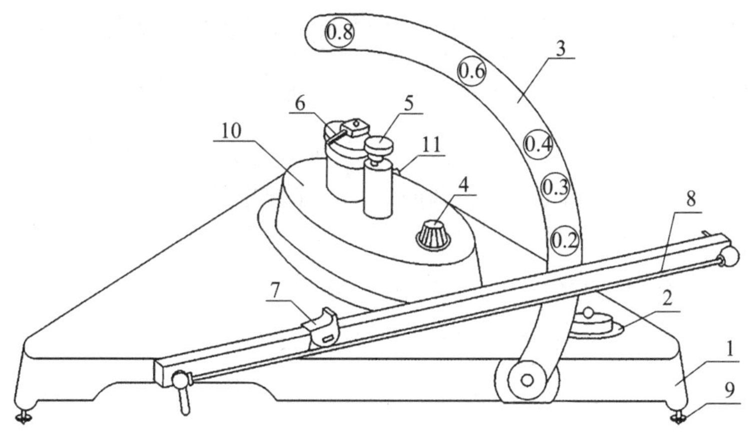

1-底座；2-水平泡；3-校正系数 K 弧形支架；4-酒精注入口；5-调零旋钮；6-多向开关；7-固定螺母；8-测压管；9-调水平旋钮；10-酒精库；11-测压管接口。

图 6-2　倾斜式微压计的组成

倾斜式微压计是一种多测量范围液体压力计，主要用来测量气体压差。在本实验中，将用此微压计测量蓄水箱液面上方气体的相对压强，使用方法如下：

(1) 调水平：将仪器置于水平且无振动影响的工作台上，旋转调水平旋钮 9，使水平泡 2 中的水泡进入圆圈中心。

(2) 驱赶测压管中的气泡:将倾斜测压管 8 的倾斜角调至最大,旋开正压容器上的酒精注入口加液盖 4,缓慢注入酒精,使其液面在倾斜测量管上的刻线在零点附近,再旋紧加液盖,将多向开关 6 拨至“测压”处。将软管连至标有“+”的接头上,用压气球轻吹软管施加一定的压力,使倾斜测量管内液面上升到接近顶端处(不要超过测压管顶部),排除存留在正压容器和倾斜测量管道之间的气泡,反复数次,直至气泡排尽。

(3) 选择合适的量程:弧形支架 3 上标有五档倾斜常数 K 值,可测量不同压力范围的气体。转动倾斜测压管 8,使其固定在弧形支架相对应的校正系数 K 值的插孔上。

(4) 调节读数管零位:将多向开关 6 拨回“校准”档,旋动调零旋钮 5 校准液面,使测压管 8 中凹液面与刻度尺的零位线对齐。若旋钮已调至最低位置,仍不能使液面升至零点,则所加酒精量过少,应再加入酒精,使液面升至稍高于零点处,再用旋钮校准液面至零点;反之,所加酒精过多,可轻吹连在“+”接头上的软管,使多余酒精从倾斜测量管端头溢出。

(5) 相对压强测量:将多向开关 6 拨回“测压”档,用软管将微压计测压管接口 11 与图 6-1 中蓄水箱上端的通气阀连接,正压连“+”测压口,负压连“-”测压口。打开通气阀,使水箱液面上气体与微压计相通,记录测压管 8 示值。将读数与相应的校正系数 K 值相乘,即可得蓄水箱液面上的相对压强,单位是 mm 水柱。

6.1.3 实验原理

在重力作用下不可压缩流体静力学基本方程为

$$z + \frac{P}{\rho g} = \text{const} \quad \text{或} \quad P = P_0 + \rho g h \tag{6.1}$$

式中:z 为被测点相对基准面的位置高度;P 为被测点的静水压强(用相对压强表示,以下同);P_0 为水箱中液面的表面压强;ρ 为液体密度;h 为被测点的液体深度;g 为重力加速度。

6.1.4 实验内容

(1) 分别测量蓄水箱液面在不同压强情况下,水箱侧壁 A 点及底壁 B 点处压强。

(2) 利用倾斜式微压计测量蓄水箱液面上方气体的相对压强。

(3) 利用静力学基本方程和等压面概念求出 U 形测压管①-②中未知液体密度 ρ_1 及 U 形测压管③-④中两种未知液体密度 ρ_2 和 ρ_3。

6.1.5 实验数据处理(表 6-1、表 6-2)

测压点坐标位置:$h_A =$________ $h_B =$________

微压计校正系数:$K =$________

表 6-1 测压管读数记录 cm

测管编号	①	②	③	③-④	④	⑤	⑥	⑦	微压计读数
液面=大气压									
液面>大气压									
液面<大气压									

表 6-2　数据整理

液面情况	＝大气压	＞大气压	＜大气压
液面压强 P_0 /$(N \cdot m^{-2})$			
侧壁压强 P_A /$(N \cdot m^{-2})$			
底壁压强 P_B /$(N \cdot m^{-2})$			
U 形测压管①-②管液体密度 ρ_1 /$(kg \cdot m^{-3})$			
U 形测压管③-④管液体密度 ρ_2 /$(kg \cdot m^{-3})$			
U 形测压管③-④管液体密度 ρ_3 /$(kg \cdot m^{-3})$			

6.1.6　思考题

（1）测压管⑤与⑥液位高度相同，是否意味着 A、B 两测点压强相同，为什么？

（2）过测点 A 液面作一水平面，相对测压管①～⑦及蓄水箱内的液体而言，该水平面是否为等压面？哪些测管中液体处于同一等压面？

（3）两种不同密度的静止液体在同一容器中，其分界面总是水平面，理由是什么？

6.2　流体静力学实验(2)

6.2.1　实验目的

（1）掌握用测压管测量流体静压强的技能。

（2）验证不可压缩流体静力学基本方程。

（3）测定油的密度。

（4）通过对诸多流体静力学现象进行实验观察分析，加深流体静力学基本概念理解，提高解决静力学实际问题的能力。

6.2.2　实验装置

1. 实验装置简图

流体静力学综合型实验装置如图 6-3 所示。

2. 装置说明

（1）所有测管液面标高均以带标尺测压管 2 的零点高程为基准。

（2）测点 B、C、D 位置高程的标尺读数值分别以 ∇_B、∇_C、∇_D 表示，若同时取标尺零点作为静力学基本方程的基准，则 ∇_B、∇_C、∇_D 亦为 z_B、z_C、z_D。

（3）本仪器中所有阀门旋柄均以顺管轴线为开。

3. 基本操作方法

（1）设置 $P_0=0$ 条件：打开通气阀 4，此时实验装置内压强 $P_0=0$。

（2）设置 $P_0>0$ 条件：关闭通气阀 4、减压放水阀 11，通过加压打气球 5 对装置打气，可对装置内部加压，形成正压。

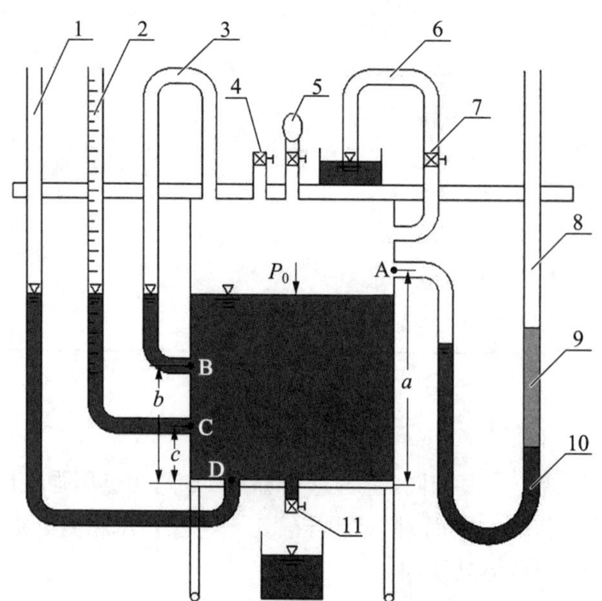

1-测压管;2-带标尺测压管;3-连通管;4-通气阀;5-加压打气球;6-真空测压管;7-截止阀;8-U形测压管;9-油柱;10-水柱;11-减压放水阀。

图6-3 流体静力学综合型实验装置

(3) 设置 $P_0<0$ 条件:关闭通气阀 4、加压打气球 5 底部阀门,开启减压放水阀 11 放水,可对装置内部减压,形成真空。

(4) 水箱液位测量:在 $P_0=0$ 条件下读取测压管 2 的液位值,即水箱液位值。

6.2.3 实验原理

1) 在重力作用下不可压缩流体静力学基本方程

同流体静力学实验(1)中式(6.1)

2) 油密度测量原理

方法一:测定油的密度 ρ_0,简单的方法是利用图 6-3 实验装置的 U 形测压管 8,再另备一根直尺进行直接测量。实验时需打开通气阀 4,使 $P_0=0$。若水的密度 ρ_w 为已知值,如图 6-4 所示,由等压面原理则有

$$\frac{\rho_0}{\rho_w}=\frac{h_1}{H} \tag{6.2}$$

方法二:不另备测量尺,只利用图 6-3 中带标尺测压管 2 的自带标尺测量。先用加压打气球 5 打气加压,使 U 形测压管 8 中的水面与油水交界面齐平,如图 6-5(a)所示,则

$$P_{01}=\rho_w g h_1=\rho_0 g H \tag{6.3}$$

再打开减压放水阀 11 降压,使 U 形测压管 8 中的水面与油面齐平,如图 6-5(b)所示,即

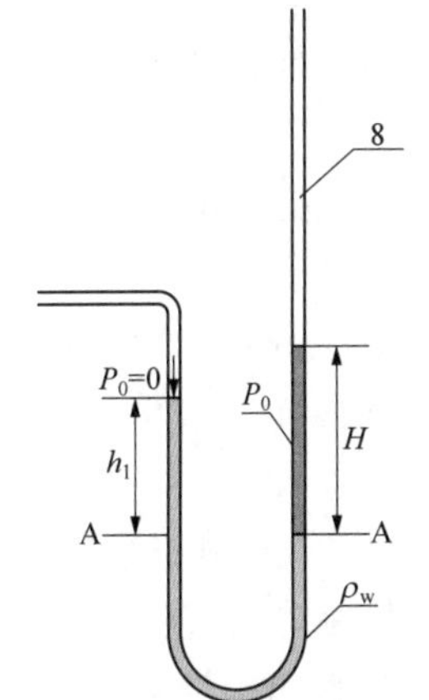

图6-4 油的密度测量方法一

$$P_{02} = -\rho_w g h_2 = \rho_0 g H - \rho_w g H \tag{6.4}$$

联立两式,即

$$\frac{\rho_0}{\rho_w} = \frac{h_1}{h_1 + h_2} \tag{6.5}$$

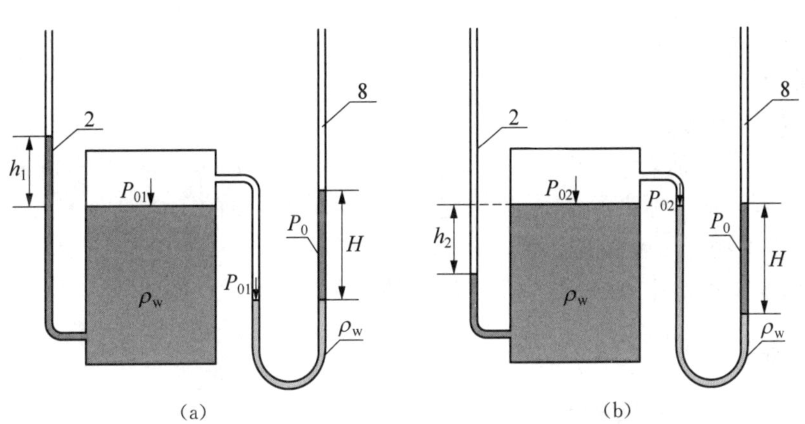

图6-5 油的密度测量方法三

6.2.4 实验内容

1. 定性分析实验

(1) 测压管和连通管判定。

按测压管和连通管的定义,图6-3实验装置中管1、2、6和8都是测压管,当通气阀关闭时,管3无自由液面,是连通管。

(2) 测压管高度、压强水头、位置水头和测压管水头判定。

测点的测压管高度即为压强水头,不随基准面的选择不同而变,位置水头和测压管水头随基准面选择而变。

(3) 观察测压管水头线。

测压管液面的连线就是测压管水头线。打开通气阀 4,此时,那么管 1、2、3 均为测压管,从这三管液面的连线可以看出,对于同一静止液体,测管水头线是一根水平线。

(4) 判别等压面。

关闭通气阀 4,打开截止阀 7,用加压打气球 5 稍加压,使 $P_0/\rho g$ 为 0.02 m 左右,判别下列平面是不是等压面:

① 过 C 点作一水平面,相对管 1、2、8 及水箱中液体而言,该水平面是不是等压面?

② 过 U 形测压管 8 中的油水分界面作一水平面,对管 8 中液体而言,该水平面是不是等压面?

③ 过管 6 中的液面作一水平面,对管 6 中和方盒中的液体而言,该水平面是不是等压面?

根据等压面判别条件——质量力为重力、静止、连续、均质、同一水平面,可判定上述②③是等压面。在①中,相对管 1、2 及水箱中液体而言,它是等压面,但相对管 8 中的水或油来讲,它都不是同一等压面。

(5) 观察真空现象。

打开减压放水阀 11 减低箱内压强,使测压管 2 的液面低于水箱液面,这时箱体内 $P_0<0$,再打开截止阀 7,在大气压力作用下,真空测压管 6 中的液面就会升到一定高度,说明箱体内出现了真空区域(负压区域)。

(6) 观察负压下真空测压管 6 中液位变化。

关闭通气阀 4,开启截止阀 7 和减压放水阀 11,待空气由测压管 2 进入圆筒后,观察真空测压管 6 中的液面变化。

2. 定量分析实验

1) 测点静压强测量

根据基本操作方法,分别在 $P_0=0$, $P_0>0$, $P_0<0$ 与 $P_B<0$ 条件下,测量水箱液面标高 ∇_0 和测压管 2 液面标高 ∇_H,分别确定测点 A、B、C、D 的压强 P_A、P_B、P_C、P_D。

2) 油的密度测定拓展实验

按实验原理,分别用方法一与方法二测定油的密度。

6.2.5 实验数据处理

1) 记录有关信息及实验常数

实验设备名称:____________________ 实验台号:________

实验者:__________________________ 实验日期:________

各测点高程:∇_B=________ $\times10^{-2}$ m, ∇_C= ________ $\times10^{-2}$ m, ∇_D= ________ $\times10^{-2}$ m

基准面选在________ z_C = ________ $\times10^{-2}$ m, z_D = ________ $\times10^{-2}$ m

2) 实验数据记录及计算结果(表 6-3,表 6-4)

3) 成果要求

(1) 回答定性分析实验中的有关问题。

(2) 由表中计算的 $z_C+P_C/\rho g$、$z_D+P_D/\rho g$,验证流体静力学基本方程。

(3) 测定油的密度,对两种实验结果做以比较。

表 6-3　流体静压强测量记录及计算

实验条件	次序	水箱液面 ∇_0 (10^{-2} m)	测压管液面 ∇_H (10^{-2} m)	压强水头				测压管水头	
				$\frac{P_A}{\rho g}=\nabla_H-\nabla_0$ (10^{-2} m)	$\frac{P_B}{\rho g}=\nabla_H-\nabla_B$ (10^{-2} m)	$\frac{P_C}{\rho g}=\nabla_H-\nabla_C$ (10^{-2} m)	$\frac{P_D}{\rho g}=\nabla_H-\nabla_D$ (10^{-2} m)	$z_C+\frac{P_C}{\rho g}$ (10^{-2} m)	$z_D+\frac{P_D}{\rho g}$ (10^{-2} m)
$P_0=0$	1								
$P_0>0$	1								
	2								
$P_0<0$（其中一次 $P_B<0$）	1								
	2								
	3								

表 6-4　油的密度测定记录及计算

条件	次序	水箱液面 ∇_0 (10^{-2} m)	测压管 2 液面 ∇_H (10^{-2} m)	$h_1=\nabla_H-\nabla_0$ (10^{-2} m)	$\bar{h}_1$ (10^{-2} m)	$h_2=\nabla_0-\nabla_H$ (10^{-2} m)	$\bar{h}_2$ (10^{-2} m)	$\frac{\rho_0}{\rho_w}=\frac{\bar{h}_1}{\bar{h}_1+\bar{h}_2}$
$P_0>0$，且 U 形测压管中水面与油水交界面齐平	1							
	2							
	3							
$P_0<0$，且 U 形测压管中水面与油面齐平	1							
	2							
	3							

6.2.6 思考题

(1) 相对压强与绝对压强、相对压强与真空度之间有什么关系？测压管能测量何种压强？

(2) 若测压管太细，对测压管液面读数会造成什么影响？

(3) 本仪器测压管内径为 0.8×10^{-2} m，圆筒内径为 2.0×10^{-1} m，仪器在加气增压后，水箱液面将下降 δ 而测压管液面将升高 H，实验时，若近似以 $P_0=0$ 时的水箱液面读数作为加压后的水箱液位值，那么测量误差 δ/H 为多少？

6.2.7 注意事项

(1) 用打气球加压、减压需要缓慢进行，以防液体溢出及油柱吸附在管壁上；打气后务必关闭打气球下端阀门，以防漏气。

(2) 真空实验时，放出的水应通过水箱顶部的漏斗倒回水箱中。

(3) 在实验过程中，装置的气密性要求保持良好。

6.3 流体黏性效应显示实验

6.3.1 实验目的

(1) 通过观察空气的黏性效应来说明流体是存在黏性的。

(2) 掌握旋转黏度计测量黏度的原理和方法。

6.3.2 实验装置

如图 6-6 所示，有两片薄平板 A 及 B，下平板 B 固定在可调速马达 M 上，上平板 A 固定在可调节高低位置的支架 S 上，两平板之间存在着等厚的空气薄层，当下平板 B 转动时，上平板 A 也随之转动。通过两平板的转动可观察到空气黏性的存在。

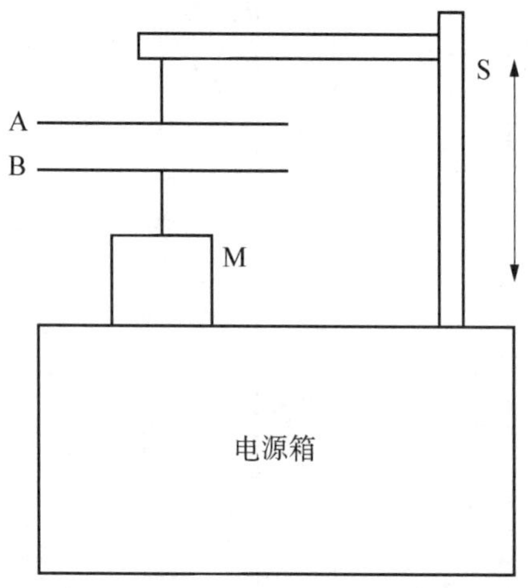

图 6-6 黏性演示装置

6.3.3 实验原理

旋转黏度计是用于测量液体的黏性阻力和动力黏度的装置。现有的旋转黏度计主要有平板式(图 6-6)、转筒式(图 6-7)和推板式三种形式。

上述旋转黏度计制作原理相似,在此以平板式黏度计为例简要介绍。

流体具有易流动性,不能在切应力的作用下保持平衡,任何微小的切应力,都将使流体不断地进行变形运动。反之,当任意相邻两层流体间发生相对切向的变形运动时,则会在两层流体的接触面产生对于变形的抵抗力。反映流体在切应力作用下变形的快慢程度这一性质,为流体的黏性。

当下平板由于马达的转动而被转动时,黏附在下板上的流体,保持着与平板同速而作旋转运动。这时附在壁面的流体与上一层流体间发生了相对运动,这必然产生黏性力。

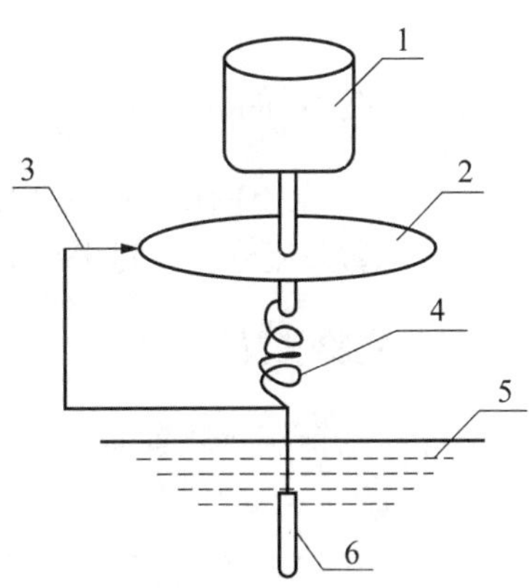

1-同步电机;2-刻度圆盘;3-指针;4-游丝;5-被测液体;6-转子。

图 6-7 转筒式黏度计

根据牛顿切应力公式有

$$\tau = \mu \frac{dV}{dy} \tag{6.6}$$

式中:μ 为流体动力黏性系数;$\frac{dV}{dy}$ 为相对运动速度梯度。

由于切应力 τ 的存在,且流体不能在切应力作用下保持平衡,致使附在壁面的流体与上一层流体之间产生相对运动;同时,上一层的流体也将与较之更上一层的流体发生相对运动,应力逐层向上传递,而使黏附在上平板 A 的流体对平板亦产生切应力,可令其克服轴承间的摩擦力发生旋转。

6.3.4 实验要求

(1) 观察马达转速由低变高时,上平板 A 的变化。

(2) 观察两平板间距由小变大时,上平板 A 转速的变化。

(3) 观察上平板 A 初始转向与电机转向相反的情况。

6.3.5 思考题

(1) 流体层之间的相对运动导致黏性切应力的产生,同时,黏性切应力会引起上平板 A 的转动。那么上平板 A 的转速是否最终与下平板 B 的转速相同,为什么?

(2) 两平板 A 和 B 间距较大时,A 板最终稳定的转速,与两板间距较小时 A 板最终稳定的转速会不会相同,为什么?

(3) 思考旋转黏度计能测量流体黏度的原理。

6.4 流体的相对平衡实验

6.4.1 实验目的

(1) 认识流体在重力和离心力作用下,达到相对平衡状态的概念。

(2) 掌握流体在相对平衡时,等压面形状与容器旋转角速度的关系。

6.4.2 实验装置

相对平衡实验装置如图 6-8 所示,由主体、转动系统、测速系统和坐标系统等组成。

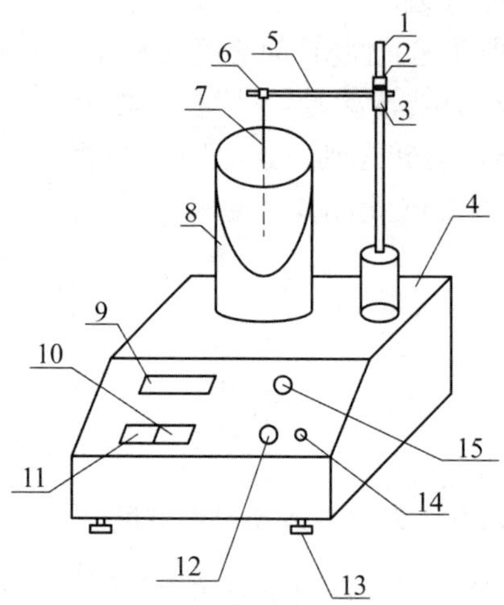

1-纵坐标主尺;2-微动螺母;3-纵向游标框架;4-机座;5-横坐标主尺;6-游标框架;7-探针;8-圆形容器;9-转速显示器;10-自动键;11-手动键;12-调速旋钮;13-调平螺钉;14-电源按钮;15-指示灯。

图 6-8 相对平衡实验装置

1) 主体

向有机玻璃圆形容器内注入半筒液体。容器安装在直流电机上,当电机通过调速系统做等速转动时,在重力及离心力的作用下筒内液体的自由面形成凹面状,达到新的平衡。经测速系统和坐标读数系统求解等压面形状与转速间的关系。

2) 转动系统

电源接通后,旋转调速旋钮可对初始液体容器的旋转做无级调速。

3) 测速系统

转速检测由标准时钟光电变换、计数、运算和显示线路完成。根据取样需要,时间基准可选择每秒或每分钟报数一次。在一段时间内前后报数相同,表示容器转速稳定,此时便能计数。按下自动键,显示器将按一定周期自动显示转速。若按手动键,显示器将持续显示转速。显示器显示数字,均为每分钟转数。

4）坐标系统

坐标系统是由探针、横坐标尺、纵坐标尺等组成。探针可随游标框架沿横坐标主尺滑动，横坐标主尺则随纵向游标框架沿纵坐标主尺滑动。当探针触及自由液面时红色指示灯发亮，这样就可读出容器内液面各点的坐标参数。

6.4.3　实验原理

流体平衡时满足欧拉平衡方程，即

$$\begin{aligned} F_X &= \frac{1}{\rho}\frac{\partial P}{\partial x} \\ F_Y &= \frac{1}{\rho}\frac{\partial P}{\partial y} \\ F_Z &= \frac{1}{\rho}\frac{\partial P}{\partial z} \end{aligned} \tag{6.7}$$

式中：F_X，F_Y，F_Z 分别表示液体单位质量力分量，包括重力和离心力；P 为液体压强，如图 6－9 所示。当容器做等速旋转时，将质量力 $F_X=\omega^2 x$，$F_Y=\omega^2 y$，$F_Z=-g$ 代入式(6.7)，并按其次序分别乘以 dx，dy，dz 后相加可得

$$dP=\rho(\omega^2 x dx+\omega^2 y dy-g dz) \tag{6.8}$$

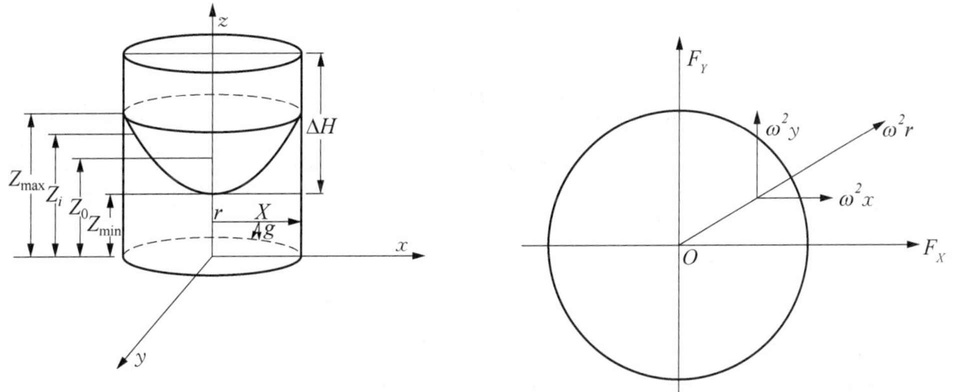

图 6－9　欧拉平衡微分方程式示意图

对式(6.8)积分可得液体相对平衡时的压强分布为

$$P=\rho\left(\frac{1}{2}\omega^2 r^2-gz\right)+C \tag{6.9}$$

说明液体以等角速度旋转达到相对平衡时的压强分布为抛物面分布。

设自由面上 $P_0=0$，令 $r=0$，$z=z_0$ 积分常数 $C=gz_0$，则自由液面方程为

$$z_i=z_0+\frac{\omega^2 r^2}{2g} \tag{6.10}$$

这是以 $r=0$，$z=z_0$ 为顶点的旋转抛物面方程。$z_i-z_0=\frac{\omega^2 r^2}{2g}$ 称为自由液面超高，则最

大超高为

$$\Delta H = \frac{\omega^2 R^2}{2g} \tag{6.11}$$

式中:角速度 $\omega = 2\pi n/60$; n 为容器转速; R 为圆筒半径。

当 n 确定时,在不同半径 r 处可以测得自由液面高度 z_i,即可绘出自由液面曲线。

根据液体不可压缩条件可以证明

$$\Delta H = 2|z_0 - z_{\min}| = 2|z_{r=R} - z_0| \tag{6.12}$$

一般可测定 $z_{\min}$ 和 z_0(静止液面水位,一般是 200 mm)计算 ΔH,并按式(6.13)计算出 n,与实测转速 n' 相比较,可得出相对误差值。

$$n = \frac{60\sqrt{2g}}{2\pi R}\sqrt{\Delta H} \tag{6.13}$$

6.4.4 实验数据记录

1) 最大自由液面超高的测定

$n=$________ $\mathrm{r \cdot min^{-1}}$, $z_0=$________(mm), $z_i=$________(mm), $\Delta H = z_R - z_0 =$ ________(mm), $\Delta H_{理论计算} = \frac{\omega^2 R^2}{2g} =$________(mm),误差 $\delta=$________%。

2) 自由液面测定见表 6-5, $n=$________ $\mathrm{r \cdot min^{-1}}$

表 6-5 自由液面测定

半径 r_i /mm	0	10	20	30	40	50	60	70	80	90	100
探针读数 z_i											
理论值 z_i'											
误差 %											

表中 z_i' 理论值可按式(6.10)计算(当 n 及 r 确定时)。

3) 以 r 为横坐标, z_i 为纵坐标绘制出自由液面曲线

6.4.5 思考题

在等速旋转相对平衡时,液面压强分布公式(沿垂直方向) $P = P_0 + \rho g h$ 是否还适用?

6.5 流动显示技术

6.5.1 流动显示技术概述

流体力学中,通常研究的气态或液态流体均为无色透明物质,其流动过程中所产生的物理现象无法以直观的形式观测。为更好地研究流体运动状态,认识流动规律,以便对物理信息进行定性或定量分析,则需要借助某些方法和手段使流体的流动情况成为可见,这些显示

方法叫作流动(态)显示技术。

流动显示技术是流体力学中一种重要实验研究手段,除了可以进行定性的演示分析之外,还有助于发现新的流动现象,建立和改进理论模型。最早采用流动显示方法进行实验研究的是 Osborne Reynolds,将有色液体注入圆管内以观测层流、紊流及其转捩状态,从而发现相似律并定义雷诺数。之后,Ludwig Prandtl 利用固体粒子显示了水沿薄平板运动的流谱,建立了边界层理论。随着电子光学技术和计算机科技的发展,逐渐出现了 CCD 图像传感器等一系列高分辨率图形显示设备,实现了流谱图像的实时采集和数字化处理,使流动显示从定性研究逐步发展到定量分析。近年来,流场显示技术应用的速度范围已从低速流动向超音速流发展,研究对象从恒定流显示向非恒定流显示拓展,并从实验室走向现场,其在实验技术领域已逐渐形成独立体系,逐步成为一门新兴的边缘学科。

6.5.2　流动显示的常用方法

流动显示方法一般采用示踪法和光学显示法等,适用于不同的介质和流速范围。

示踪法是借助于另外一种可见微量物质融入流体介质来展示流动现象特征的技术。其中,融入的微量物质称为示踪剂,其性质或行为应在显示过程中与被示流体完全相同或差别极小,对流动运行体系不产生显著影响。烟是针对气体较为常用的示踪剂之一,染色水、微粒子及氢气泡等则是液体主要的示踪剂。

光学显示法常用在流体介质有密度变化的高速流场中,通过测量光波在介质中传播时受到流动影响所产生的不同折射率,从而带出有关流动信息的显示技术。光学显示法不需要在被测流体中添加其他物质,具备不干扰流场的优点,且可在短时间内采集大量的空间数据,适合观测可压缩流动和非定常流动,例如尾流、激波和边界层转捩等现象。

1) 烟流法

风洞是烟流法实验观察空气绕流物体流谱的主要设备之一,其原理是借助发烟装置产生烟雾,通过一排梳状导管引入实验段中形成一排间隔大致相等的烟雾,便使气流绕物体的流谱被显示出来,如图 6-10 所示。在定常流中,流线和迹线重合,因此流场中烟流的迹线即代表气流的流线。

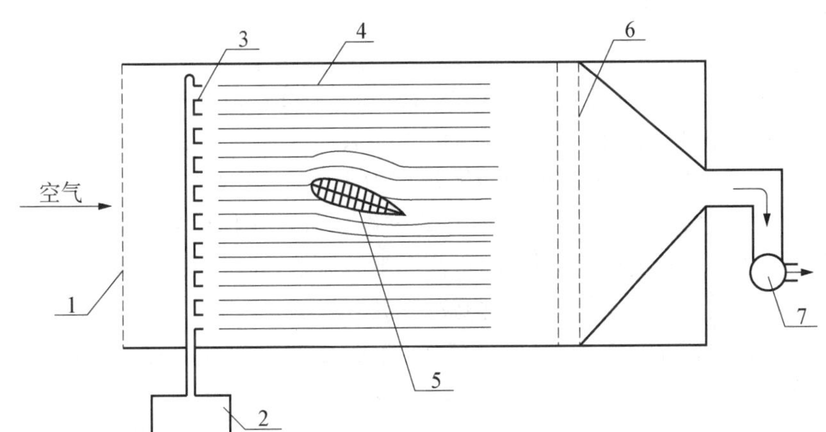

1-整流网;2-发烟器;3-梳状导管;4-烟线;5-模型;6-整流网;7-抽风机。

图 6-10　烟风洞实验装置

发烟装置可用物化性能与紊流程度有关的材料代替。例如,可将易蒸发的化学材料四氯化钛等作为示踪剂,涂抹在被测模型表面。经气流作用后,在模型表面可形成白色烟雾,从而显现模型表面及附近流动特征;也可在风洞实验段以一定的间隔布置若干根涂满石蜡的细小电阻丝,并将电阻丝与气体来流方向垂直。实验时,在电阻丝上施加脉冲电流,可令石蜡蒸发后形成烟流,从而展现层流、紊流及绕流分离区等信息。

2) 染色法

液体常用的示踪剂有墨水、高锰酸钾等有色液体。用细针管在有流体流动的圆管中心注入有色染料,即可观察到管路流动中层流和湍流的不同流动状态,如图6-11所示。

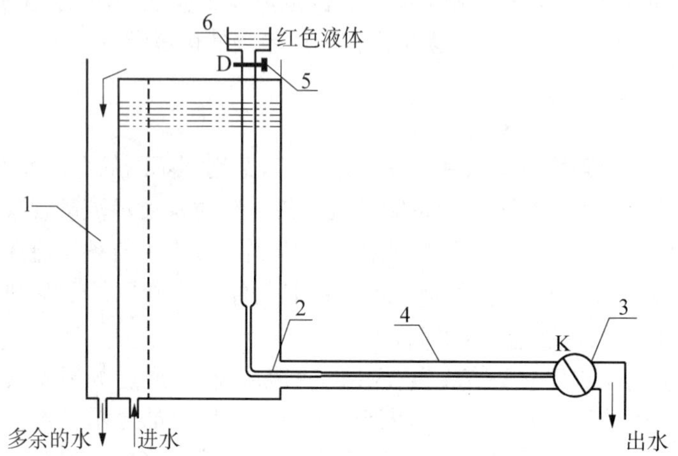

1-水箱;2-细导管;3-出水阀;4-玻璃管;5-调节红色液体出口压力的阀门;6-储液壶。

图6-11 染色法原理

3) 悬浮法

悬浮法是在显示区上游均匀投放大量漂浮或悬浮颗粒,利用固体微粒的运动状态来了解水流的流动情况。常用的悬浮物有聚苯乙烯微粒(直径为0.1 mm球形微粒,比重为1.03)及铝粉(直径为0.03～1.00 mm)。

4) 氢气泡法

氢气泡二相流显示技术,是利用氢气泡作为示踪剂,在水流场中显示各种模型绕流时的流动图谱。其基本原理是利用有序电解水产生的氢气泡来定量显示低速流场,如图6-12所示。实验中,在水流中放一根很细的金属丝作为阴极,与流动方向垂直,在水流的下游放置一块金属块作为阳极。当两极之间施加一定的电压时,在阴极丝上会产生大量的氢气泡。这些氢气泡在常光下显示为白色雾状,随水流向下游流动,即可观察到水流动的状态。

阴极金属丝材质一般采用抗氧化性能较好的铂金丝,直径为1～20 μm。研究表明,氢气泡的大小与阴极丝的直径大小成正比。氢气泡直径较小时,可减小浮升速度,改善跟随性,流动显示效果较好。

5) 光学显示法

光学流场显示技术是通过记录穿过测试段光束的变化来反映被测流场的信息。其原理是流体在流动或传热传质过程中存在密度梯度,会引起流场折射率分布不均匀,从而导致通

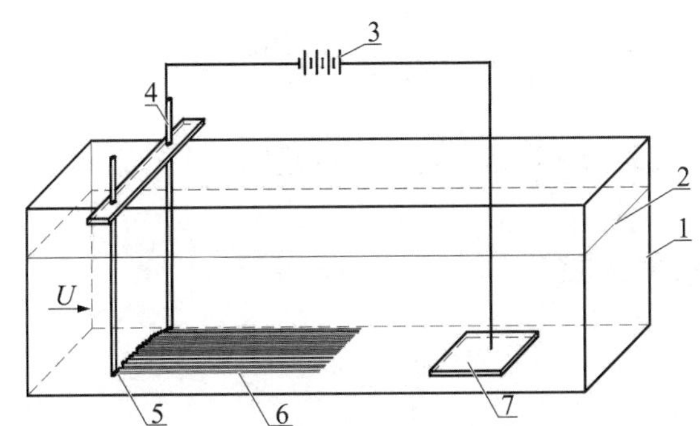

1 -水槽；2 -水面；3 -电源；4 -支架；5 -阴极丝（铂金丝）；6 -流线；7 -阳极板。

图 6 - 12　氢气泡法原理

过流场的光束受到扰动发生偏转或产生相位变化，再根据图形分析法或解析法即可求解光线受扰动与折射率变化之间的关系。目前常用的光学方法大致可分为：

(1) 阴影法：根据光线在投影面上的偏移来确定折射率二阶导数分布。

(2) 纹影法：根据光线的偏折角来确定折射率一阶导数的分布。

(3) 干涉法：根据光线相位变化即光程长度的差值来确定折射率本身的分布情况。

上述三种光学显示方法在成像面上获得的流场信息均是沿光束传播方向所有变量的积分，阴影法和纹影法往往用于流场的定性显示；对于轴对称和二维流场，干涉法可用于密度场的定量测量。

在此以阴影法为例简要介绍流动显示的光学方法。将一束光透过流动试验区投射到屏幕上，若试验区内流体未受扰动，密度均匀，则屏幕上亮度均匀；若流体受到扰动，投射到屏幕后偏离原来位置，则会出现暗纹。假定被测流场区域的气体折射率不均匀发生在 y 方向上，如图 6 - 13 所示，光线穿过测试段发生偏转时，屏幕上照度的变化 ΔI 与无扰动时的照度 I 之比与光线通过的空气折射率变化的关系为

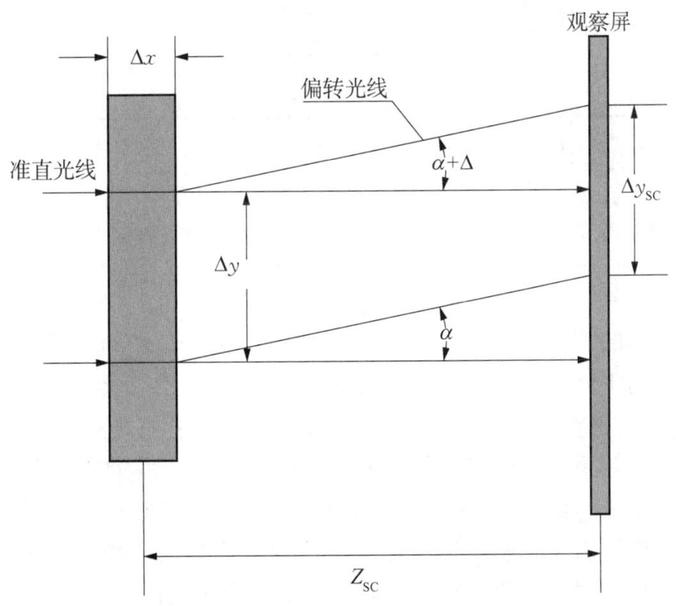

图 6 - 13　阴影法中光线位移的基本原理

$$\frac{\Delta I}{I}=-Z_{SC}\int_{L}\frac{\partial^{2}(\ln n)}{\partial y^{2}}\mathrm{d}z \tag{6.14}$$

式中：n 为气体折射率，Z_{SC} 为测试段至屏幕间的距离。

6.6 烟风洞流场显示实验

6.6.1 实验目的

(1) 了解用来显示空气流线谱的烟风洞方法，熟悉其结构。

(2) 熟悉流体力学中流线、迹线、起动涡、旋涡、边界层分离等概念。

(3) 观察绕机翼(大攻角与小攻角)，绕圆柱体(有环量与无环量)流动的流谱。

6.6.2 实验装置

烟风洞是以一条条烟迹模拟气流流线以显示物体绕流流谱的直流式低速风洞，主要用于观察气体绕物体做定常流动时的流线分布，结构如图 6-14 所示，主要包含烟风洞主体、发烟器、整流网、抽风机、照明设备、支撑及调节模型位置的机构。其原理是将特制的烟管释放的平行细烟流引入到空气流中，借助光线对烟气质点的散射，以显示空气流过物体周围时的运动状态。

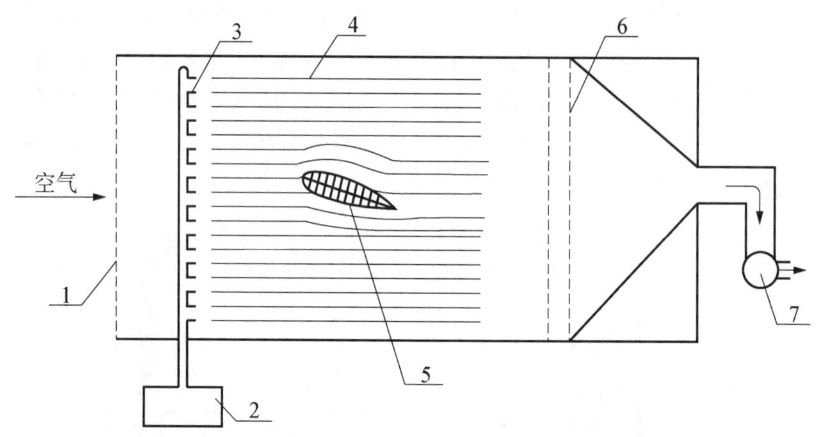

1-整流网；2-发烟器；3-梳状导管；4-烟线；5-模型；6-多孔隔板；7-离心风机。

图 6-14 烟风洞实验装置

风洞试验段本体的剖面呈矩形，为闭口直流形式。由于离心风机 7 的抽气作用，空气经过铜丝制成的整流网 1 流入风洞，再经由喷管进入试验段。发烟器 2 为密闭容器，在底部装有电加热器，顶部装有注油器可提供不易点燃的矿物油，通电加热即可产生细密的烟雾。在喷管喷口处装有很多等距并列的细金属管组成的梳状导管 3，发烟器 2 产生的烟雾可随气流流出而形成一条条细长的烟线，流过试验段及模型，形成流线谱。再经由吸振性能好的多孔隔板 6 进入接收槽后排出。模型安装于可调节位置和攻角的机械装置上。为方便观测，试验段后壁常漆成黑色，前壁采用高透性玻璃，同时采用管状电灯照明。

本实验装置可作圆柱绕流尾部分离、二元翼型附面层分离及攻角影响等流谱演示。

6.6.3 实验原理

观察流体绕物体流动的流线图谱，有助于正确了解绕流物周围的流场结构，据此可认识绕流物的运动学和动力学特性。从流线谱可以发现流线被破坏的情况及位置，如中断、产生漩涡等。

流动图谱的特点是流体流过物体时，烟流变密，流速加大，压力降低。物体前部烟流的分叉处称为“驻点”，在该点速度为零。在物体尾部某一区域烟流被冲散，反映流动极不规则，这里为“尾涡区”或“尾迹”。当攻角不为零时，物体上部的烟流间距变小，说明流速加快，压力降低；下面的烟流间距变大，表明流速减缓，压力增大。此时，便产生了向上的升力。攻角越大，上、下两表面处烟流的疏密程度相差越大，升力越大。当攻角增加时，尾涡区也在扩大，在达到一定程度后，尾涡区会产生剧烈的振动，同时升力迅速降低，阻力剧增，造成“失速”现象。

当实验模型为圆柱时，流线上、下对称，前、后不对称，尾部分离清晰可见。当模型为二维机翼时，流线上、下呈不对称分布。

6.6.4 实验步骤

(1) 熟悉烟风洞构造，安装模型。

(2) 打开照明及电炉开关，待发烟器中充满浓烟后，开动风机马达形成流线。

(3) 观察流线谱并绘下图形。

(4) 当发现烟气浓度极大而引起颤动或倾斜时，应及时关闭电炉，避免燃油完全燃烧而引起爆炸。

(5) 实验完毕排除烟气恢复设备到实验前状态。

6.6.5 实验数据处理

(1) 机翼在小攻角下的流谱。

(2) 机翼在大攻角下的流谱。

(3) 绕圆柱体流动无环量的流谱。

(4) 绕圆柱体流动带环量的流谱。

(5) 注意观察尾流分离区，边界层分离点和分离现象及卡门涡街。

6.7 狭缝流道流场显示实验

6.7.1 实验目的

(1) 了解电化学法流动显示原理。

(2) 观察流体运动的流线和迹线，了解各种简单的势流流谱。

(3) 观察流体流经不同固体边界时的流动现象和流谱特征。

6.7.2 实验装置

流场中液体质点的运动状态，可以用流线、迹线或脉线来描述。流线是在某一瞬间由无数液体质点组成的一条光滑曲线,在该曲线上任意一点的切线方向为该点的流速方向;迹线是某一质点在某一段时间内的运动轨迹;脉线是某一时间间隔内,相继经过空间固定点的流体质点依次串联起来而成的曲线。

实验装置如图 6-15 所示,采用电化学法电极染色显示流线,以平板间狭缝式流道组成流动显示面,流动过程采取封闭自循环形式。其原理是以酸碱度指标剂配制的水溶液作为工作液体,当其酸碱度呈中性时,流体为橘黄色;若略呈碱性,液体变为紫红色;若呈酸性,则变为黄色。水在直流电极作用下,会发生水解电离,在阴极附近的液体变为碱性,呈现紫红色;在阳极附近的液体变为酸性,呈现黄色。带有一定颜色的流体在流动过程中形成紫红色和黄色相间的流线或迹线。流线或迹线的形状,可反映翼型、圆柱绕流,以及文丘里管、孔板、突缩等流道的流动特征。

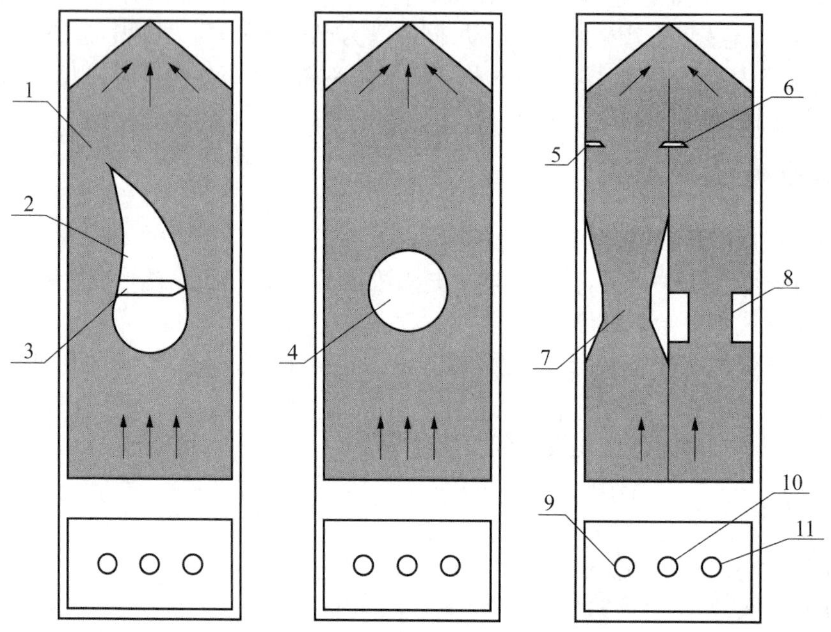

1 -狭缝流道显示面;2 -翼型绕流模型;3 -孔道;4 -圆柱绕流模型;5 -孔板及孔道流段;6 -闸板及其流段;7 -文丘里管及其流段;8 -突扩和突缩流段;9 -水泵开关;10 -对比度旋钮;11 -电源开关。

图 6-15 实验装置

工作液体在水泵驱动下,由仪器底部的蓄水箱流出,自下而上流过狭缝流道显示面后,经顶端的汇流孔流回水箱中。经水泵混合,中和消色,可循环使用。

6.7.3 实验原理

黏性流体在缝隙中的低雷诺数流动称为渗流。根据渗流达西定律,(x, y) 平面上的渗流速度与压强梯度成正比,即

$$u=-k\frac{\partial p}{\partial x}, \quad v=-k\frac{\partial p}{\partial y} \tag{6.15}$$

式中：k 为比例常数。

设流体满足不可压缩连续方程，即

$$\frac{\partial u}{\partial x}+\frac{\partial v}{\partial y}=0 \tag{6.16}$$

将式(6.15)代入公(6.16)，可得调和方程为

$$\frac{\partial^2 p}{\partial x^2}+\frac{\partial^2 p}{\partial y^2}=0 \tag{6.17}$$

式(6.15)和式(6.17)表明缝隙中低雷诺数流动的速度分量与调和函数 (p) 的梯度成正比。

另外，(x，y) 平面势流的速度分量可用势函数的梯度表示为

$$u=\frac{\partial \varphi}{\partial x},\quad v=\frac{\partial \varphi}{\partial y} \tag{6.18}$$

对不可压缩平面势流，势函数也满足调和方程

$$\frac{\partial^2 \varphi}{\partial x^2}+\frac{\partial^2 \varphi}{\partial y^2}=0 \tag{6.19}$$

式(6.19)表明不可压缩平面势流的速度分量也与调和函数 (φ) 的梯度成正比。由此，不可压缩平面势流的流场可用黏性流体在缝隙中的低雷诺数流动来模拟。

6.7.4　实验要求

(1) 认真观察机翼绕流，注意流线分布疏密，以及流线变化情况，用流体力学知识来解释机翼的起动涡与升力现象。

(2) 认真观察圆柱绕流情况，注意观察前、后驻点位置，并与烟风洞中看到的流动图谱进行比较。

(3) 认真观察流体流过文丘里管、孔板、渐缩、渐扩、突扩、突缩等流段时的形态，注意在突扩等部位旋涡形成状况。

6.7.5　思考题

(1) 在本实验中，如何区分流线、迹线与脉线。

(2) 在圆柱绕流中，实验观测到的前驻点流线发生分叉，这是否与流线的性质矛盾？

6.8　旋涡仪流场显示实验

6.8.1　实验目的

(1) 了解微气泡示踪法流动可视化方法。

(2) 观察管流、射流、明渠流中的流动分离、卡门涡街等多种流动现象；加深理解局部阻力、扰流阻力，以及柱体绕流振动的产生机理。

6.8.2 实验装置

旋涡流谱仪是以气泡作为示踪介质的一种流场显示装置,狭缝流道中设有特定边界流场,可显示内流、外流及射流等多种流动图谱,结构如图 6-16 所示。工作液体经吸入空气自蓄水箱,由水泵驱动流至显示板,板面等分三个流道,中间出流,两侧回流,流体成循环回路。流体流动过程中,掺杂大量气泡,会在荧光灯照射下发生折射,可清晰显示流动图谱。整套实验装置由 ZL-1～ZL-7 七台独立自循环仪器组成,配备不同流动显示面(图 6-17),可形象显示分离、尾流、漩涡等多种流态,以及水质点运动特性。

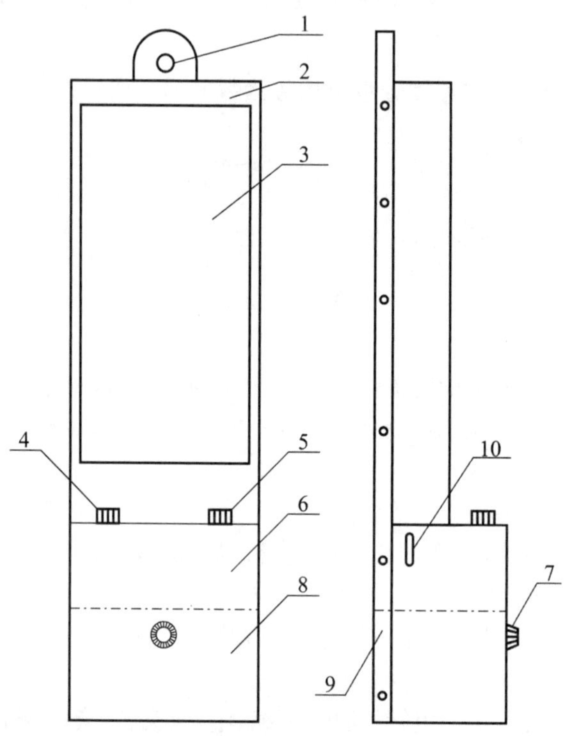

1-挂孔;2-彩色有机玻璃面罩;3-不同边界的流动显示面;4-加水孔孔盖;5-掺气量调节阀;6-蓄水箱;7-无级调速旋钮;8-电气、水泵室;9-铝合金框架后盖;10-水位观测窗。

图 6-16 旋涡流谱仪结构

6.8.3 实验内容

各实验仪演示内容及实验提要如图 6-17 所示:

1) ZL-1 型流动演示仪(图 6-17 左 1)

用以显示逐渐扩散、逐渐收缩、突然扩大、突然收缩、壁面冲击及直角弯道等平面上的流动图像,模拟串联管道纵剖面流谱。

在逐渐扩散段可观察到由边界层分离而形成的旋涡,在靠近上游喉颈处,流速越大,涡旋尺度越小,湍动强度越高;在逐渐收缩段,流动无分离,流线均匀收缩,无旋涡。

在直角弯道和水流冲击壁面段,也会形成多处旋涡。尤其在弯道流动中,流线弯曲越剧

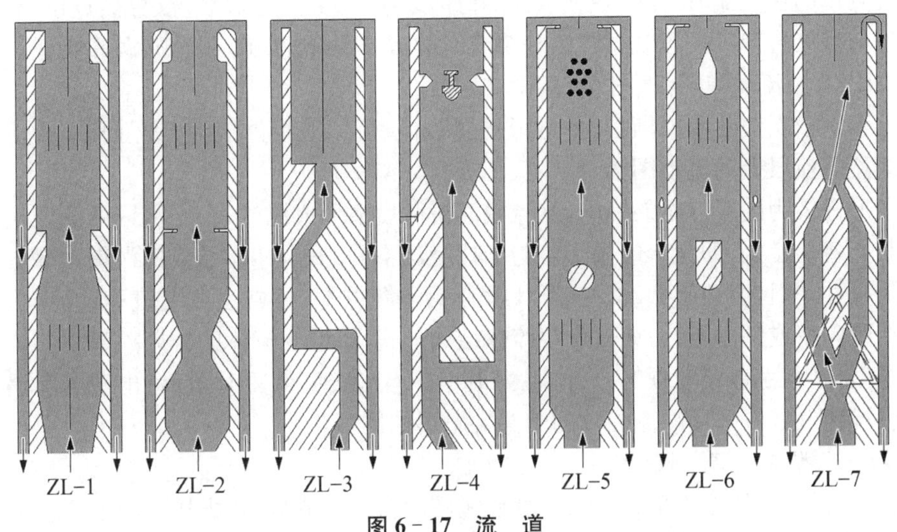

图6-17　流　道

烈，越靠近弯道内侧，流速越小。在近内壁处，会出现明显的回流，所形成的回流范围较大。

旋涡大小及湍动强度均与流速相关。当流量减小，渐扩段流速较小，其湍动强度也较小，此时在整个扩散段有明显的单个大尺度涡旋；反之，当流量增大时，单个尺度涡旋会破碎，形成数个小尺度的涡旋，流速越高，湍动强度越大，漩涡尺度越小。

2）ZL-2型流动演示仪(图6-17左2)

用以显示文丘里流量计、孔板流量计、圆弧进口管嘴流量计及壁面冲击、圆弧形弯道等串联流道纵剖面上流动图像。

文丘里流量计的过流顺畅，流线顺直，无边界层分离和旋涡产生。孔板流量计的过流阻力较大，流线在孔板前形成收缩断面，拐角处出现小旋涡，流线过收缩断面后开始扩散，在主流区域周围形成强烈的旋涡回流区。圆弧进口管嘴流量计入流顺畅，管嘴过流段上无边界层分离和旋涡产生。

3）ZL-3型流动演示仪(图6-17左3)

用以显示30°弯头、45°弯头、直角弯头、直角圆弧弯头及非自由射流等流段纵剖面上的流动图像。

在每一处转弯的后面，都会因边界条件改变而产生边界层分离，生成旋涡。转弯角度不同，形成的旋涡大小和形状均不相同，水头损失也不一样。在圆弧转弯段，由于离心力的影响，主流偏向凹面，凸面流线脱离边壁形成回流。

4）ZL-4型流动演示仪(图6-17左4)

显示弯道、分流、合流、YF型溢流阀、闸阀及蝶阀等流段纵剖面上的流动图谱。其中，YF型溢流阀固定，为全开状态，蝶阀活动可调。

在转弯、分流及合流等过流段上，会出现不同形态的旋涡。合流旋涡较为典型，明显干扰主流，使主流受阻，这在工程上被称为“水塞”现象。

5）ZL-5型流动演示仪(图6-17左5)

显示逐渐扩张明渠、单圆柱绕流、多圆柱绕流及直角弯道等流段的流动图像。其中，圆柱绕流是流动特征图谱。

可观测单圆柱绕流时,流体在驻点前的停滞现象、边界层分离状况、分离点位置、卡门涡街的产生与发展过程。还可观察多圆柱绕流时的流体混合、扩散、组合旋涡等流谱。

6) ZL-6型流动演示仪(图6-17左6)

由上至下依次演示明渠渐扩、桥墩形钝体绕流、流线型物体绕流、直角弯道及正反流线型物体绕流等流段上的流动图谱。

桥墩形柱体为圆头方尾的钝体,水流脱离桥墩后会形成尾流,在尾流区两侧产生旋向相反且不断交替的旋涡,即为卡门涡街。与圆柱绕流不同的是,钝体形成的涡街频率具有较为明显的随机性,并且会引起振动。实际工程中为避免共振,通常会改变流速或流向,以改变卡门涡街的频率或频率特性;或改变绕流体结构形式,以改变流体的自振频率。

流线型柱体绕流,流动顺畅,形体阻力最小。当流线体倒置时,仍会出现卡门涡街。因此,为使过流平稳,应采用顺流而放的圆头尖尾形柱体。

7) ZL-7型流动演示仪(图6-17左7)

该型装置为"双稳放大射流阀"流动原理显示仪。经喷嘴喷射出的射流可附于任一侧面,产生射流附壁效应。其形成的主要原因是受射流两侧的压差作用,附壁一侧流速大、压强低,而另一侧压强大。利用该效应可制作各种射流元件(如"或"门、"非"门等),并组成自动控制系统或自动监测系统。

6.8.4 实验步骤

(1) 打开旋钮7,关闭掺气阀5,在最大流速下使显示面两侧下水道充满水。

(2) 调节掺气阀5改变掺气量。注意存在滞后性,调节应缓慢,逐次进行,使之达到最佳显示效果。掺气量不宜太大,否则会阻断水流或产生振动。

6.8.5 思考题

(1) 在弯道等急变流段测压管水头不按静水压强规律分布的原因是什么?

(2) 拦污栅为什么会产生振动,甚至发生断裂破坏?

6.9 恒定总流伯努利方程综合性实验

6.9.1 实验目的

(1) 通过定性分析实验,提高对动水力学诸多水力现象的实验分析能力。

(2) 通过定量测量实验,进一步掌握有压管流中水力学的能量转换特性,验证流体恒定总流的伯努利方程,掌握测压管水头线的实验测量技能与绘制方法。

6.9.2 实验装置

1. 实验装置简图

伯努利方程综合性实验装置如图6-18所示。

2. 装置说明

实验装置主要由实验平台、实验管路系统、测压板及流量显示系统组成。实验平台为管

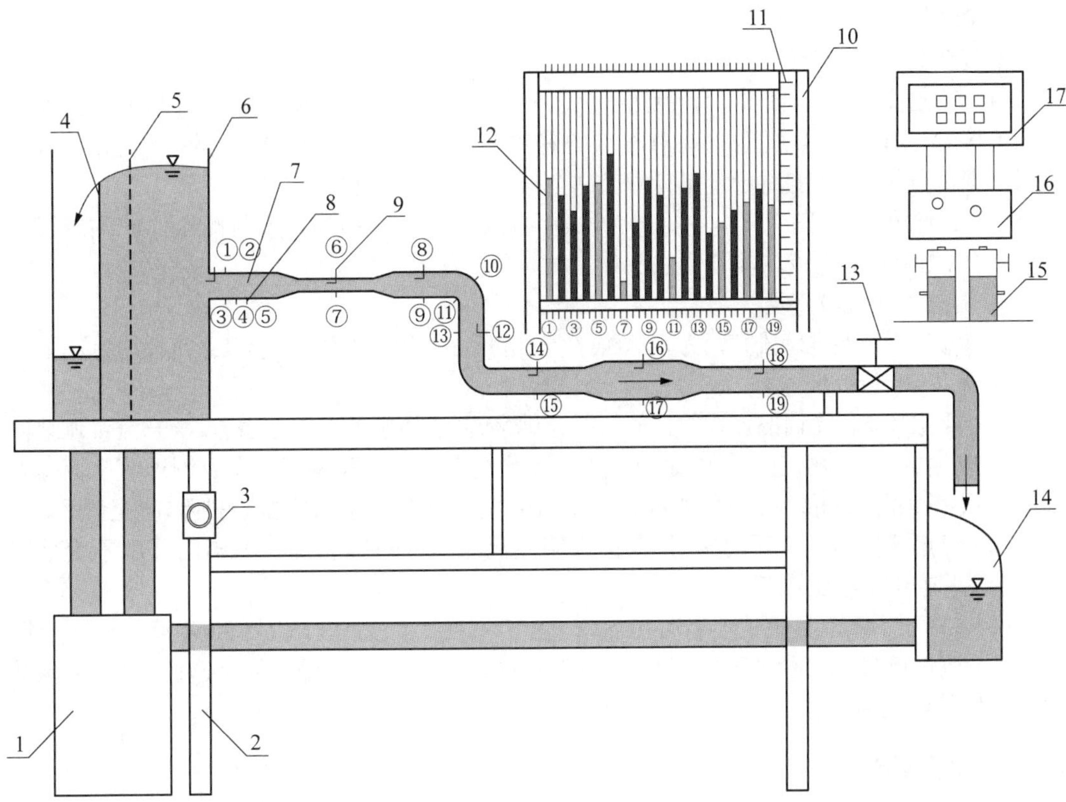

1 -自循环供水器；2 -实验台；3 -水泵启动开关；4 -溢流板；5 -稳水孔板；6 -恒压水箱；7 -实验管道；8 -测压点①～⑲；9 -弯针管毕托管；10 -测压计；11 -滑动测量尺；12 -测压管①～⑲；13 -流量调节阀；14 -回水漏斗；15 -稳压筒；16 -传感器；17 -流量数显器。

图 6 - 18　伯努利方程综合性实验装置

路系统提供溢流式恒定水头，由上游和下游水箱、溢流板、实验台桌、回水管路、接水匣、水泵及开关等构成。实验管路系统由三种不同管径圆管连接组成，材质为有机玻璃，连接处光顺过渡。测压板由支撑板架，19 根测管（编号依次为①～⑲）和滑尺组成。流量显示系统包括文丘里流量计、稳压筒、高精密传感器及流量数显器。

1）测流速—弯针管毕托管

弯针管毕托管用于测量管道内的点流速。为减小对流场的干扰，本装置中的弯针直径为 $\phi 1.6\times 1.2$ mm（外径×内径）。实验表明只要开孔的切平面与来流方向垂直，弯针管毕托管的弯角从 90°～180°均不影响测量流速精度，如图 6 - 19 所示。

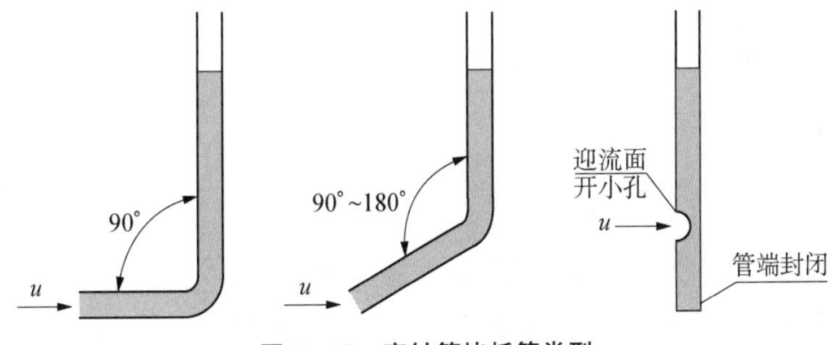

图 6 - 19　弯针管毕托管类型

2) 测压点

本装置测压点分为两种：

(1) 毕托管测压点，图6-18中标号为①⑥⑧⑫⑭⑯⑱(后述加 * 表示)，与测压计的测压管连接后，用以测量毕托管探头对准点的总水头值，近似替代所在断面的平均总水头值，可用于定性分析，但不能用于定量计算。

(2) 普通测压点，图6-18中标号为②③④⑤⑦⑨⑩⑪⑬⑮⑰⑲，与测压计的测压管连接后，用以测量相应测点的测压管水头值。

3) 测点所在管段直径

测点⑥*、⑦所在喉管段直径为 d_2，测点⑯*、⑰所在扩管段直径为 d_3，其余直径均为 d_1。

3. 基本操作方法

(1) 测压管与稳压筒的连通管排气。打开供水开关，使水箱充水至溢流，全开流量调节阀13，直至连通管及实验管道中气体完全排尽。再检查流量调节阀关闭后所有测压管水面是否齐平，如不平则需查明故障原因(例如连通管受阻、漏气或夹气泡等)并加以排除，直至调平。

(2) 恒定流操作。全开调速器，保持水箱溢流状态，流量调节阀13阀门开度不变情况下，实验管道出流为恒定流。

(3) 非恒定流操作。调速器启动或关闭过程中，水箱无溢流情况，实验管道出流为非恒定流。

(4) 流量测量。实验过程中，利用流量调节阀13阀门调节流量，待流速稳定后，记录数显流量仪的流量值。

6.9.3 实验原理

1) 伯努利方程

在实验管路中沿管内水流方向取 n 个过水断面，在恒定流动时，可以列出进口断面(1)至另一断面(i)的伯努利方程式 ($i=2, 3, \cdots, n$)，即

$$z_1+\frac{p_1}{\rho g}+\frac{\alpha_1 v_1^2}{2g}=z_i+\frac{p_i}{\rho g}+\frac{\alpha_i v_i^2}{2g}+h_{w_{1-i}} \tag{6.20}$$

取 $\alpha_1=\alpha_2=\alpha_n=\cdots=1$，选好基准面，从已设置的各断面的测压管中读出 $z+P/\rho g$ 值，测出通过管路的流量，即可计算出断面平均流速 v 及 $\alpha v^2/2g$，从而可得到各断面测管水头和总水头。

2) 过流断面性质

均匀流或渐变流断面流体动压强符合静压强的分布规律，即在同一断面上 $z+\dfrac{P}{\rho g}=C$，但在不同过流断面上的测压管水头不同，$z_1+\dfrac{p_1}{\rho g}\neq z_2+\dfrac{p_2}{\rho g}$，急变流断面上 $z+\dfrac{p}{\rho g}\neq C$。

6.9.4 实验数据处理

1) 管道内径

均匀段 $d_1=$ ________ $\times 10^{-2}$ m，喉管段 $d_2=$ ________ $\times 10^{-2}$ m，扩管段 $d_3=$ ________ $\times 10^{-2}$ m

水箱液面高程$\nabla_0=$ ________ $\times 10^{-2}$ m，上管道轴线高程$\nabla_1=$ ________ $\times 10^{-2}$ m

下管道轴线高程$\nabla_2=$ ________ $\times 10^{-2}$ m(基准面取读数尺的零刻度)

2) 实验数据记录及计算结果(表6-6至表6-10)

表6-6　管径和测点间距记录表

测点编号	①*	② ③	④	⑤	⑥* ⑦	⑧* ⑨	⑩ ⑪	⑫* ⑬	⑭* ⑮	⑯* ⑰	⑱* ⑲
管径 d $(10^{-2}\ \mathrm{m})$											
两点间距 l $(10^{-2}\ \mathrm{m})$	4	4	6	6	4	13.5	6	10	29.5	16	16

表6-7　测压管水头 h_i 流量测记表

测点编号		h_2	h_3	h_4	h_5	h_7	h_9	h_{10}	h_{11}	h_{13}	h_{15}	h_{17}	h_{19}	Q $/(10^{-6}\ \mathrm{m^3\cdot s^{-1}})$
实验次数	1													
	2													
	3													

表中，$h_i = z_i + \frac{p_i}{\rho g}$ (单位 10^{-2} m)，i 为测点编号。

表6-8　弯针总压管水头 h_i 流量测记表

实验次数	h_1	h_6	h_8	h_{12}	h_{14}	h_{16}	h_{18}	Q $/(10^{-6}\ \mathrm{m\cdot s^{-1}})$
1								
2								
3								

表6-9　流速水头计算数值表

管径 $d/$ $(10^{-2}\ \mathrm{m})$	$Q_1=$______$/(10^{-6}\ \mathrm{m^3\cdot s^{-1}})$			$Q_2=$______$(10^{-6}\ \mathrm{m^3\cdot s^{-1}})$			$Q_3=$______$(10^{-6}\ \mathrm{m^3\cdot s^{-1}})$		
	$A/$ $(10^{-4}\ \mathrm{m^2})$	$v/$ $(10^{-2}\ \mathrm{m\cdot s^{-1}})$	$v^2/2g/$ $(10^{-2}\ \mathrm{m})$	$A/$ $(10^{-4}\ \mathrm{m^2})$	$v/$ $(10^{-2}\ \mathrm{m\cdot s^{-1}})$	$v^2/2g/$ $(10^{-2}\ \mathrm{m})$	$A/$ $(10^{-4}\ \mathrm{m^2})$	$v/$ $(10^{-2}\ \mathrm{m\cdot s^{-1}})$	$v^2/2g/$ $(10^{-2}\ \mathrm{m})$

表6-10　总水头 H_i 计算数值表

实验次数	H_2	H_4	H_5	H_7	H_9	H_{13}	H_{15}	H_{17}	H_{19}	Q $/(10^{-6}\ \mathrm{m^3\cdot s^{-1}})$
1										
2										
3										

表中，$H_i = z_i + \frac{p_i}{\rho g} + \frac{\alpha v_i^2}{2g}$ (单位 10^{-2} m)，i 为测点编号。

6.9.5 思考题

(1) 绘制最大流速下各测点的计算总水头线和测压管水头线图(轴向尺寸如图 6-20 所示),分析测压管水头线和总水头线的变化趋势有何不同,为什么?

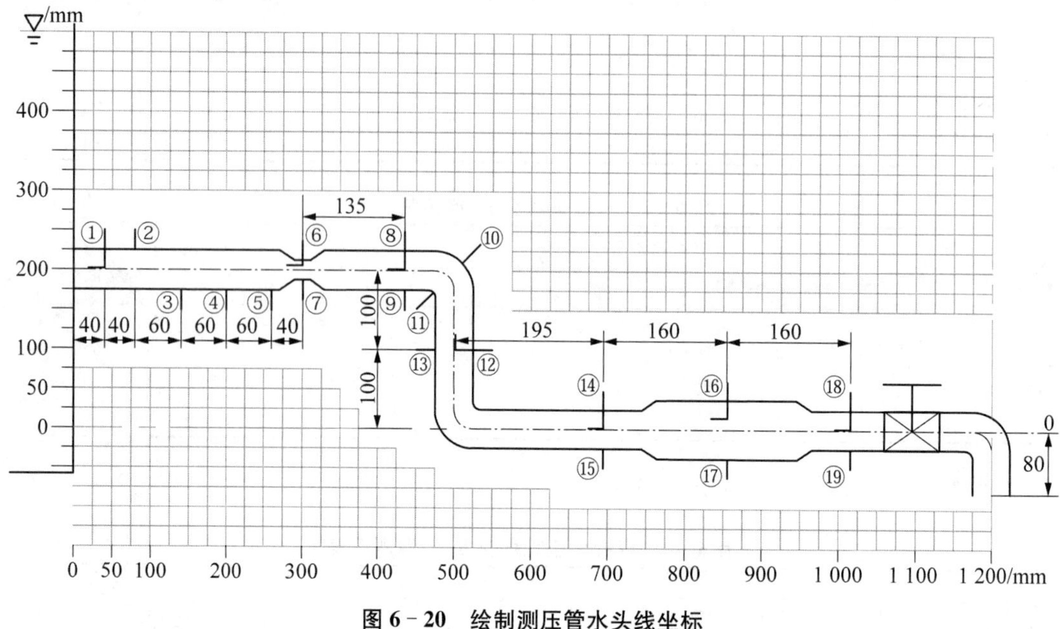

图 6-20 绘制测压管水头线坐标

(2) 分别绘制不同流速下各测点的计算水头线和测压管水头线比较图,分析其变化规律,并思考为什么?

(3) 测点②③和测点⑩⑪的测压管读数分别说明了什么问题?

(4) 避免喉管(测点⑦)处形成真空,有哪几种技术措施? 利用管道系统图(图 6-21),分析改变作用水头(如抬高或降低水箱的水位)对喉管处压强的影响。

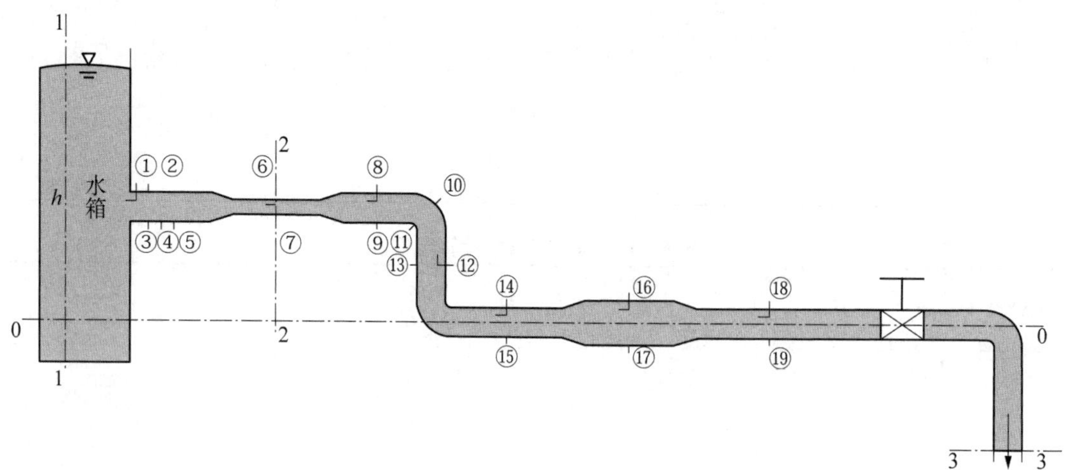

图 6-21 实验管道系统

(5) 由毕托管测得的总水头线和实测计算的总水头线一般都有差异,试分析其原因。

6.10 毕托管测速与修正因数标定实验

6.10.1 实验目的

(1) 了解毕托管的构造和适用条件,掌握用毕托管测量点流速的方法。
(2) 测定管嘴淹没出流时的点流速,学习率定毕托管流速修正因数的技能。
(3) 分析管嘴淹没射流的流速分布及流速系数的变化规律。

6.10.2 实验装置

1. 实验装置简图

毕托管测速实验装置如图 6-22 所示。

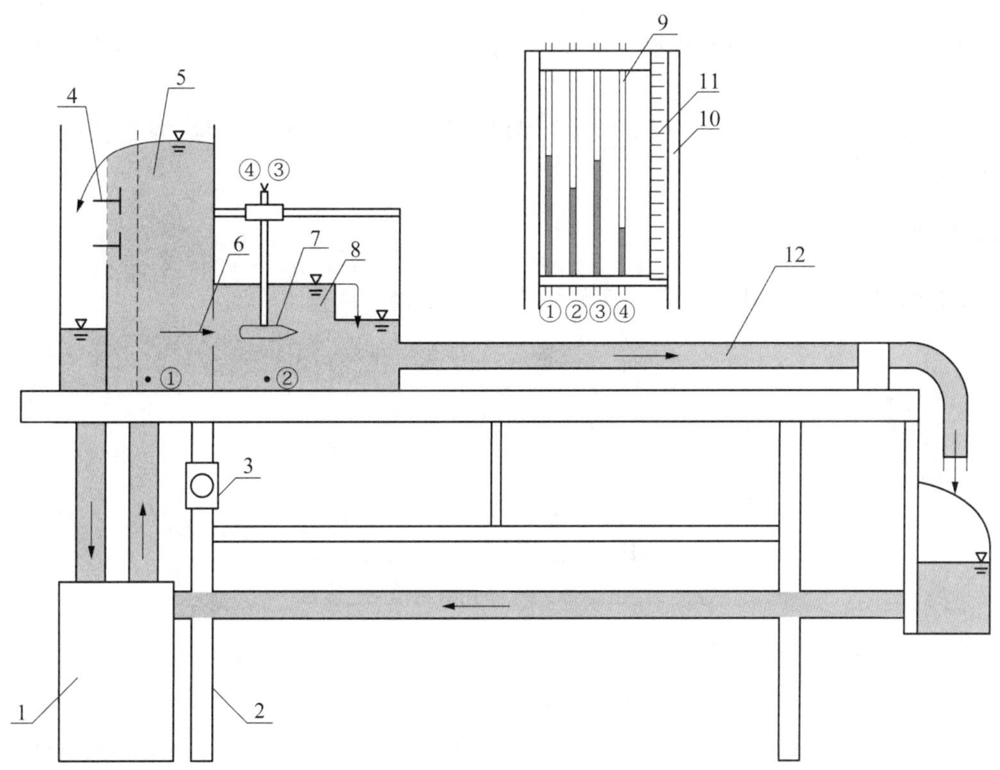

1-自循环供水器;2-实验台;3-可控硅无级调速器;4-水位调节阀;5-恒压水箱;6-管嘴;7-毕托管;8-尾水箱与导轨;9-测压管①~④;10-测压计;11-滑动测量尺;12-上回水管。

图 6-22 毕托管测速实验装置

2. 装置说明

(1) 测压管与测点之间可以直接连接也可通过软管连接。本书插图中所涉及的测压点与测压管(或传感器)之间的连通管一般都未绘出,而是将连通的各点用带"○"的相同编号表示。例如,本装置图中表示水箱测压点①②及毕托管测压点③④分别用连通管与同编号的测压管①②③④相连。

(2) 恒压水箱5在实验时应始终保持溢流状态,其水箱水位始终保持恒定不变。需要调节工作水位时,可打开不同的水位调节阀4,以改变不同的溢流恒定水位。溢流量太大水面不易平稳,溢流量大小可由可控硅无级调速器3调节。

(3) 毕托管由导轨及卡板固定,可上下、前后改变位置。水流自高位水箱经管嘴6流向低位水箱,形成淹没射流,用毕托管测量淹没射流点流速值。测压计10的测压管①②用以测量高、低水箱位置水头,测压管③④用以测量毕托管的全压水头和静压水头,水位调节阀4用以改变测点流速大小。

3. 基本操作方法

(1) 安装毕托管。测量管嘴淹没射流核心处的点流速时,将毕托管动压孔口对准管嘴中心,距离管嘴出口处为0.02~0.03 m;当测量射流过流断面流速分布时,毕托管前端距离管嘴出口处宜为0.03~0.05 m。毕托管与来流方向夹角不得超过10°,拧紧固定螺栓。

(2) 开启水泵。顺时针打开调速器3开关,将流量调节至最大。

(3) 排气。待上、下游溢流后,用吸气球(如洗耳球)放在测压管口部抽吸,排除毕托管及各连通管中的气体,用静水匣罩住毕托管,可检查测压计液面是否齐平,液面不齐平可能是空气没有排尽,必须重新排气。

(4) 调节水位。利用水位调节阀4可调节高、中、低三个恒定水位,溢流量由调速器控制。

6.10.3 实验原理

毕托管是法国人毕托(H · Pitot)于1732年发明,结构如图6-23所示。

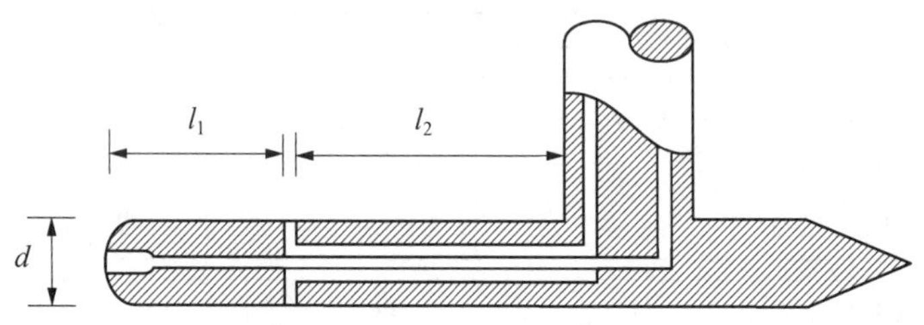

图6-23 毕托管结构

毕托管具有结构简单,使用方便,测量精度高,稳定性好等优点,应用十分广泛。对于水流,其测量范围为0.2~2.0 m/s;对于气流,其测量范围为1~60 m/s。

毕托管测速原理如图6-24所示,它是一根两端开口的90°弯针管,下端垂直指向上游,另一端竖直,并与大气相通。沿流线取相近两点A、B,点A在未受毕托管干扰处,流速为u,点B在毕托管管口驻点处,流速为零。流体质点自点A流到点B,其动能转化为位能,使竖管液面升高,超出静压强为Δh水柱高度。列出沿流线的伯努利方程,忽略A、B两点间的能量损失,则有

$$0+\frac{p_1}{\rho g}+\frac{u^2}{2g}=0+\frac{p_2}{\rho g}+0 \tag{6.21}$$

$$\frac{p_2}{\rho g}-\frac{p_1}{\rho g}=\Delta h \tag{6.22}$$

由此得

$$u=\sqrt{2g\Delta h} \tag{6.23}$$

考虑到水头损失及毕托管在生产过程中的加工误差，由式(6.23)得出的流速须加以修正。毕托管测速公式为

$$v=c\sqrt{2g\Delta h}=k\sqrt{\Delta h} \tag{6.24}$$

即

$$k=c\sqrt{2g} \tag{6.25}$$

式中：v 为毕托管测点处的点流速；c 为毕托管的修正因数，简称毕托管因数；Δh 为毕托管全压水头与静压水头之差。

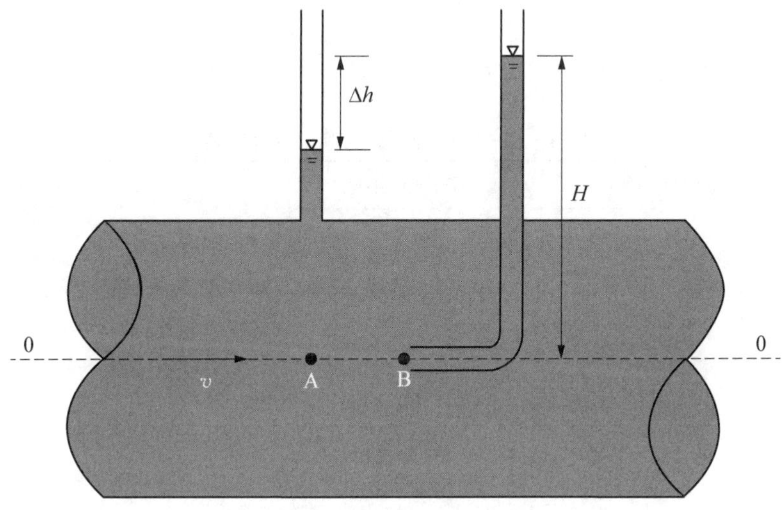

图 6-24 毕托管测速原理

对于管嘴淹没出流，管嘴作用水头、流速因数与流速之间又存在着如下关系

$$v=\varphi'\sqrt{2g\Delta H} \tag{6.26}$$

式中：v 为测点处的点流速；φ'为测点处点流速因数；ΔH 为管嘴的作用水头。

联立式(6.24)和式(6.26)，可得

$$\varphi'=c\sqrt{\Delta h/\Delta H} \tag{6.27}$$

因此，测得 Δh 与 ΔH，即可得出点流速因数 φ'，将其与实际流速因数(经验值 $\varphi'=0.995$) 比较，便可得出测量精度。

若需要标定毕托管因数 c，则

$$c=\varphi'\sqrt{\Delta H/\Delta h} \tag{6.28}$$

6.10.4 实验内容

1) 定性分析实验—管嘴淹没射流过流断面流速分布

将毕托管放置在离管嘴口 0.03～0.05 m 处，竖向移动毕托管改变测点位置，待稳定后，分别读取 3、4 测管水头值的差值 Δh。可以发现，射流边缘位置与射流中心位置的 Δh 相比较小，表明射流中心流速大，边缘流速小。

2) 定量分析实验

毕托管测点流速实验。已知毕托管因数 c，按照基本操作方法，分别在高、中、低的水箱水位下，测量淹没射流中心点的流速。实验数据及结果分析参见第五部分。

毕托管因数 c 标定实验。已知本实验装置管嘴淹没射流中心点的点流速因数经验值为 0.995±0.001，要求标定毕托管因数 c。

6.10.5 实验数据处理

1) 记录实验常数

毕托管校正因数 $c=$ ________，$k=$ ________ $\mathrm{m}^{\frac{1}{2}}\cdot\mathrm{s}^{-1}$

2) 实验数据记录及计算结果(表 6-11)

表 6-11 毕托管测速实验记录计算表

实验测次	上、下游水位			毕托管测压计			测点流速	流速仪测值	测点流速因数
	h_1/(10^{-2} m)	h_2/(10^{-2} m)	ΔH/(10^{-2} m)	h_3/(10^{-2} m)	h_4/(10^{-2} m)	Δh/(10^{-2} m)	$u=k\sqrt{\Delta h}$ /($\mathrm{m}\cdot\mathrm{s}^{-1}$)	/($\mathrm{m}\cdot\mathrm{s}^{-1}$)	$\varphi'=c\sqrt{\Delta h/\Delta H}$
1									
2									
3									

3) 成果要求

(1) 测定管嘴出流点流速，见表 6-11。

(2) 测定管嘴出流点流速因数，由表 6-11 中测量的数据计算取均值可得 φ'。

(3) 自行设计标定毕托管因数 c 的实验方案，并通过实验校验 c 值。

6.10.6 思考题

(1) 本实验所测得 φ' 值说明了什么？

(2) 毕托管测量水流速度的范围为 0.2～2.0 m/s，轴向安装偏差要求不应大于 10°，试分析其原因。

6.10.7 注意事项

(1) 恒压水箱内水位要求始终保持在溢流状态，确保水头恒定。

(2) 测压管后设有平面镜，测量记录各测压管水头值时，要求视线与测压管液面及镜子中影像液面齐平，读数精确到 0.5 mm。

6.11 雷诺实验

6.11.1 实验目的

(1) 观察液体流动时，层流和紊流现象及其转捩过程。

(2) 测定临界雷诺数，掌握圆管流态判别方法。

(3) 学习应用量纲分析法进行实验研究的方法，确定非圆管流的流态判别准数。

6.11.2 实验装置

1. 实验装置简图

雷诺实验装置如图 6-25 所示。

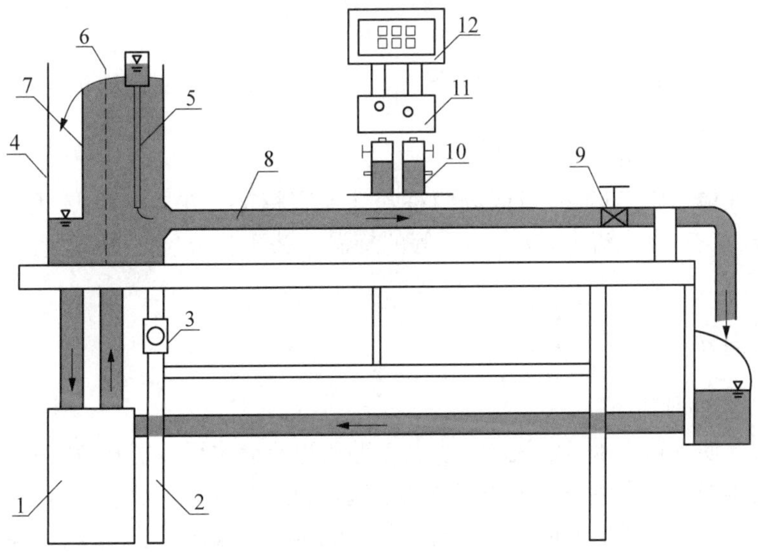

1-自循环供水器；2-实验台；3-无级调速器；4-恒压水箱；5-有色水水管；6-稳水孔板；7-溢流板；8-实验管道；9-实验流量调节阀；10-稳压筒；11-传感器；12-流量数显仪。

图 6-25　雷诺实验装置

2. 装置说明与操作方法

(1) 供水流量由无级调速器 3 控制，使恒压水箱 4 始终保持微溢流的状态，以提高进口前水体稳定度。本恒压水箱设有多道稳水隔板，可使稳水时间缩短到 3～5 分钟。

(2) 有色水经有色水水管 5 注入实验管道 8，可根据有色水散开与否判别流态。为防止自循环水污染，有色指示水采用自行消色的专用色水。

(3) 紊流时，顺管流下的颜色水线完全离散为空间无序运动点，此时颜色水浓度较低，显示无色；层流时，流线不离散，显示为红色直线。

6.11.3 实验原理

流体流动存在层流和紊流两种不同的流态,具备不同的运动学和动力学特性。层流状态,流层间没有质点混掺,质点作有序的直线运动;紊流状态,流层间质点混掺,为无序的随机运动。当流量由大逐渐变小时,流态由湍流变为层流,对应一个下临界雷诺数;当流量由零逐渐增大时,流态从层流变为湍流,对应一个上临界雷诺数。在上临界值与下临界值之间为不稳定的过渡区域。上临界雷诺数受外界干扰,数值不稳定,而下临界雷诺数值比较稳定,因此一般以下临界雷诺数作为判别流态的标准。经典雷诺实验得到的下临界值为2 320,工程实际中可依据雷诺数是否小于2 000来判定流动是否处于层流状态。

本实验中,水箱的水位稳定,管径、水的密度与黏性系数不变,因此可以用改变管中流速的方法改变雷诺数。

对于圆管流动,雷诺数可表示为

$$R_e=\frac{vR}{\nu}=\frac{4Q}{\pi d\nu}=KQ \tag{6.29}$$

式中:R_e 为无因次雷诺数;d 为圆管内径;v 为管内平均流速;ν 为流体黏度;Q 为流体流量;K 为常数,且 $K=\frac{4}{\pi d\nu}$。

通过有色液体的质点运动,可区分两种流体流态特征。在层流中,有色液体与水不混合,呈直线运动状态;在紊流中,有大小不等的旋涡振荡于各流层之间,有色液体与水混掺,浓度降低,不显色。

6.11.4 实验内容

1) 定性观察两种流态

启动开关3使水箱充水至溢流状态。待实验管道充满水后反复开启实验流量调节阀9,使管道内气泡排净后观察流态。关小流量调节阀,直至有色水呈直线状态(接近直线时应在微调后等待其稳定几分钟),此时管内水流流态为层流。逐渐开大流量调节阀,通过有色水线形态的变化观察层流转变为紊流的水力特征。待管中出现完全紊流后,再逐步关小调节阀,观察由紊流转变为层流的水力特征。

2) 测定下临界雷诺数

将调节阀打开,使管中呈完全紊流状态(有色水完全散开),再逐步关小流量调节阀使流量减小;当有色水线摆动或略弯曲时,应微调流量调节阀,且微调后应等待其稳定几分钟,观察有色水是否为直线。当流量调节至有色水在管中呈一条稳定的直线时,即下临界状态。

待管中出现临界状态时,停止调节流量,用体积法、质量法或电测法测定管内流量,测记水温,并计算下临界雷诺数。

重新打开流量调节阀,使其呈完全紊流状态,按上述步骤重复测量不少于三次。注意,流量调节过程中,调节阀只能逐步关小,不可回调开大。

3) 测定上临界雷诺数

当流态是层流时,逐渐开启流量调节阀使管中水流由层流过渡到紊流状态。当有色水线刚好完全散开时即为上临界状态。停止调节流量,用体积法或重量法测定此时的流量,测记水温，并计算上临界雷诺数。注意，调节过程中流量调节阀只可逐渐开大，不可关小。

6.11.5　实验数据处理

1）记录有关信息及实验常数

实验设备名称：____________________，实验台号：________

实验者：__________________________，实验日期：________

管径 $d=$ ________ $\times 10^{-2}$ m，水温 $T=$ ________ ℃

运动黏度 $\nu=\dfrac{0.01775\times 10^{-4}}{1+0.0337T+0.000221T^2}(\mathrm{m^2/s})=$ ________ $\times 10^{-4}\ \mathrm{m^2/s}$

计算常数 $K=$ ________ $\mathrm{s/cm^3}$

2）实验数据记录及计算结果(表 6-12)

表 6-12　雷诺实验记录计算表

实验次序	颜色水线形态	流量 q_V/($10^{-6}\ \mathrm{m^3\cdot s^{-1}}$)	雷诺数 R_e	阀门开度增(↑)或减(↓)	备注
1					
2					
3					
4					
5					
6					
7					
实测下临界雷诺数(平均值) $\overline{R_{e_c}}=$					

注：颜色水线形态指稳定直线，稳定略弯曲，直线摆动，完全散开等。

3）成果要求

(1) 测定下临界雷诺数(测量 2～4 次，取平均值)，见表 6-12。

(2) 测定上临界雷诺数(测量 1～2 次，分别记录)，见表 6-12。

6.11.6　思考题

(1) 为何采用下临界雷诺数作为层流与紊流的判据，而不采用上临界雷诺数？实测下临界雷诺数(平均值)为多少？

(2) 雷诺实验得出的圆管流动下临界雷诺数为 2 320。为什么在工程实际计算中，一般下临界雷诺数取 2 000？

(3) 观察流态转换过程，分析层、湍流在运动学和动力学特性方面的差异。

6.12　沿程水头损失实验

6.12.1　实验目的

(1) 了解圆管层流和紊流的沿程损失随平均流速变化的规律。

(2) 掌握管道沿程阻力系数的测量方法。

6.12.2 实验装置

1. 实验装置简图

沿程水头损失实验装置如图 6-26 所示。

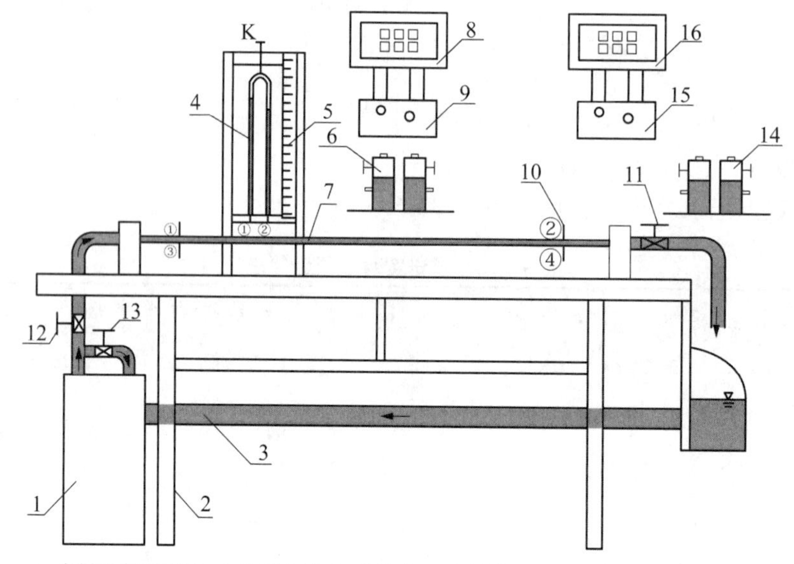

1-自循环高压恒定全自动供水器;2-实验台;3-回水管;4-压差计;5-滑动测量尺;6-稳压筒 1;7-实验管道;8-压差数显仪;9-压差传感器;10-测压点;11-实验流量调节阀;12-供水管及供水阀;13-旁通管及旁通阀;14-稳压筒 2;15-流量传感器;16-智能流量数显仪。

图 6-26 沿程水头损失实验装置

2. 装置说明

本实验装置主要由实验平台部分、实验管路部分和压差测量系统三部分组成。实验平台部分为管路系统提供压力补偿式恒定水头,由自动水泵与稳压器、旁通管及旁通阀、储水箱等组成。实验管路由内径为 d,长度为 l 的均匀不锈钢管构成,上面布置两个测压点。压差测量系统由两组并列压差测量装置组成测压计和电测仪,根据压差大小不同,分别使用不同量程的测量系统。当压差较小时,通过测点①和②连通压差计测量;当压差较大时,应把压差测量仪调控至紊流档,从而关闭压差计连通管,通过测点③和④连通压差电测仪进行测量。下面介绍几个主要部件的功能特征。

1) 自动水泵与稳压器

自循环高压恒定全自动供水器 1 由离心泵、自动压力开关、气—水压力罐式稳压器等组成。压力过高时,可自动停机,过低时能自动开机。为避免因水泵直接向实验管道供水而造成的压力波动等影响,离心泵的供水是先进入稳压器的压力罐,经稳压后再送向实验管道。

2) 旁通管与旁通阀

供水泵设有压力自动限制开关,在供水流量较小时,水泵会因压力过高出现断续关闭的现象,从而造成供水压力产生较大波动。为避免此情况出现,供水箱设有与蓄水箱直通的旁通管,通过旁通管分流可使水泵持续稳定运行。旁通管中设有调节分流量至蓄水箱的旁通阀 13,流量可随旁通阀开度减小而增大。

3）基本操作方法

(1) 记录圆管直径 d 和试验段两测点断面之间的管段长度 l。

(2) 通电前,先确认实验管道尾端流量调节阀全开,避免水泵启动后不能正常工作而烧坏,同时压差电测仪的开关位于紊流挡之后,再将压差电测仪和流量显示仪通电。

(3) 压差计补气。启动水泵,全开实验流量调节阀 11,间歇性开关旁通管及旁通阀 13 数次,待水从压差计顶部流过即可。若测压管内水柱过高时,须进行补气。全开阀门 11 和 13,打开压差计 4 顶部气阀 K,自动充气使压差计中的右管液位降至底部(必要时可短暂关闭供水管及供水阀 12),立即拧紧气阀 K 即可。排气后,全关实验流量调节阀 11,测压计压差应为零。

(4) 管路排气。关闭实验管道尾端流量调节阀,压差电测仪开关调至尾流挡,排出压差计软管中的气体;打开稳压筒两边出气口,排出连接稳压筒的软管中气体,待筒内水位接近出气口时关闭出气口。

(5) 调零。关闭实验流量调节阀 11 的情况下,管道内流体流速和流量均为零,压差计①和②号管内水面应持平,否则需重新排气。此时,压差仪和流量仪读数都应为零;若不为零,需旋转电测仪面板上的调零电位器,令读数为零。排气和调零后正式开始实验。

(6) 层流实验(3 组)。采用体积法测量流量,压差计测量压差。将管道尾端流量调节阀慢慢打开,观察压差计测压管液面情况,通过调节流量阀进行实验。层流范围的压差值仅为 2～3 cm,水温越高,差值越小。由于水泵发热,水温会持续升高,应先进行层流实验。使用压差计时,需在流量调节后静待几分钟,稳定后再测量。

(7) 湍流实验(3～5 组)。采用流量显示仪测量流量,压差电测仪测量压差。在层流实验基础上,将压差电测仪开关调至紊流挡,全开流量调节阀,观察压差电测仪读数。第一次实验压差应在 50～100 cm,逐次增加压差 100～150 cm,直至流量显示最大值。

(8) 注意:无论层流还是湍流实验,每次实验均须测记水温。

6.12.3　实验原理

(1) 对于流过直径不变圆管的恒定水流,沿程水头损失由达西公式可得

$$h_f=\lambda\frac{l}{d}\frac{v^2}{2g} \tag{6.30}$$

式中:h_f 为沿程水头损失,λ 为沿程水头损失系数,l 为上下游测点断面之间的管段长度,d 为管道直径,v 为断面平均流速。

由伯努利方程有

$$h_f=\left(z_1+\frac{p_1}{\rho g}\right)-\left(z_2+\frac{p_2}{\rho g}\right)=\Delta h \tag{6.31}$$

因此,在实验中可根据测点①②或测点③④的测管水头差 Δh 得到实测 h_f,从而得到管道的沿程水头损失系数 λ,即

$$\lambda=\frac{2gdh_f}{l}\frac{1}{v^2}=\frac{2gdh_f}{l}\left(\frac{\pi}{4}\frac{d^2}{Q}\right)^2=K\frac{h_f}{Q^2} \tag{6.32}$$

式中：$K=\frac{\pi^2 gd^5}{8l}$ 为常数。

(2) 圆管层流运动的沿程水头损失系数 λ 也可由下列公式得出

$$\lambda=\frac{64}{R_e} \tag{6.33}$$

式中：$Re=\frac{4Q}{\pi d\nu}$ 为雷诺数。

水的运动黏度(单位 $cm^2 \cdot s^{-1}$)可根据水温由以下公式计算得出

$$\nu=\frac{0.01775}{1+0.0337T+0.000221T^2} \tag{6.34}$$

6.12.4 实验数据处理

1) 记录有关信息及实验常数

实验设备名称：________________，实验台号：________

实验者：____________________，实验日期：________

圆管直径 $d=$ ______ $\times 10^{-2}$ m，测量段长度 $l=$ ______ $\times 10^{-2}$ m

2) 实验数据记录及计算结果

参考表 6-13。

表 6-13 沿程水头损失实验记录计算表

测次	体积 V /cm^3	时间 t /s	流量 Q /($cm^3 \cdot s^{-1}$)	流速 v /(10^{-2} $m \cdot s^{-1}$)	水温 T /℃	黏度 ν /($cm^2 \cdot s^{-1}$)	雷诺数 Re	压差计、电测仪读数/cm		沿程损失 h_f /cm	沿程损失系数 λ	$\lambda=\frac{64}{R_e}$ ($R_e<2300$)
								h_1	h_2			
1												
2												
3												
4												
5												
6												
7												
8												
9												
10												
11												

3) 成果要求

测定沿程水头损失系数 λ 值，分析沿程阻力损失系数 λ 随雷诺数的变化规律。并将结果与穆迪图进行比较，分析实验所在区域。

根据实测管道内流量和相应沿程损失值，绘制 $\lg v-\lg h_f$ 关系曲线，并确定其斜率 m 值，其中 $m=\frac{\lg h_{f2}-\lg h_{f1}}{\lg v_2-\lg v_1}$。将从图上求得的 m 值与已知各流区的 m 值进行比较验证。

6.12.5　思考题

（1）为什么压差计的水柱差就是沿程水头损失？实验管道倾斜安装对实验结果是否有影响？

（2）同一管道中用不同液体进行实验，当流速相同时，其沿程水头损失是否相同？雷诺数相同时，其沿程水头损失是否相同？

6.13 局部水头损失实验

6.13.1　实验目的

（1）学习掌握三点法、四点法测量局部阻力系数的方法。

（2）观察管道突扩和突缩部分测压管水头变化，加深对局部阻力损失机理的理解。

（3）通过对圆管突扩局部阻力系数理论公式和突缩局部阻力系数经验公式的实验验证与分析，熟悉用理论分析法和经验法建立函数式的途径。

6.13.2　实验装置

1. 实验装置简图

局部水头损失实验装置及各部分名称如图6-27所示。

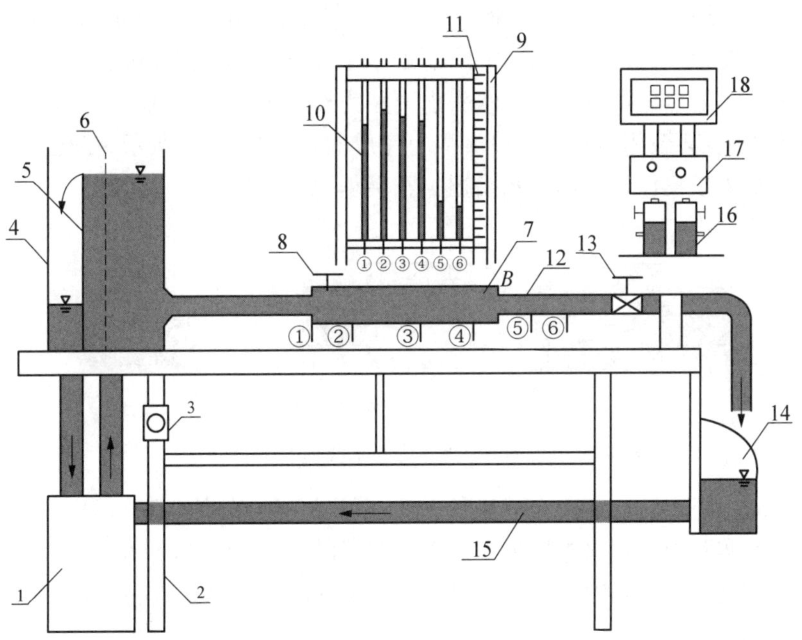

1-自循环供水器；2-实验台；3-开关；4-恒压水箱；5-溢流板；6-稳水孔板；7-圆管突然扩大；8-气阀；9-测压计；10-测压管①～⑥；11-滑动测量尺；12-圆管突然收缩；13-实验流量调节阀；14-回流接水斗；15-下回水管；16-稳压筒；17-传感器；18-流量数显仪。

图6-27　局部水头损失实验装置

2. 装置说明

本实验装置由实验平台系统、实验管路系统和压差测量系统组成。实验平台系统由上下游水箱、水泵、实验台桌、恒压水箱、溢流板、稳水板、流量调节阀等组成,提供溢流式恒定水头,流量连续可调。实验管路由三段(小-大-小)有机玻璃圆管组成,其中前后两端圆管直径相同,且管道直径均已知。在实验管道上共设有六个测压点,测点①～③测量突扩局部阻力系数,采用三个点测量即三点法;测点③～⑥测量突缩局部阻力系数,采用四个点即为四点法。其中,测点①位于突扩的起始界面处,用以测量小管出口端中心处压强值。压差测量系统由测压管、滑动测量尺、连接软管等组成。

6个测点和测压板的6个测压管用透明软管对应连接,当连接测点和测压板的软管充满连续液体,测点的压力即可在测压管上准确地反映出来。待测压管水面稳定后,通过滑动测尺可测记测压管水头值。

3. 基本操作方法

(1) 排气。启动水泵,待恒压水箱溢流后,关闭实验流量调节阀13,打开气阀8排除管中滞留气体。排气后关闭气阀8,并检查测压管各管的液面是否齐平。若不平,重复排气操作,直至齐平,同时将流量数显仪调零。

(2) 采用测压计测量测压管水头,基准面可选择在滑动测量尺的零点上。

(3) 流量的大小用实验流量调节阀13调节,记录流量数显仪的流量值。

6.13.3 实验原理

流体在流动的局部区域,如流体流经管道的突扩、突缩和闸门等处,由于固体边界的急剧改变而引起速度分布的变化,甚至使主流脱离边界,形成旋涡区,从而产生的阻力称为局部阻力。由于局部阻力做功而引起的水头损失称为局部水头损失,用 h_j 表示。局部水头损失是在一段流程上,甚至相当长的一段流程上完成的,如图6-28所示。断面1至断面2,这段流程上的总水头损失包含了局部水头损失和沿程水头损失。

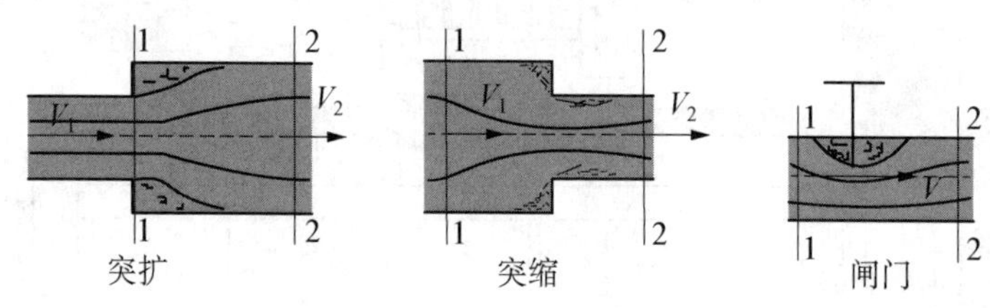

图6-28 局部水头损失

只要列出局部阻力前后两断面的能量方程,再依据推导条件,即可得出该局部阻力的局部水头损失。本实验中沿程水头损失占总水头损失的5%～10%,即在计算中不能忽略沿程水头损失,所以在突扩断面时采用三点法计算,在突缩断面采用四点法计算。

1) 突扩断面

本实验仪采用三点法测量,三个测点指图6-27中测点①、②和③。流段①至②为突扩局部水头损失发生段,流段②至③为均匀流流段。本实验仪测点①和②间距为测点②和③的一半,h_{f1-2} 可按流程长度比例换算得出,$h_{f1-2}=h_{f2-3}/2$。

根据实测结果,建立断面能量方程为

$$Z_1+\frac{p_1}{\gamma}+\frac{\alpha v_1^2}{2g}=Z_2+\frac{p_2}{\gamma}+\frac{\alpha v_2^2}{2g}+h_j+\frac{h_{f2-3}}{2} \tag{6.35}$$

即

$$h_j=\left(h_1+\frac{\alpha v_1^2}{2g}\right)-\left(h_2+\frac{\alpha v_2^2}{2g}+\frac{h_2-h_3}{2}\right)=E^u-E^d \tag{6.36}$$

式中：h_j 为测压管水头值，当基准面选择在标尺零点时即第 j 断面测压管液位的标尺读数；α 为考虑断面上流速分布不均匀而引进的修正系数，在一般的渐变水流中，$\alpha=1.05\sim1.10$，通常取 $\alpha=1.10$；γ 为水的容重；E^u、E^d 分别表示式(6.36)中的前、后括号项。

因此，只要实验测得三个测压点的测压管水头值 h_1、h_2 和 h_3 及流量等数值，即可得突然扩大段局部阻力水头损失。

若圆管突然扩大段的局部阻力系数 ζ 用上游流速 v_1 表示，则

$$\zeta=\frac{h_j}{\dfrac{\alpha v_1^2}{2g}} \tag{6.37}$$

对应上游流速 v_1 的圆管突然扩大段理论公式为

$$\zeta=\left(1-\frac{A_1}{A_2}\right)^2 \tag{6.38}$$

2）突缩断面

实验仪采用四点法测量，图 6-27 中 B 点为突缩点，四点③、④、⑤和⑥之间，流段④至⑤为突然缩小局部水头损失发生段，流段③至④、⑤至⑥都为均匀流流段。点④和点 B 之间的间距是点③和④间距的 1/2，点 B 和点⑤间距与点⑤和点⑥之间的间距相等。h_{f4-B} 由 h_{f3-4} 按长度比例换算得出，h_{fB-5} 由 h_{f5-6} 按长度比例换算得出为

$$\begin{aligned}h_{f4-B}&=h_{f3-4}/2=\Delta h_{3-4}/2\\h_{fB-5}&=h_{f5-6}=\Delta h_{5-6}\end{aligned} \tag{6.39}$$

根据实测结果，建立 B 点突缩前后两断面能量方程为

$$Z_4+\frac{p_4}{\gamma}+\frac{\alpha v_4^2}{2g}-h_{f4-B}=Z_5+\frac{p_5}{\gamma}+\frac{\alpha v_5^2}{2g}+h_{fB-5}+h_j \tag{6.40}$$

即

$$h_j=\left(h_4+\frac{\alpha v_4^2}{2g}-\frac{\Delta h_{3-4}}{2}\right)-\left(h_5+\frac{\alpha v_5^2}{2g}+\Delta h_{5-6}\right)=E^u-E^d \tag{6.41}$$

因此，只要实验测得四个测压点的测压管水头值 h_3、h_4、h_5、h_6 及流量等数值，即可得突然缩小段局部阻力水头损失。

若圆管突然缩小段的局部阻力系数 ζ 用下游流速 v_5 表示，则

$$\zeta=\frac{h_j}{\dfrac{\alpha v_5^2}{2g}} \tag{6.42}$$

对应下游流速 v_5 的圆管突然缩小段局部水头损失经验公式为

$$\zeta=0.5\left(1-\frac{A_5}{A_4}\right) \tag{6.43}$$

实验后,实测值与理论值作比较可知实验精度。

6.13.4 实验内容

(1) 打开调速器开关,使恒压水箱充水,排除实验管道内的滞留气体。待水箱溢流后,检查泄水阀全关时各测压管液面是否齐平,若不平则需排气调平。

(2) 在恒定流条件下改变流量 3~4 次,其中一次为最大流量,待流量稳定后,分别测记各测压管液面读数,同时测量实验流量。

(3) 实验完成后,关闭泄水阀,检查测压管液面是否齐平;否则,需重做。

6.13.5 实验数据处理

1) 记录有关实验常数

实验管段直径:

$d_1=$________ $\times 10^{-2}$ m

$d_2=d_3=d_4=$________ $\times 10^{-2}$ m

$d_5=d_6=$________ $\times 10^{-2}$ m

实验管段长度:

$L_{1-2}=$________ $\times 10^{-2}$ m, $L_{2-3}=$________ $\times 10^{-2}$ m, $L_{3-4}=$________ $\times 10^{-2}$ m

$L_{4-B}=$________ $\times 10^{-2}$ m, $L_{B-5}=$________ $\times 10^{-2}$ m, $L_{5-6}=$________ $\times 10^{-2}$ m

2) 实验数据记录及计算结果,参考表 6-14,表 6-15

表 6-14 局部水头损失实验记录表

次数	流量 Q /($\mathrm{cm^3\cdot s^{-1}}$)	测压管读数/cm					
		h_1	h_2	h_3	h_4	h_5	h_6
1							
2							
3							

表 6-15 局部水头损失实验计算表

次数	阻力形式	流量 Q /($\mathrm{cm^3\cdot s^{-1}}$)	前断面		后断面		h_j /cm	理论值 ζ	实测值 ζ
			$\frac{\alpha v^2}{2g}$ /cm	E^u /cm	$\frac{\alpha v^2}{2g}$ /cm	E^d /cm			
1	突然扩大								
2									
3									

（续表）

次数	阻力形式	流量 Q /($cm^3 \cdot s^{-1}$)	前断面		后断面		h_j /cm	理论值 ζ	实测值 ζ
			$\frac{\alpha v^2}{2g}$ /cm	E^u /cm	$\frac{\alpha v^2}{2g}$ /cm	E^d /cm			
1	突然缩小								
2									
3									

注：ζ 对应于突扩段的 v_1 或突缩段的 v_5。

6.13.6　思考题

(1) 管径粗细相同及流量相同的条件下，试问 $d_1/d_2(d_1 < d_2)$ 在任何范围内圆管突扩的局部水头损失均比突缩的大吗？试用公式表示。

(2) 结合流动演示仪的水力现象，分析局部阻力损失机理。产生突扩与突缩局部水头损失的主要部位在哪里？怎样减小局部水头损失？

(3) 局部阻力损失类型繁多，大部分不能用理论方法计算，需用实验求得。根据本章内容总结出实验求局部阻力系数的一般方法和思路。

6.14　动量定律综合实验

6.14.1　实验目的

(1) 通过定性分析实验，加深动量与流速、流量、出射角度、动量矩等因素间相关关系的了解。

(2) 通过定量测量实验，进一步掌握流体动力学的动量守恒定理，验证不可压缩流体恒定总流的动量方程，测定管嘴射流的动量修正因数。

(3) 了解活塞式动量定律实验仪原理、构造。

6.14.2　实验装置

1. 实验装置简图

动量定律综合型实验装置如图 6 - 29 所示。

2. 装置说明

(1) 测力机构。测力机构由带有活塞套并附有标尺的测压管 8 和带活塞及翼片的抗冲平板 9 组成。分部件示意图如图 6 - 30(a)所示。活塞中心设有细导水管 a，进口端位于平板中心，出口端伸出活塞头部，出口方向与轴向垂直。在平板上设有翼片 b，活塞套上设有泄水窄槽 c。

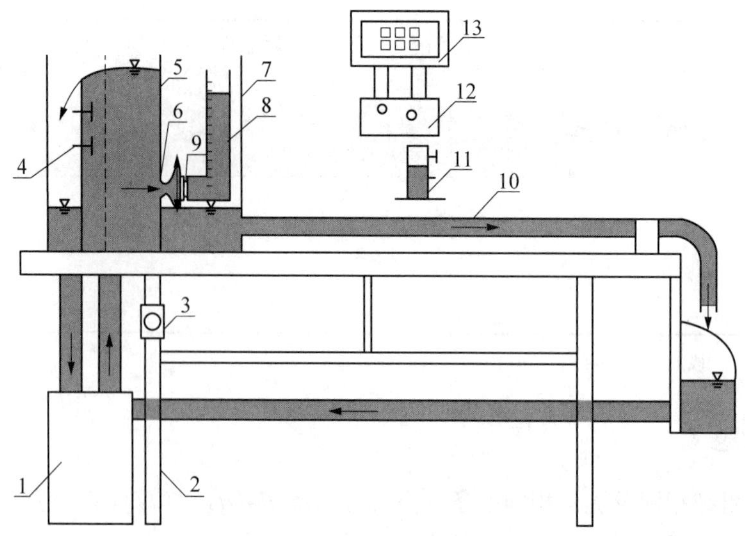

1-自循环供水器;2-实验台;3-水泵电源开关;4-水位调节阀;5-恒压水箱;6-喇叭型进口管嘴;7-集水箱;8-带活塞套并附有标尺的测压管;9-带活塞和翼片的抗冲平板;10-上回水管;11-内置式稳压筒;12-传感器;13-智能化数显流量仪。

图6-29 动量定律综合型实验装置

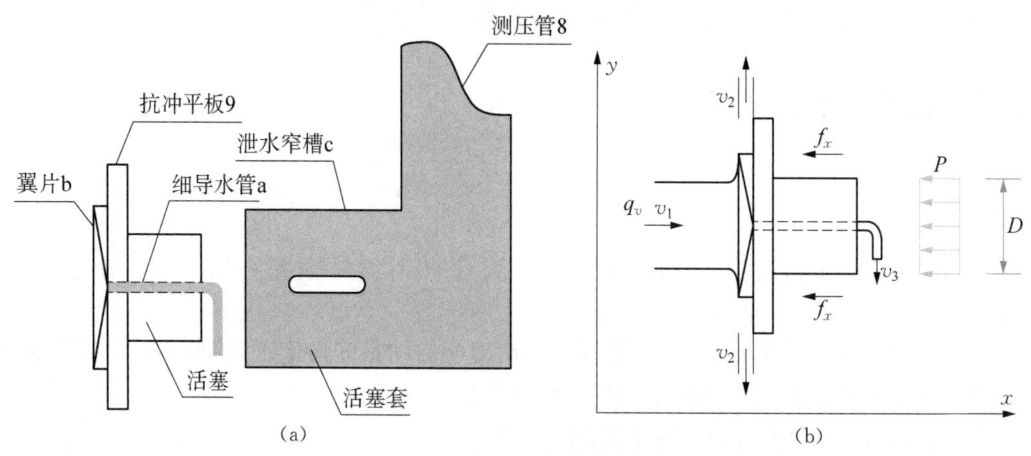

图6-30 活塞构造与受力分析

(2) 工作原理。为提高测量精度,本实验装置应用了自动控制的反馈原理和动摩擦减阻技术,如图6-30(a)所示。工作时,活塞置于活塞套内,沿轴向可以自由滑移。在射流冲击力作用下,水流经导水管 a 向测压管8加水。当射流冲击力大于测压管内水柱对活塞的压力时,活塞内移,窄槽 c 关小,水流外溢减少,使测压管8水位升高,活塞所受的水压力增大;反之,活塞外移,窄槽 c 开大,水流外溢增多,测压管8水位降低,水压力减小。在恒定射流冲击下,经短时段的自动调整后,活塞处在半进半出、窄槽部分开启的位置上,过 a 流进测压管8的水量和过 c 外溢的水量相等,测压管8中的液位达到稳定。此时,射流对平板的冲击力和测压管8中水柱对活塞的压力处于平衡状态,如图6-30(b)所示。活塞形心处,水深 h_c 可由测压管8的标尺测得,由此可求得活塞的水压力,此力即为射流冲击平板的动量力 F。

由于在平衡过程中，活塞需要做轴向移动，为此平板上设有翼片 b。翼片 b 在水流冲击下带动活塞旋转，因而克服了活塞在沿轴向滑移时的静摩擦力，提高了测力机构的灵敏度。本装置还采用了双平板狭缝出流方式，精确地引导射流的出流方向垂直于来流方向，以确保 $v_{2x}=0$。

3. 基本操作方法

(1) 测压管定位。待恒压水箱充满并溢流后，松开测压管固定螺丝，调整方位，要求测压管垂直、螺丝对准十字中心，使活塞转动顺畅，然后旋转螺丝固定好测压管。

(2) 恒压水箱水位调节。旋转水位调节阀 4，可打开不同高度上的溢水孔盖，调节恒压水箱 5 水位，管嘴的作用水头改变。调节调速器，使溢流量适中，待水头稳定后，即可进行实验。

(3) 活塞形心处水深 h_c 测量。标尺的零点已固定在活塞圆心的高程上。当测压管内液面稳定后，记下测压管内液面的标尺读数，即为作用在活塞形心处的水深值。

(4) 管嘴作用水头测量。管嘴作用水头是指水箱液面至管嘴中心的垂直深度。在水箱的侧面上刻有管嘴中心线，用直尺测读水箱液面及中心线的值，其差值即为管嘴作用水头值。

(5) 测量流量。记录智能化数显流量仪的流量值。

6.14.3　实验原理

恒定总流动量方程为

$$\boldsymbol{F}=\rho q_V(\beta_2\boldsymbol{v}_2-\beta_1\boldsymbol{v}_1) \tag{6.44}$$

取控制体如图 6-30(b)所示，因滑动摩擦阻力水平分力 $F_f<0.5\%F_x$，可忽略不计，故 x 方向的动量方程可化为

$$\begin{aligned}F_x&=-p_cA\\&=-\rho gh_c\frac{\pi}{4}D^2\\&=\rho q_V(0-\beta_1v_{1x})\end{aligned} \tag{6.45}$$

即

$$\beta_1\rho q_Vv_{1x}-\frac{\pi}{4}\rho gh_cD^2=0$$

式中：h_c 为作用在活塞形心处的水深；D 为活塞的直径；q_V 为射流的流量；v_{1x} 为射流速度；β_1 为动量修正因数。

在平衡状态下，只要测得流量 q_V 和活塞形心水深 h_c，由给定的管嘴直径 d 和活塞直径 D，代入式(6.45)，便可验证动量方程并测定射流的动量修正因数。

6.14.4　实验内容

1. 定性分析实验

(1) 将射流冲击力转变为活塞所受的静水总压力，用测压管进行测量。

(2) 用双平板狭缝方式精确导流，确保 $v_{2x}=0$。

(3) 采用动摩擦减阻减少活塞轴向位移的摩擦阻力。带翼片的平板在射流作用下获得

力矩,使活塞在旋转中做轴向位移,到达平衡位置。活塞采用石墨润滑。

(4) 利用导水管 a 和窄槽 c 的自动反馈功能,自动调节受力平衡状态下的测压管水位。

(5) 利用大口径测压管内设置阻尼孔板的方法,减小测压管液位的振荡。

(6) 测定本实验装置的灵敏度:在恒定流受力平衡状态下,增减测压管中的液位高度,可发现即使改变量不足总液柱高度的5‰(0.5~1.0 mm)。活塞在旋转下亦能有效地克服动摩擦力而做轴向位移,开大或减小窄槽 c,可使过高的水位降低或使过低的水位提高,恢复到原来的平衡状态。这表明该装置的灵敏度高达0.5%(此量值越小,灵敏度越高),也就是活塞轴向动摩擦力不足总动量力的5‰。

(7) 验证 $v_{2x} \neq 0$ 对 F_x 的影响:取下抗冲平板9的活塞,使水流冲击到活塞套内,便可呈现出回流与 x 方向的夹角 $\alpha > 90°(v_{2x} \neq 0)$ 的水力现象,如图6-31(a)所示。调整位置,使反射水流的回射角度一致。例如:作用于活塞套圆心处的水深 $h'_c = 292$ mm,管嘴作用水头 $H_0 = 293.5$ mm,而相应水流条件下,在取下带翼轮的活塞前,$v_{2x} = 0$,$h_c = 196$ mm。表明 v_{2x} 若不为零,对动量力影响较大。因为 v_{2x} 不为零,则动量方程变为 $-\rho g h'_c \frac{\pi}{4} D^2 = \rho q_V(\beta_2 v_{2x} - \beta_1 v_{1x}) = -\rho q_V[\beta_1 v_{1x} + \beta_2 v_2 \cos(180° - \alpha)]$,如图6-31(b)所示,$h'_c$ 随 v_2 及 α 递增。因此实验中 $h'_c > h_c$。

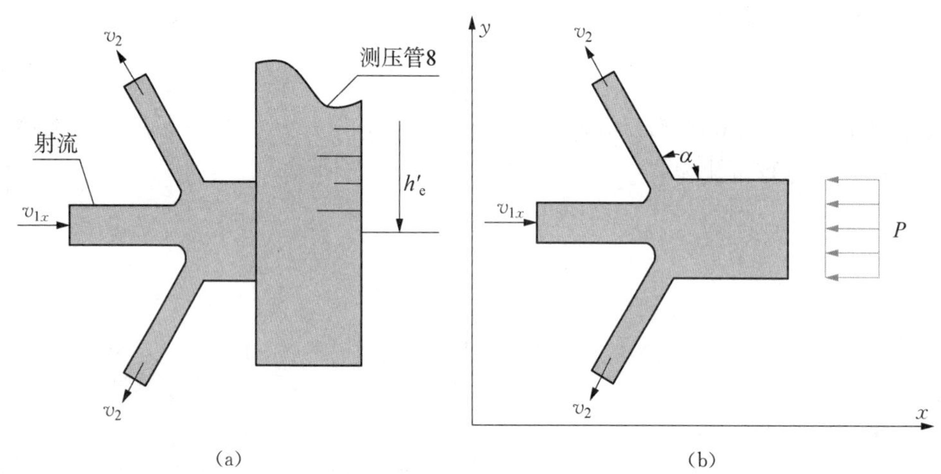

图6-31　射流对活塞套的冲击与受力分析

2. 定量分析实验——恒定总流动量方程验证与射流动量修正因数测定实验

参照基本操作方法,分别测量高、中、低三个恒定水位下的流量、活塞作用水头等有关实验参数,实验数据处理与分析参考6.14.5内容。

6.14.5　实验数据记录

1) 记录有关信息及实验常数

实验设备名称:____________________,实验台号:________

实验者:____________________________,实验日期:________

管嘴内径 d =________ $\times 10^{-2}$ m,活塞直径 D =________ $\times 10^{-2}$ m

2) 实验数据记录及计算结果,参考表6-16

表 6-16 测量记录及计算表

测次	管嘴作用水头 H_0 /10^{-2} m	活塞作用水头 h_c /10^{-2} m	流量 q_V /(10^{-6} $m^3 \cdot s^{-1}$)	流速 v /(10^{-2} $m \cdot s^{-1}$)	动量力 F /10^{-5} N	动量修正因数 β
1						
2						
3						

3) 成果要求

取某一流量,绘出控制体图,阐明分析计算的过程。

6.14.6 思考题

(1) 实测 β 与公认值 $\beta=1.02\sim1.05$ 是否符合? 如不符合,试分析原因。

(2) 带翼片的平板在射流作用下获得力矩,这对分析射流冲击无翼片的平板沿 x 方向的动量方程有无影响? 为什么?

(3) 如图 6-30 所示,为什么需要令细导水管 a 分流的出流角度垂直于 v_{1x}?

6.15 圆柱绕流压力分布实验

6.15.1 实验目的

(1) 通过实验了解测量圆柱表面压强分布的方法。

(2) 测定实际流体绕圆柱流动时,表面压强分布规律。并与理想流体相比较,理解阻力产生的原因及其计算方法。

6.15.2 实验装置

本实验是在多功能实验台上进行,实验装置如图 6-32 所示。

气流由风管 1 送入稳压箱 2,经由收缩段 3 流向实验段 4。可绕自身转动的圆柱体模型 5 安装在实验段里,轴线与来流方向垂直。柱体表面上有测压孔,压力由与柱体相垂直的实验段侧壁传递至测压计 6,测压点位置角度 θ 由指针在刻度盘上读取。

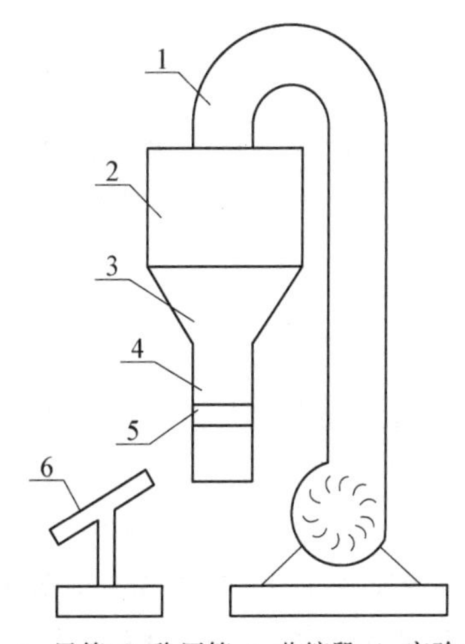

1-风管;2-稳压箱;3-收缩段;4-实验段;5-模型;6-测压计。

图 6-32 多功能实验台实验装置

6.15.3 实验原理

理想流体绕流圆柱体流动时如图 6-33 所示,柱体表面速度分布规律是

$$\begin{cases} V_r=0 \\ V_\theta=-2V_\infty \sin\theta \end{cases} \tag{6.46}$$

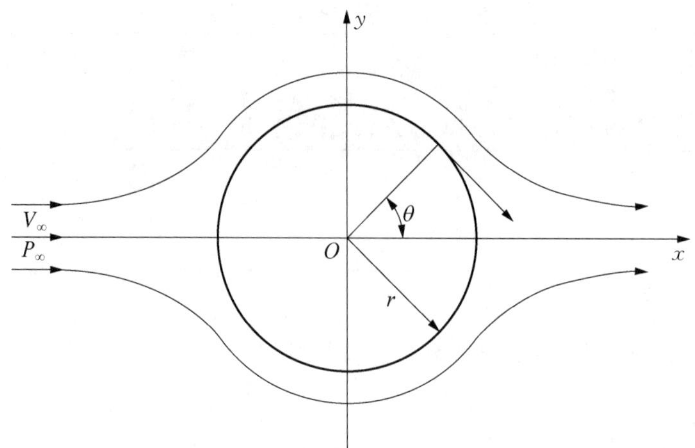

图 6-33　理想流体绕圆柱体流动(动力黏性系数 $\mu=0$)

圆柱表面任一点的压强 P_i 与来流压强 P_∞ 的关系满足伯努利方程

$$\frac{P_i}{\rho g}+\frac{V_\theta^2}{2g}=\frac{P_\infty}{\rho g}+\frac{V_\infty^2}{2g} \tag{6.47}$$

式中：P_∞ 为流体来流压强；V_∞ 为流体来流速度。

依据压力系数定义，则

$$C_P=\frac{P_i-P_\infty}{\frac{1}{2}\rho V_\infty^2}=1-4\sin^2\theta \tag{6.48}$$

实验中，可由多管测压计分别测量 P_i-P_∞ 和来流动压 $\frac{1}{2}\rho V_\infty^2$：

$$\begin{aligned}P_i-P_\infty&=\gamma(h_i-h_\infty)\\ \frac{1}{2}\rho V_\infty^2&=\Phi\gamma(h_0-h_\infty)\end{aligned} \tag{6.49}$$

式中：h_i 为测点静水压头高，即 P_i；h_∞ 为来流静水压头高(由收缩段出口处测得)，即 P_∞；γ 为测压计中液体容重；h_0 为来流总压水头高(由稳压箱测出)；Φ 为能量损失修正系数，本实验取 1。

当测出圆柱表面不同角度处的压强(静压) P_i，算出 P_i-P_∞ 及来流动压 $\frac{\rho}{2}V_\infty^2$ 后，即可得表面压力系数 C_P 的分布曲线，如图 6-34 所示。

按黏性 $\nu=0$，理论压力分布线沿圆周积分，无论流体速度多大，整个圆柱体在流体中不受力，这与实际情况 ($\nu>0$) 差异较大。由于存在黏性，实际流体横向绕流柱体时，在柱体表面要产生摩擦及边界层分离，从而产生绕流形状阻力，因此实际压力分布曲线与理论的分布曲线不一致，只是在前驻点附近 $\pm30°$ 左右区域，两者才基本相同，在其他范围有较大差异。实际压力分布曲线在柱体前后分布的不对称性，说明了实际绕流中流体对被绕流的柱体有沿流向的绕流阻力。

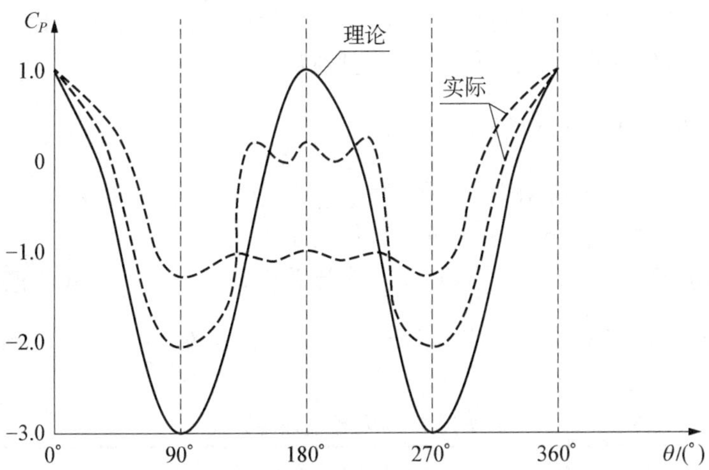

图 6-34　理想及不同雷诺数下实际压力分布曲线

实际流体绕圆柱体流动时，圆柱体表面任意一点的受力可分解为垂直于柱体表面方向的压差阻力 n_i 和沿柱体表面方向的摩擦阻力 τ_i，如图 6-35 所示，则单位厚度圆柱体所受到的阻力为

$$F_D = \int_0^{2\pi} (n_i \cos\theta + \tau_i \sin\theta) R d\theta \qquad (6.50)$$

式中：θ 为测点与来流之间的夹角；R 为圆柱体半径。

由于圆柱体表面的摩擦阻力远小于压差阻力，$\tau_i \sin\theta$ 项可忽略不计，将阻力与压差阻力均以无量纲系数形式表达，则式(6.51)可改写为

$$C_D = \frac{1}{2}\int_0^{2\pi} C_P \cos\theta d\theta \qquad (6.51)$$

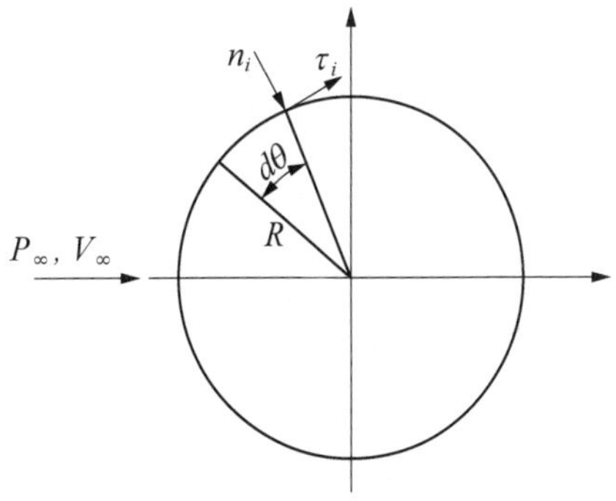

图 6-35　实际流体绕圆柱体流动时的受力分析图

式中：$C_D = \dfrac{F_D}{\frac{1}{2}\rho V_\infty^2 A}$ 为阻力系数：A 为圆柱体迎风特征面积；压强系数 C_P 由式(6.48)和式(6.49)确定，代入式中可求得圆柱体阻力。

6.15.4　实验内容

(1) 调平多管测压计水泡，检查测压管液面是否齐平，并按实验需要调好测压计的液面高度及倾角 α，将圆柱体测孔及实验段来流静压测孔用橡皮管与多管测压计连接。

(2) 接通电源、开机、慢慢开启风门到所需位置，分别测出来流总压，来流静压及 0°时压力值。

(3) 首先将圆柱体壁面上表示测压孔位置的指针转到刻度盘零位测出压强 P，再依次转动圆柱体，将测点选取在水平轴上部对称点上，每隔 5°读一次数，水平轴下部对称点上，可每隔 10°读一次数，测出圆柱圆周壁面上各测点静压值。

(4) 经常观察实验段来流的总压及静压值,若发生变化,需取平均值以保证数值稳定。

(5) 关闭风门,停机断电,收拾仪器并恢复原状。

6.15.5 实验数据处理(表 6-17)

气体温度 $T=$ ________℃,圆柱直径 $d=$ ________mm,运动黏度 $\nu=$ ________$\mathrm{m}^2\cdot\mathrm{s}^{-1}$

圆柱长度 $L=$ ________mm,多管测压计倾角 $\alpha=$ ________

测压计液体重度 $\gamma=$ ________$\mathrm{N}\cdot\mathrm{m}^{-3}$,来流总压 $h_0=$ ________mm 液柱高

$\frac{1}{2}\rho V_\infty^2=\Phi\gamma(h_0-h_\infty)=$ ________$\mathrm{N}\cdot\mathrm{m}^{-2}$,来流静压 $h_\infty=$ ________mm 液柱高

表 6-17 圆柱绕流压强记录

θ	h_i	C_P	$C_P\cos\theta$	θ	h_i	C_P	$C_P\cos\theta$
0°				0°			
5°				−5°			
10°				−10°			
15°				−15°			
20°				−20°			
25°				−25°			
30°				−30°			
35°				−35°			
40°				−40°			
45°				−45°			
50°				−50°			
55°				−55°			
60°				−60°			
65°				−65°			
70°				−70°			
75°				−75°			
80°				−80°			
85°				−85°			
90°				−90°			
95°				−95°			
100°				−100°			
110°				−110°			
120°				−120°			
130°				−130°			
140°				−140°			
150°				−150°			
160°				−160°			
170°				−170°			
180°				−180°			

6.15.6　思考题

（1）根据测得数据按式(6.48)计算出 C_P 及 $C_P\cos\theta$ 的值。

（2）绘制以 C_P 为纵坐标，θ 为横坐标的压强系数 C_P 分布图。

（3）绘制以 $C_P\cos\theta$ 为纵坐标，θ 为横坐标的 $C_P\cos\theta-\theta$ 分布图。

6.16　平板边界层实验

6.16.1　实验目的

（1）测定平板边界层断面流速分布，确定边界层厚度、位移厚度、动量厚度及流速分布指数规律。

（2）掌握总压管和微压计的测速原理及测量方法。

（3）熟悉平板边界层沿流发展的特征。

6.16.2　实验装置

测定平板边界层实验装置如图 6-36 所示。气体由稳压箱流经收缩段后，进入工作实验段。在实验段中心轴线位置安装一块铝制平板（壁面一侧光滑，另一面粗糙），长 $L=300\,\text{mm}$。该平板可沿轴线上下滑动，以便选择不同测量断面。在实验段出口处安装一个小型总压管，连接一个螺旋测微器，并附有接触指示灯，用以调节和量测总压管的横向位置。将总压管接触到平板时的位置，作为测量的起始点，此时指示灯发亮。

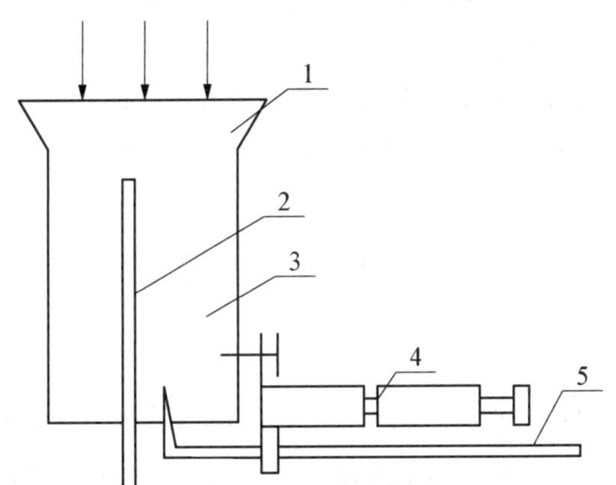

1-收缩段；2-实验平板；3-实验段；4-螺旋测微器；5-总压管。

图 6-36　测定平板边界层实验装置

6.16.3　实验原理

1）流体的边界层

实际流体存在黏性，紧贴壁面的流体将黏附于固体表面，其相对速度为零。随着壁面法向分量与壁面距离的增长，流体速度逐渐增加，在距离达 δ 处，流速达到未受扰动的主流流

速 V_0，这个厚度为 δ 的薄层即为边界层。通常，规定以壁面到 $V=0.99V_0$ 处的这段距离作为边界层厚度 δ。

流体绕平板做定常流动时，边界层沿流动方向在平板上的变化如图 6-37 所示。由图可知，边界层厚度沿平板长度方向是顺流渐增。在平板迎流的前段是层流；如果平板足够长，边界层可以过渡到湍流状态。表征流态转捩的特征参数为临界雷诺数 $R_{ex}=\dfrac{V_0x_c}{\nu}$，其中 x_c 为从平板前缘点至过渡点的距离。

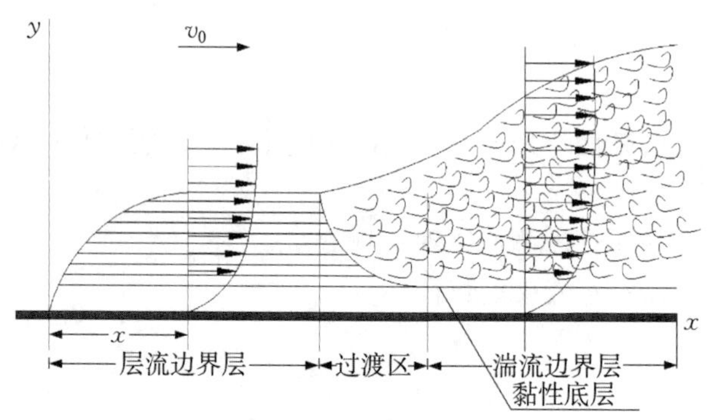

图 6-37　边界层流动方向变化

当增加层外势流的湍流度或增加平板表面的粗糙度，都会使转捩雷诺数下降。因此，临界雷诺数不唯一，取值范围一般是在 $3\times10^6\sim3\times10^8$。

2）位移厚度 δ_1

边界层厚度 δ 的精度依赖于层外势流速度与测量距离的取值。因此在实际应用中，常采用位移厚度或动量损失厚度表示。

由于边界层的存在，流速降低，会使通过的流量减少。而减少的流量挤入边界层外部，迫使边界层外部的流线向外移动了一定的距离，这个距离称为边界层的位移厚度，用 δ_1 表示，即

$$\delta_1=\int_0^{\delta}\left(1-\frac{V}{V_0}\right)\mathrm{d}y \tag{6.52}$$

3）动量损失厚度

由于流速的降低使得通过边界层区域的流体动量减少，在边界层内实际的流量为 $\int_0^{\infty}V\mathrm{d}y$，动量为 $\int_0^{\infty}V^2\mathrm{d}y$。假设流速未受阻滞，为理想流体的流速 V_0，则动量为 $\int_0^{\infty}VV_0\mathrm{d}y$，那么理想流体与实际流体之间的动量差值为 $\int_0^{\infty}(VV_0-V^2)\mathrm{d}y$，相当于一个厚度为 δ_2 的流体层在流速为 V_0 时所具有的动量，即

$$\delta_2=\int_0^{\delta}\frac{V}{V_0}\left(1-\frac{V}{V_0}\right)\mathrm{d}y \tag{6.53}$$

4）几种厚度的理论计算值

为了与实测值进行比较，几种厚度理论公式介绍如下。

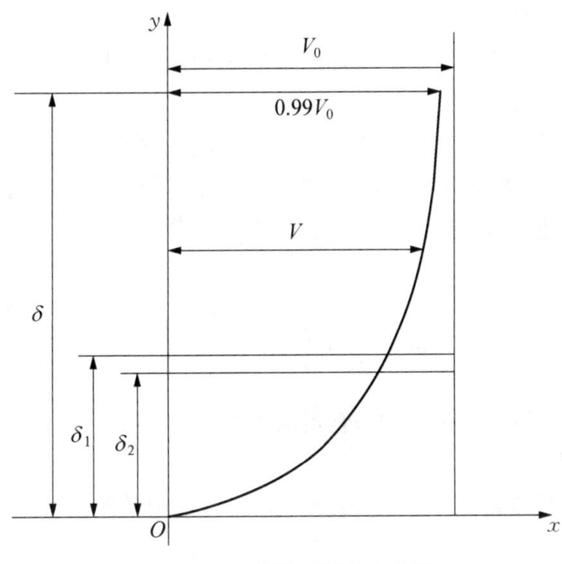

图 6-38　边界层厚度示意图

(1) 层流边界层。布拉休斯理论解

$$\begin{aligned}\delta &= 4.92xR_{ex}^{-\frac{1}{2}} \\ \delta_1 &= 1.74xR_{ex}^{-\frac{1}{2}} \\ \delta_2 &= 0.664xR_{ex}^{-\frac{1}{2}}\end{aligned} \tag{6.54}$$

(2) 湍流边界层。对于湍流边界层尚无理论解，沿光滑壁面平板湍流边界层的流速分布，常表示成指数形式 $\frac{V}{V_0}=\left(\frac{y}{\delta}\right)^{\frac{1}{n}}$。当 $R_e=10^5\sim10^9$，指数 $\frac{1}{n}=\frac{1}{5}$ 和 $\frac{1}{8}$ 时，根据湍流边界层内指数形式的流速分布，可推导出湍流边界层的厚度及与各厚度的关系为

$$\begin{aligned}\delta &= 0.37xR_{ex}^{-\frac{1}{5}} \\ \delta_1 &= 0.125\delta = 0.0462xR_{ex}^{-\frac{1}{5}} \\ \delta_2 &= 0.1\delta = 0.036xR_{ex}^{-\frac{1}{5}}\end{aligned} \tag{6.55}$$

6.16.4　实验内容

(1) 调节水平泡，使微压计处于水平。根据实验需要，固定斜管的倾斜位置，调节零位调节阀使斜管液面指向零刻度。将总压管与微压计多项接头的“+”极接通。

(2) 检查实验平板位置是否与实验段轴线重合。

(3) 确定平板边界层量测断面(选定 x 坐标)，测记空气温度和大气压、总压管宽度 b，总压管修正系数 ϕ 及微压计常数因子 K。

(4) 将指示灯电线的一端与固定实验板的铜螺丝连接，另一端与总压管连接，顺时针转动螺旋测微器使总压管在 y 方向上移动。当总压管刚触及实验平板时，指示灯发亮，需立即

停止旋转测微器,以防损坏总压管。

(5) 接通电源,取走实验台上的活动板,开启风道中的调节阀,调至最大位置。待流动稳定后,记录测点的微压计读数。

(6) 逆时针旋转测微器,以改变测点位置(此时指示灯熄灭,示意总压管在 y 方向上离开实验板)。每转 0.05 mm 读数时,记录相应的微压计读数 Δh 和 y' 值,直至微压计读数不再变化。

(7) 在实验段入口处测得来流速度 V_0,并换算相应得流速 $V=0.99V_0$(δ 标定值)及对应的微压计读数 Δh,即

$$\Delta h=\frac{1}{\phi^2}\cdot\frac{\gamma_2}{\gamma_1}\cdot\frac{1}{\cos\alpha}\cdot\frac{V^2}{2g} \tag{6.56}$$

式中:ϕ 为总压管修正系数(取 1);γ_1 测压管指示液容重,$\mathrm{N\cdot m^{-3}}$;γ_2 为来流的容重,$\mathrm{N\cdot m^{-3}}$;α 为微压计与垂直方向夹角。

当测微器移动,使总压管高差也为 Δh 时,立即停止旋转测微器,此时边界层,厚度 δ 为

$$\delta=(y'-y_0)+\frac{b}{2} \tag{6.57}$$

式中:b 为总压管宽度;y_0 为测微器初值;y' 为总压管高度差为 Δh 时的测微器读数。

(8) 为观测边界层沿平板发展过程 $\delta_x=f(x)$,需要松动平板固定螺丝,使实验平板可在 x 方向自由移动,每选定一个 x 位置后,重复实验步骤(7),即可观察不同 x 处的 δ_x 情况。

(9) 实验结束后,关闭风门,停机断电,并收拾好仪器。

6.16.5 实验数据处理

(1) 记录有关常数,将测得 y' 值和 Δh 记录在表格 6-18 中。

大气压 $P=$________Pa,空气温度 $T=$________℃,总压管修正系数 $\phi=$________,

动力黏滞系数 $\mu=$________$\mathrm{Ns\cdot m^{-2}}$,空气密度 $\rho=$________$\mathrm{kg\cdot m^{-3}}$,

总压管头部宽度 $b=$________mm,运动黏滞系数 $\nu=\frac{\mu}{\rho}=$________$\mathrm{mm^2\cdot s^{-1}}$。

表 6-18 实验记录表

测点	y' /mm	总压管距实验板距离/mm	δ /mm	微压计读数 /mm	Δh /mm	$\frac{V}{V_0}$	$\frac{y_0}{\delta}$
1							
2							
3							
4							
5							
6							
7							
8							
9							
10							

（续表）

测点	y' /mm	总压管距实验板距离/mm	δ /mm	微压计读数 /mm	Δh /mm	$\frac{V}{V_0}$	$\frac{y_0}{\delta}$
11							
12							
13							
14							
15							

（2）绘制以 y 为纵坐标，以 V/V_0 和 $\frac{V}{V_0}\left(1-\frac{V}{V_0}\right)$ 为横坐标的关系图，求出 δ_1 和 δ_2 与理论值作比较。

6.16.6　思考题

（1）什么是边界层？如何标定？
（2）边界层内流体质点做什么运动？
（3）边界层 δ 沿流是如何发展的？

6.17　绕流物体阻力系数测定实验

6.17.1　实验目的

（1）了解热线风速仪的使用。
（2）实现用热线风速仪测量低速风洞测试段内来流方向的气流速度和湍流度。
（3）分析阻力系数随雷诺数变化规律。

6.17.2　实验装置

本实验装置主要包括直流式低速风洞、热线风速仪、二分力测力传感器及多组实验模型。

1）直流式低速风洞

低速风洞分为直流式和回流式两种基本形式，是气动力实验重要的设备之一。本实验采用直流式低速风洞，其优势在于横向流变化不会带入回流，实验精度较高，结构如图 6-39(a)所示。

其主要参数如下：

稳定段：长度为 600 mm，截面为正方形，边长为 550 mm。入口采用双扭型喇叭口。

蜂窝器：正方形，边长 $M=4$ cm，长度 $L=20$ cm。

滤　网：36 目/英寸。

收缩段：长度为 650 mm，收缩比为 1∶9，曲线符合 Witoszynski 经验式。

试验段：长度为 600 mm，截面为正方形，边长为 300 mm。

风　速：0～36 m/s，采用变频调速。

扩散段：长度 1 450 mm，扩散角：13.76°。

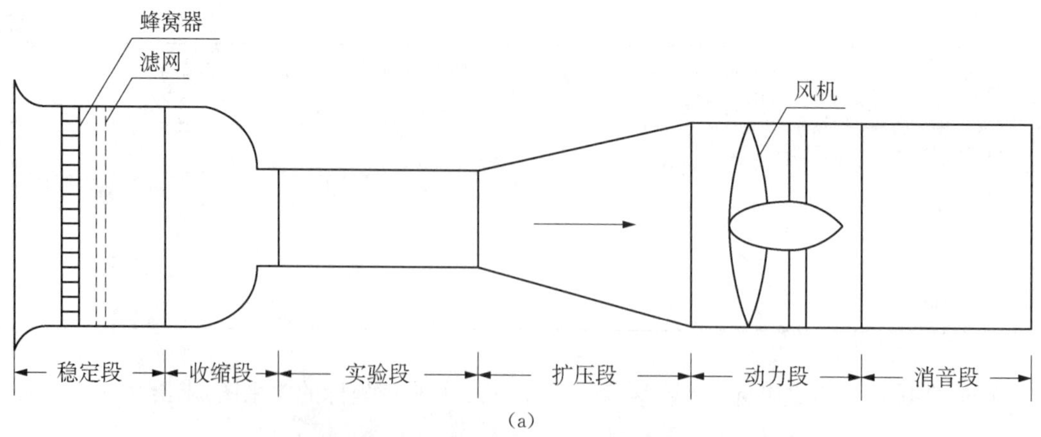

(a)

(b)

图 6-39　风洞结构示意图及照片

噪　声：57 分贝。

2）热线风速仪

热线风速仪分为恒流式和恒温式两种形式，是将流速信号转变为电信号的一种测速仪器。其工作原理是将一根通电加热的细金属丝(热敏感元件，又称热线)置于气流中，热线在气流中的散热量与流速有关，散热量又导致热线温度变化而引起电阻变化，流速信号即转变为电信号。本实验采用恒温式测速仪，测速范围为 0～70 $\mathrm{m \cdot s^{-1}}$，测量精度 1%，如图 6-40 所示。

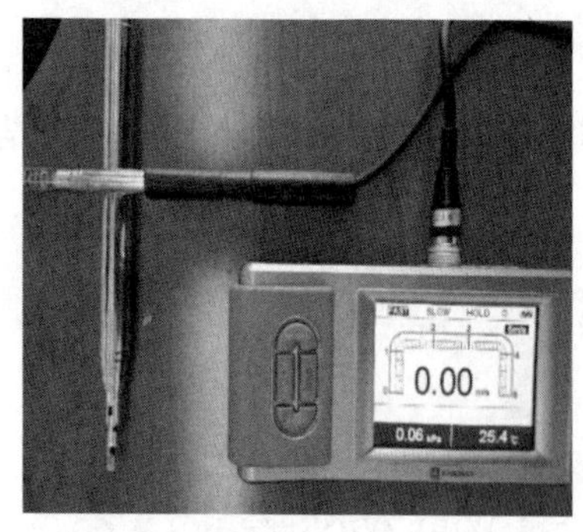

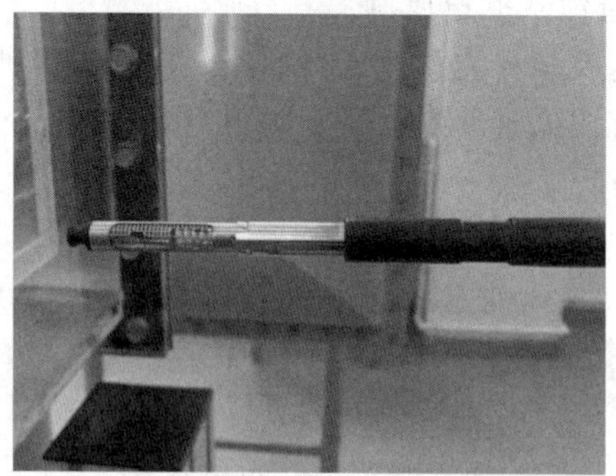

图 6-40　热线风速仪(左)和风速仪探针(右)

3）二分力测力传感器

二分力测力传感器为电阻式应变测力传感器，主要包括弹性元件、电阻应变片、测量电路、信号放大器和采集卡等。其工作原理是以电阻应变片作为敏感元件来测量模型的气动力和力矩。将应变片黏贴在弹性元件上组成全桥电路，当弹性体受到载荷作用产生形变时，应变片也相应感受应变，从而使电桥失去平衡，并输出与载荷作用力大小呈正比的电信号，如图 6-41 所示。本实验采用的传感器 X 方向量程为 5 N，Y 方向量程为 10 N，精度为 0.5%。

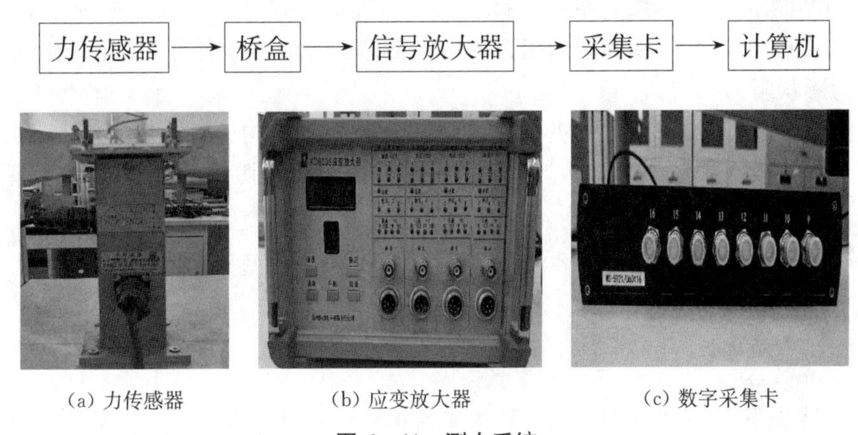

(a) 力传感器　　(b) 应变放大器　　(c) 数字采集卡

图 6-41　测力系统

4) 实验模型

模型一：直径为 80 mm 圆盘、圆锥、半球三种，如图 6-42 所示。

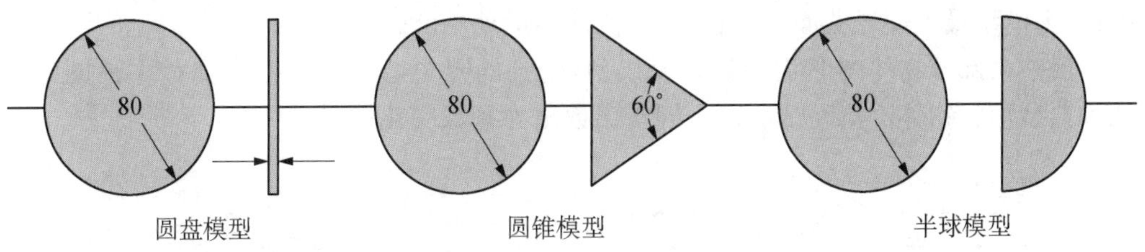

圆盘模型　　圆锥模型　　半球模型

图 6-42　实验模型

模型二：柱体模型断面(边长或直径为 30 mm，高度为 200 mm)，如图 6-43 所示。

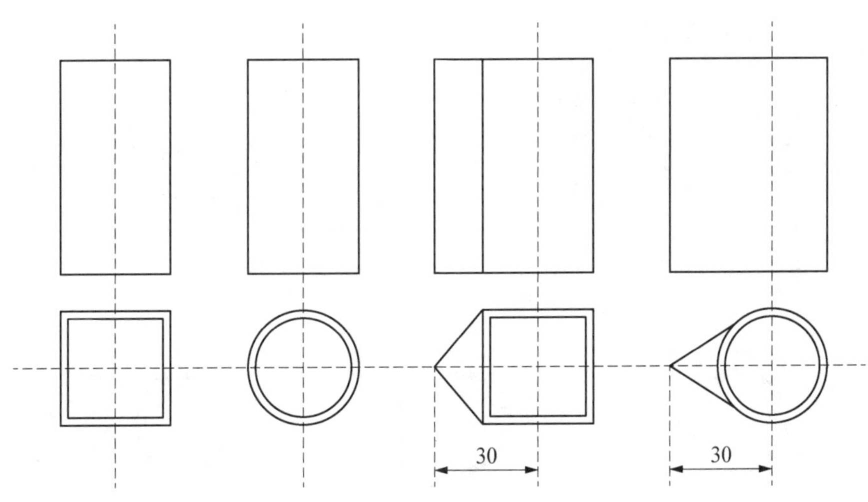

图 6-43　柱体实验模型

6.17.3 实验原理

黏性流体绕钝体运动时,由于贴近物体表面流体受黏性阻力和压差梯度的影响,绕流物体在某一地方会产生边界层分离。边界层分离后在钝体尾部形成分离区,将外部势流推离物面,使作用在物面上的压强分布前、后不对称,后部的压强大于前部。这种不对称压强分布的合力与来流方向相反,称为压差阻力。由于钝体后部的逆压梯度大小由物面形状决定,因此又称为形状阻力。

流体绕经物体,其作用在物体上的力可分解为阻力和升力。阻力包括摩擦阻力和形状阻力两部分。摩擦阻力是由于流体与物体表面摩擦而产生的切应力,可用边界层理论计算。而形状阻力一般通过实验测定。

用无量纲的阻力系数 C_D 来表示绕流阻力,则

$$C_D=\frac{F_D}{\frac{1}{2}\rho V^2 A} \tag{6.58}$$

式中: F_D 为绕流阻力; ρ 为流体密度; V 为来流速度; A 为物体的最大迎风截面积。

雷诺数的大小也会影响阻力系数

$$R_e=\frac{VL}{\nu} \tag{6.59}$$

式中: L 为模型最大迎风截面的直径; ν 是流体的运动黏度。

生活中大部分物体的形状均为非流线型,受到的阻力基本以压差阻力为主。图 6-44 是几种典型形状物体的流动情况及不同雷诺数阻力系数变化情况。

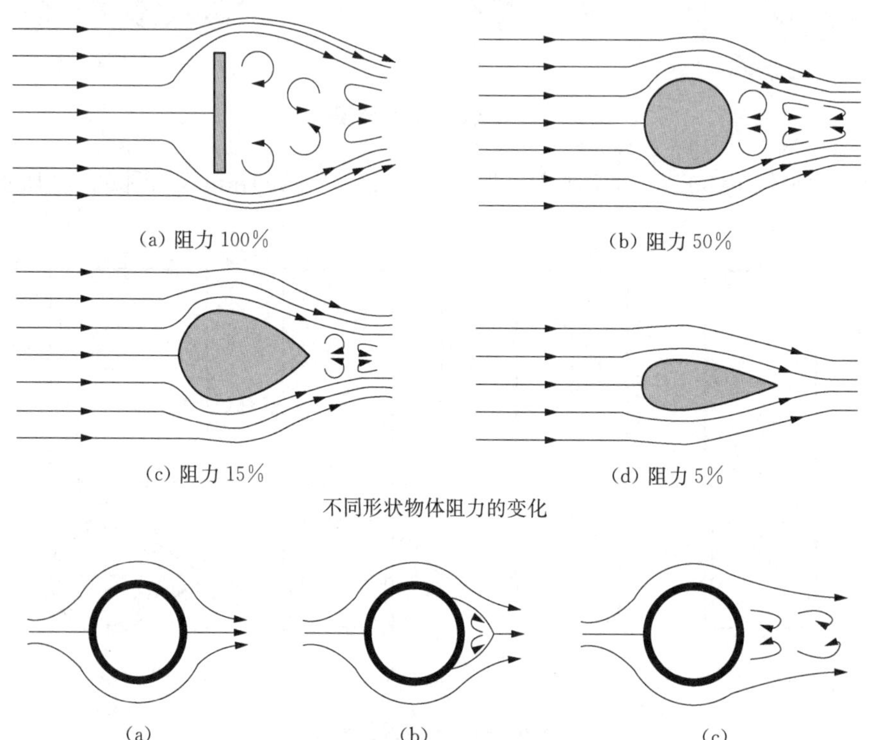

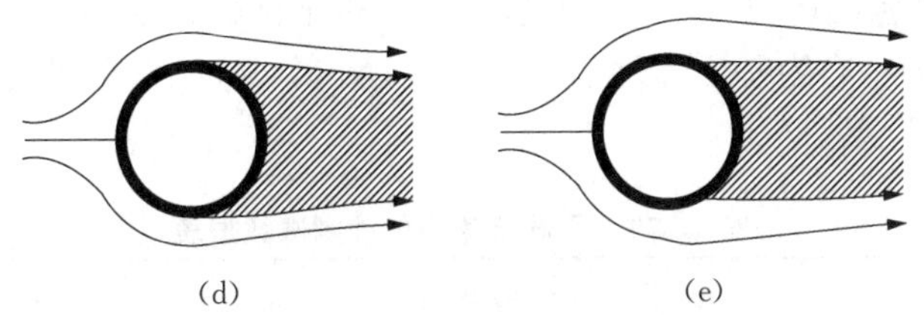

(a)$R_e \ll 1$;(b)(c)$1 < R_e < 500$;(d)$500 < R_e < 2 \times 10^5$;(e)$2 \times 10^5 < R_e$
不同雷诺数阻力的变化

图 6-44　典型形状物体的流动情况及不同雷诺数阻力系数变化情况

6.17.4　实验内容

1) 风速标定

利用热线风速仪和风机变频调速器对风洞实验段的风速进行率定,得出实验段风速与风机转速对应曲线 $V-n$。具体步骤如下:

(1) 将热线风速仪安装于三维坐标架上,如图 6-45 所示。转动坐标架传动轴,将热线风速仪探头置于实验段中心,使探针上的"红点"标记对准风洞的来流方向。

图 6-45　三维坐标架

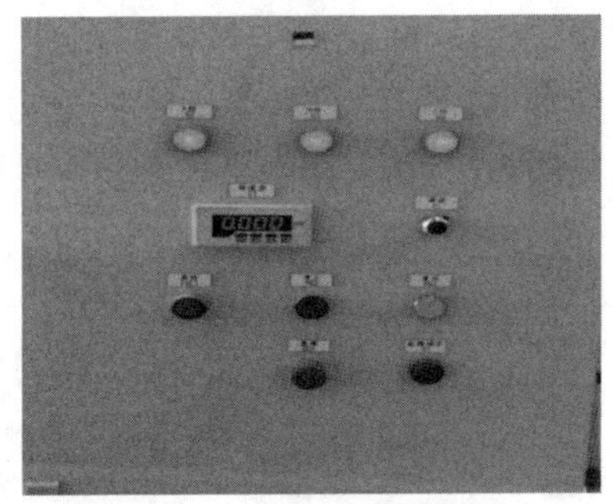

图 6-46　变频调速器

(2) 按下变频调速器,如图 6-46 所示。开启风机,并调节风速,同时记录风机的转速和热线风速仪测得的风速。令转速由小到大直至最大转速,在此过程中采集 9 组数据,得出实验段风速与风机转速 $V-n$ 关系。实验数据记录于表 6-19 中。

表 6-19　风机转速与风速对应表

序号	风机转速/($r \cdot min^{-1}$)	风速/($m \cdot s^{-1}$)
1		
2		
3		
4		
5		
6		
7		
8		
9		

(3) 在实验风速范围内,选定一个固定转速,通过坐标架移动探针位置测量风洞断面上风速均匀性。以风洞中心为基准,每隔 20 mm 设置一个测点,直至风洞边壁。实验数据记录于表 6-20 中。

表 6-20 风洞流速均匀性测试数据表

序号	距中心距离/mm	风速/($m \cdot s^{-1}$)
1		
2		
3		
4		
5		
6		
7		
8		
9		
10		
11		
12		

2) 测力传感器标定

利用标准砝码和标定支架率定二分力测力传感器 X 方向和 Y 方向的电压输出值和力关系曲线。测力传感器标定如图 6-47 所示,具体步骤如下:

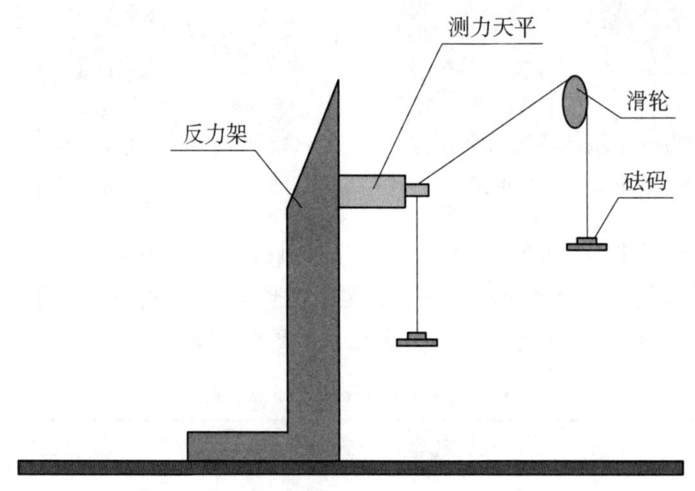

图 6-47 传感器标定

(1) 将测力传感器固定于标定支架的反力架上,保证传感器 X 方向水平,Y 方向竖直。

(2) 按图 6-41 所示,正确连接各测试仪器,电桥采用全桥。

(3) 应变放大器的桥压设置为最大 8 V,在 X、Y 方向上分别施加满量程载荷后,分别逐级增大信号放大器的放大倍数,放大器的输出电压不超过±5 V,从而确定最佳倍数,放大倍数的设置一般不超过 1 000 倍。

(4) 卸去托盘上所有载荷,将信号放大器置零。Y 方向空载,X 方向均匀逐级施加砝码直至测力传感器满量程载荷，同时记录 X、Y 方向的输出电压。数据记入表 6-21。

表 6-21　*X* 方向加载标定数据

序号	载荷/g	X 输出电压 U_x/mV	Y 输出电压 U_y/mV	备注
1				
2				
3				
4				
5				
6				
7				

(5) 卸去托盘上所有载荷，将信号放大器置零。X 方向空载，Y 方向均匀逐级施加砝码直至测力传感器满量程载荷，同时记录 X、Y 方向的输出电压。数据记入表 6-22。

表 6-22　*Y* 方向加载标定数据

序号	载荷/g	X 输出电压 U_x/mV	Y 输出电压 U_y/mV	备注
1				
2				
3				
4				
5				
6				
7				

(6) 根据表 6-21 和表 6-22 的实验数据，得到测力传感器 X、Y 方向载荷和输出电压的对应曲线，即 $F_X = aU_X + bU_Y$ 和 $F_Y = cU_Y + dU_X$。

3) 模型安装

实验模型与支撑杆件、测力传感器和实验平台之间，采用螺栓刚性固定，如图 6-48 所示。

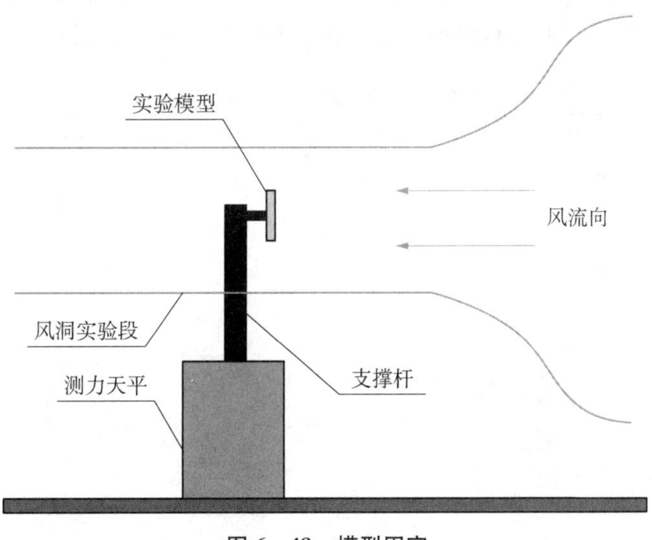

图 6-48　模型固定

4) 采集参数设置

单击计算机数据采集程序图标,界面如图 6 - 49 所示。单击信号采集菜单下,低速采样后进入界面,如图 6 - 50 所示,建立数据存储文档,根据实验情况设置合理的采样频率、采样通道、采样时间等参数。

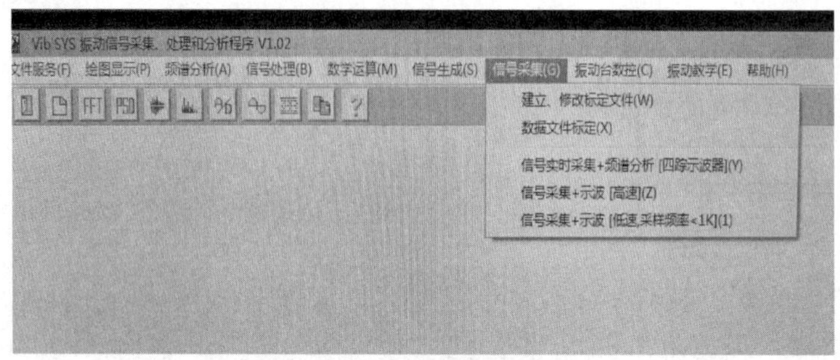

图 6 - 49　数据采集程序界面

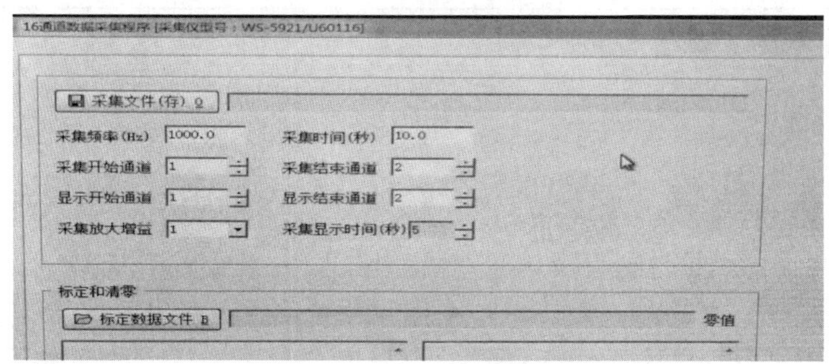

图 6 - 50　采样参数设置界面

5) 支撑杆件阻力测定

调节变频器改变不同风机转速,直至最大转速为 960 r/min,同时利用采集软件识别不同转速下,支架在未安装模型时的输出电压值。并通过测力传感器的标定曲线和风速标定曲线得出风速-阻力值,以便进行模型阻力修正。实验数据记录如表 6 - 23 所示。

表 6 - 23　支撑杆实验数据记录

序号	转速 /($r \cdot min^{-1}$)	风速 /($m \cdot s^{-1}$)	输出电压 U_x /mV	输出电压 U_y /mV
1				
2				
3				
4				
5				
6				
7				
8				
9				

6）模型的阻力系数测定

将模型安装于实验平台上，调节变频器改变不同风机转速，直至最大转速为 960 r/min，同时利用采集软件识别不同转速下的输出电压值，记录在表 6－24 中。

表 6－24　模型实验数据记录

序号	转速 /$(r \cdot min^{-1})$	风速 /$(m \cdot s^{-1})$	输出电压 U_x /mV	输出电压 U_y /mV
1				
2				
3				
4				
5				
6				
7				
8				
9				

7）依次关闭仪器和设备电源

6.17.5　实验数据处理

（1）数据整理：利用流速、测力传感器的标定曲线计算对应的流速、雷诺数、阻力系数等实验数据，表格形式自拟。

（2）画出不同形状物体的阻力系数与雷诺数关系曲线，并分析变化规律。

6.17.6　思考题

（1）分析不同形状物体的绕流阻力系数不同的原因。

（2）定性分析高尔夫球和光滑圆球的阻力系数大小，并说明原因。

（3）分析本次风洞实验有哪些因素会影响实验数据的准确性。

6.17.7　注意事项

（1）检查测力系统和测速系统线路连接是否处于良好状态。

（2）模型安装时，应保证模型的轴线与风洞轴线呈一直线。

6.18　机翼表面压强分布测定实验

6.18.1　实验目的

（1）了解低速风洞及空气动力学测压测速仪器的构造、原理和使用方法。

（2）测定机翼表面的压强分布及升力系数。

6.18.2 实验装置

本实验主要设备包括回流式低速风洞、风速管、倾斜式微压计、多管测压计及机翼模型。风速管测量风洞来流速度，倾斜式微压计用以测量风洞来流静压强，采用多管测压计测量机翼表面各点压强。

1）低速风洞

本实验采用回流式风洞(图6-51)，其可视为将直流式风洞首尾相接，形成封闭式回路，气流在风洞中循环回流，既节省能量又不受外界干扰影响，温度可控，并可减少对外界噪声的排放。

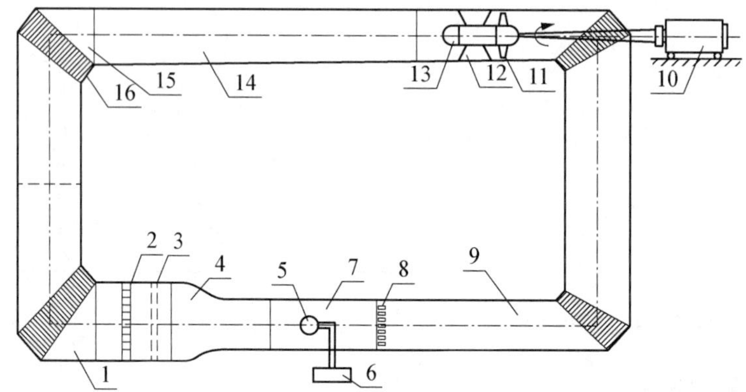

1-安定段；2-蜂窝器；3-整流网；4-收缩段；5-模型；6-测量仪器；7-实验段；8-压力平衡孔；9-扩压段；10-电动机；11-风扇；12-反扭导流片；13-整流叶片；14-扩张段；15-拐角；16-导流片。

图6-51 低速风洞

气流是由可调速电动机10带动风扇11推动而形成的。在风扇前后装有整流叶片13和反扭导流片12，以使气流减少扭曲与旋转分量，再经由扩张段14降速与转角导流片16引导气流流向整流网3。降速的目的是减少能量损失；整流网的作用是，将气流在流动过程中及经过转角导流片时所引起的大旋涡分割成小旋涡。流过整流网的气流通过收缩段4后到达实验段7。收缩段的目的是，使气流从整流网到实验段作连续加速运动，改善气流的品质，令实验段中的流场保持均匀稳定。实验段是安装实验模型5和测量仪器6的工作部位，其中的气流参数是表征风洞性能和规格的主要指标。由实验段流出的气流经扩压后返回到风扇段。

2）风速管

低速流场流速可由复合静压管测量所得出的总压和静压，根据伯努利方程计算及转换后获得。复合静压管又称风速管，其典型结构如图6-52所示，是一根前端封闭并呈半球形的管子，在距离头部一定距离的支杆管壁上开有小孔，用以感受气流在该点处的静压。

3）倾斜式微压计

在测量压强差较小的情况下，为提高测量精确度，常采用倾斜式微压计(见图6-53)。将单管压强计的玻璃管倾斜一定角度 α，于是在较小的压强差 $p_1 - p_2$ 下，虽然液面的垂直高度差 h 较小，但玻璃管内液面位移量 L 却增大。由压强公式可得

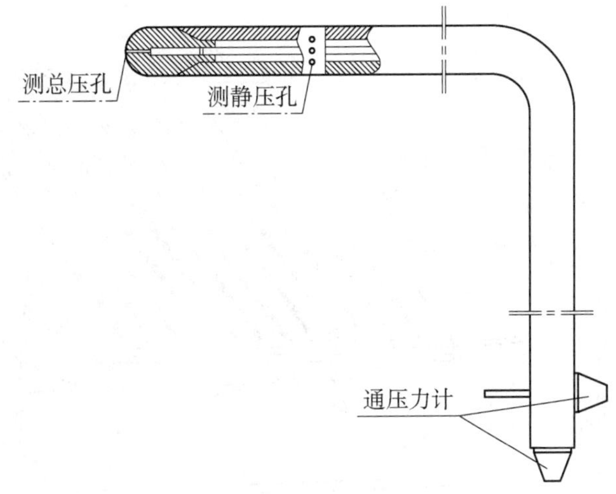

图 6 - 52 测速管

$$\begin{aligned}\Delta p &= p_1 - p_2 \\ &= \rho g(h + \Delta h) \\ &= \rho g(L\sin\alpha + \Delta h) \\ &= KL\end{aligned} \tag{6.60}$$

式中：Δp 为压强差；L 为斜管读数；K 为修正系数，$K=\rho g(\sin\alpha+\Delta h/L)$，需要通过校准方法确定。

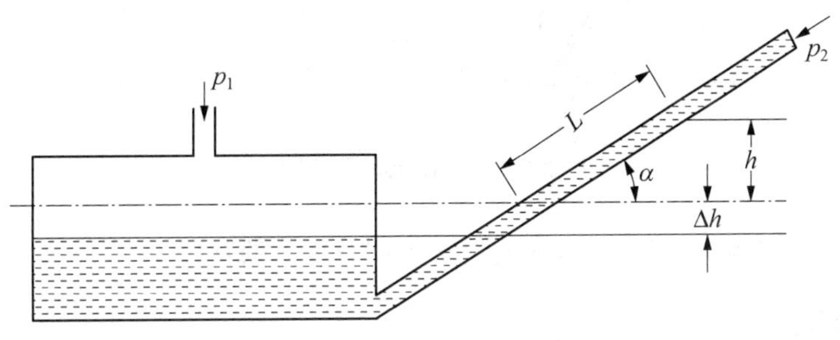

图 6 - 53 倾斜式微压计

4）多管测压计

在实验中，要同时观察和测定多点压强及其变化规律时，常采用多管测压计，其结构如图 6 - 54 所示。类同于倾斜式微压计工作原理，为提高压强测量灵敏度，可将玻璃排管倾斜一定角度。考虑到各测管内的液面高度在测量时会发生变化，应将测液板两侧的斜管与贮液器共同接通参考压强，以表明液面高度的基准点。

5）机翼模型

机翼模型结构如图 6 - 55 所示。在机翼的中间剖面上，沿翼弦方向在上、下表面开多个测压孔，测压孔的法线方向垂直于机翼表面。各测压孔通过橡皮管依次连接到多管测压计上，机翼头部的测压孔感受总压与贮液器上端相通，其余测压管测量模型表面静压。机翼模

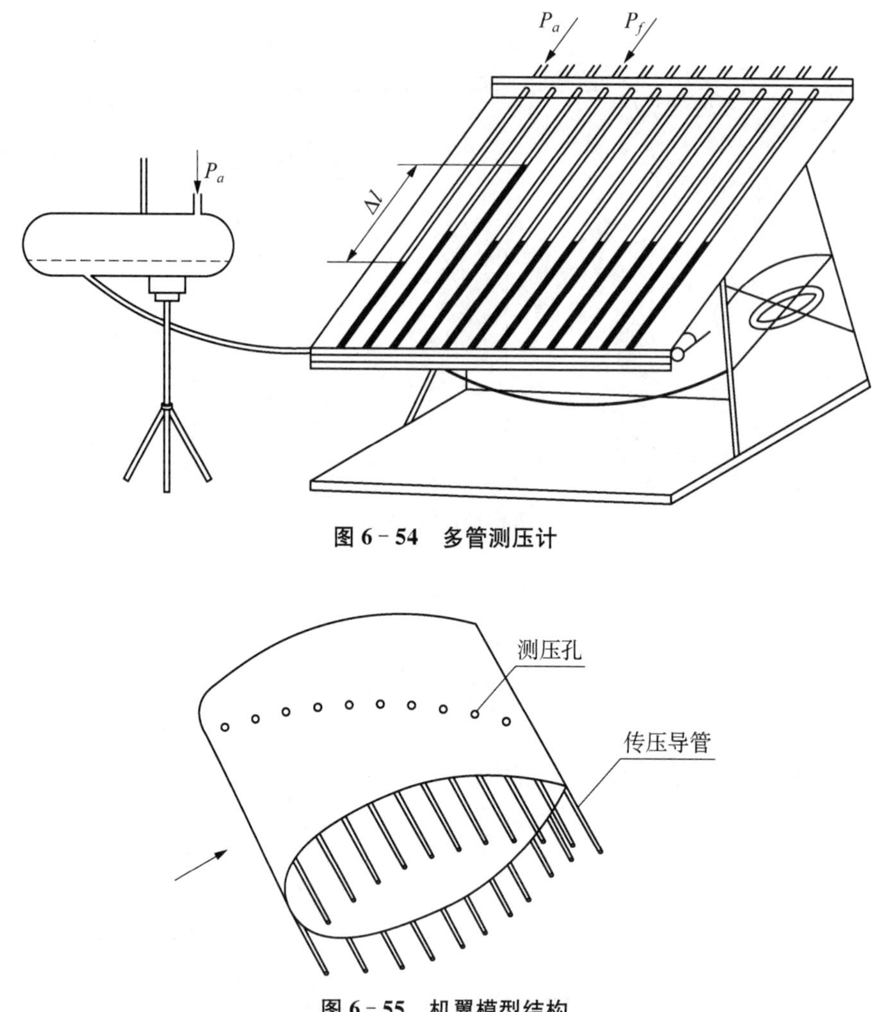

图 6-54　多管测压计

图 6-55　机翼模型结构

型可直接固定在风洞实验段侧壁上,或安装于可调节攻角的装置上。

6.18.3　实验原理

气流绕过机翼时,其表面的特殊压强分布是造成升力的根本原因。当气流绕过展弦比很大的机翼时,其中间部分的流动视为二维流动。流体在前驻点处上、下分开,从机翼的上下表面向后流动。当迎流角为正时,作用在下表面的压力比作用在上表面的压力大。且当正迎流角较大时,作用于下表面的压力会比未受扰动时的压力大,从而会在下表面形成受压面,而上表面则主要受负压作用。这个压力小于来流压力,致使机翼上表面形成吸力面,而上、下表面的压力差则形成了升力。

翼型表面各点的压强可通过机翼模型各点的测压孔连接多管测压计测量,根据液柱差可算出压强 $p_i=\gamma\Delta h_i$。

根据相似性原理,通常将机翼上任意一点的压强与来流参考压强之差,表示为一无量纲参数,称为压强系数 C_P,即

$$C_P = \frac{P_i - P_\infty}{\frac{1}{2}\rho V_\infty^2} \tag{6.61}$$

式中：P_i 为机翼表面上任意一点的压强；P_∞ 为来流静压强；ρ 为空气密度；V_∞ 为风洞中实验段风速。

将多管测压计中各管读数及倾斜式微压计中的读数带入式(6.61)，则机翼表面各点的压强系数为

$$C_{P,i} = \frac{L_i \rho_1 \sin\alpha_1}{L \rho_2 \sin\alpha_2} \tag{6.62}$$

式中：L_i 为多管测压计各管液柱读数；ρ_1 多管测压计内液体密度；α_1 为多管测压计的倾斜角；L 为微压计的液柱读数；ρ_2 为微压计内液体密度；α_2 为微压计的倾斜角。

机翼表面的压强系数分布实验结果通常用在 $C_P - x$ 坐标系中的曲线表示，如图 6-56 所示。压强系数 C_P 为纵坐标，以向上为负，向下为正值。横坐标 x 是各点距离机翼前端的距离，通常用距前端长度与翼弦长度比值的百分数(%)表示。机翼上表面的压强系数分布用实线表示，下表面的压强系数分布用虚线表示。在任意攻角下，机翼前缘处总有一驻点，它对应于气流速度完全阻滞。在不可压缩流中，该点值等于全压(此时 $P - P_\infty = \frac{1}{2}\rho V_\infty^2$，压强系数为 $C_P = 1$)。 通常该点不能由实验直接读出，只能从其他点组成的压强系数曲线中确定。

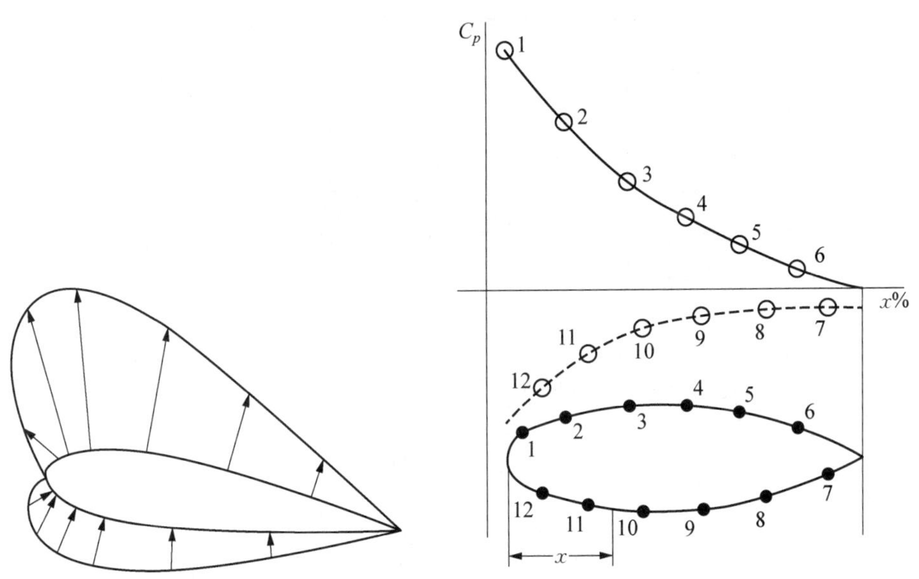

图 6-56 机翼表面压强系数分布

作用在机翼单位展长上的法向力 F_n 和弦向力(压差阻力) F_τ 可由翼型表面上作用的压力合力求得，即

$$F_n = \int_0^b (p_L - p_U)\mathrm{d}X \tag{6.63}$$
$$F_\tau = \int_{y_l}^{y_u} (p_F - p_B)\mathrm{d}Y$$

无量纲的法向力系数 C_{Pn} 和弦向力系数 C_{Pa} 可表示为

$$\begin{aligned} C_{Pn} &= \int_0^1 (C_{PL} - C_{PU})\mathrm{d}\bar{X} \\ C_{Pa} &= \int_{Y_l}^{Y_u} (C_{PF} - C_{PB})\mathrm{d}\bar{Y} \end{aligned} \tag{6.64}$$

式中：$\bar{X}$，$\bar{Y}$ 分别为无量纲化坐标，且 $\bar{X}=\dfrac{X}{b}$，$\bar{Y}=\dfrac{Y}{b}$；C_{PU}，C_{PL} 分别为翼型上、下表面压强系数；C_{PF}，C_{PB} 分别为翼型前、后表面压强系数；Y_u，Y_l 分别为无量纲化后最高点和最低点坐标，且 $Y_u=\dfrac{y_u}{b}$，$Y_l=\dfrac{y_l}{b}$。

当迎流角不为零时，升力 L 是合力在垂直于气流方向上的分量，阻力 D 是合力在平行于气流方向上的分量，分解图如图 6-57 所示。由体轴系转换到风轴系可得

$$\begin{aligned} L &= F_n \cos\alpha - F_\tau \sin\alpha \\ D &= F_n \sin\alpha + F_\tau \cos\alpha \end{aligned} \tag{6.65}$$

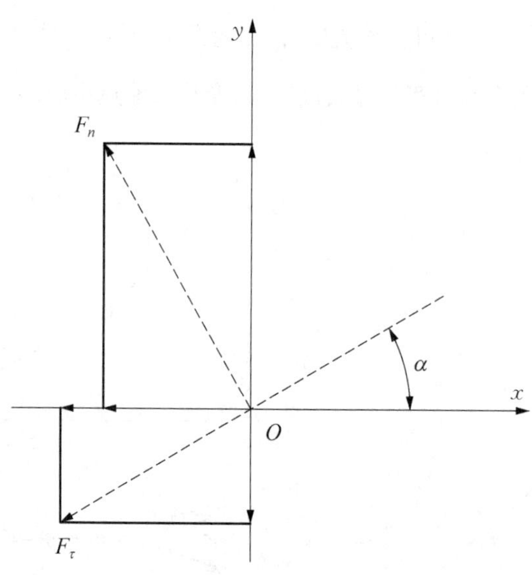

图 6-57　坐标转换

所以有

$$\begin{aligned} C_L &= C_{Pn} \cos\alpha - C_{Pa} \sin\alpha \\ C_D &= C_{Pn} \sin\alpha + C_{Pa} \cos\alpha \end{aligned} \tag{6.66}$$

式中：C_L，C_D 分别为升力系数和阻力系数；α 为模型攻角。

6.18.4　实验内容

(1) 仔细检查各测压管路是否畅通及是否漏气。

(2) 调整机翼模型的迎流角 α 为指定值，调节多管测压计倾斜角 α_1。

(3) 记录大气压强和温度及各测压管液面初读数。

(4) 按照风洞操作规程启动风洞进行实验,在达到指定风速后,记录各测压管末读数。

(5) 调节机翼的迎流角,再次记录数据,直到各迎流角下数据均记录完毕。

(6) 缓慢增大迎流角,观察机翼失速时的压力分布变化。

(7) 实验完毕,关闭风洞,整理实验数据。

6.18.5　实验数据记录

(1) 有关固定常数记录(表 6-25)。

多管测压计:液体密度 $\rho_1=$________,校正系数 $K=$________

倾斜式微压计:液体密度 $\rho_2=$________,校正系数 $K=$________

表 6-25　实验模型开孔位置及型值

开孔编号	$\frac{x}{b}$	$\frac{y_1}{b}$	$\frac{y_2}{b}$
1			
2			
3			
4			
5			
6			
7			
8			
9			
10			
11			
12			
13			
14			

(2) 机翼位置攻角记录。

第一次 ________________

第二次 ________________

第三次 ________________

(3) 毕托管测压计读数 l 记录。

第一次 ________________

第二次 ________________

第三次 ________________

(4) 压强分布记录表(表 6-26)。

表 6-26 压强分布记录

开孔位置	多管测压计初读数			多管测压计读数差			机翼表面各点压强系数		
1	1	2	3	1	2	3	1	2	3
2									
3									
4									
5									
6									
7									
8									
9									
10									

(5) 用方格纸绘制翼型表面压强分布曲线。

6.18.6 思考题

(1) 实验时,如何判断最大升力角?

(2) 零升力角与零攻角有什么区别?

(3) 在压强系数分布图上,是否必有 $C_P = 1$ 的测压点?为什么?是否有 $C_P > 1$ 的测压点?

第 7 章

光测力学实验

7.1 光弹性基本实验-材料条纹值测定

7.1.1 实验目的

(1) 掌握材料条纹值 f 测定的基本方法。

(2) 应用材料条纹值计算光弹模型中单向应力状态各点的应力。

(3) 与固体力学中有关理论进行比较。

7.1.2 实验原理

光弹性模型的材料具有暂时双折射性能。要精确地进行应力的测试,首先应对材料的这种暂时双折射性能进行测定,它主要是材料条纹值的测定。材料条纹值 f 表示单位厚度光弹性材料产生一级等色条纹时所需的主应力差值。单位为 N/m。

1) 圆盘对径受压模型(图 7-1)

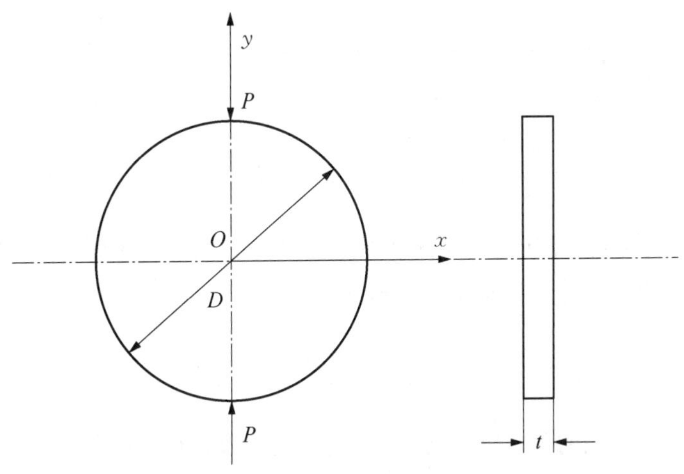

图 7-1 圆盘对径受压模型

对于如图 7-1 所示的对径受压圆盘,直径为 D,厚度为 t,载荷 F 沿 y 轴作用,在圆盘中心 O 点处于两向应力状态,其主应力分别为

$$\sigma_1 = \sigma_x = \frac{F}{\pi Dt}$$
$$\sigma_2 = \sigma_y = \frac{6F}{\pi Dt} \tag{7.1}$$

主应力差为

$$\sigma_1 - \sigma_2 = \frac{8F}{\pi Dt} \tag{7.2}$$

由应力-光学定律,得

$$\sigma_1 - \sigma_2 = \frac{Nf}{t} \tag{7.3}$$

因此材料的条纹值为

$$f = \frac{8F}{\pi DN} \tag{7.4}$$

式中:N 为圆盘中心 O 点的条纹级数。

若在未加载时 O 点有初始条纹 N'级,则式(7.4)可写成

$$f = \frac{8F}{\pi D(N - N')} \tag{7.5}$$

2) 三点弯曲模型(图 7-2)

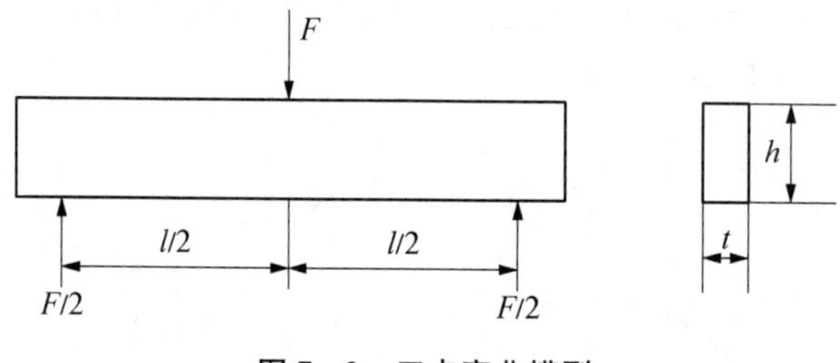

图 7-2 三点弯曲模型

如图 7-2 所示的简支梁中间受集中载荷 F 的作用,其最大弯距在梁的中间截面处,最大正应力在梁的下边缘。这一点是单向应力状态

$$\sigma_{\max} = \frac{M_{\max}}{W} = \frac{Fl/4}{th^2/6} = \frac{3Fl}{2th^2} \tag{7.6}$$

三点弯曲光弹性实验的等色线图,找出最大条纹级数就在中间截面的下边缘,由光弹性方法计算该点的应力为

$$\sigma_{\max} = N_{\max}\frac{f}{t} \tag{7.7}$$

将实验值与理论值进行比较。

3）四点弯曲模型(图 7－3)

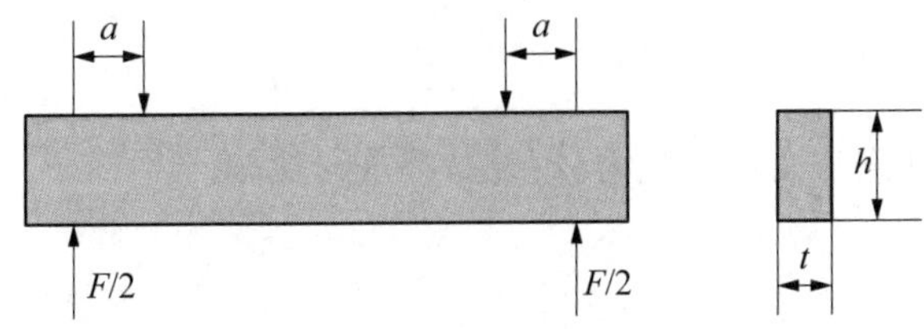

图 7－3　四点弯曲模型

在纯弯曲部分各点均为单向应力状态，截面上应力呈线性分布。由光弹实验可见该处等色线是平行、等间距的。在截面的中间有 $N=0$ 的中性层，最大的应力在上下边缘。由应力—光学定律计算出截面上各点的应力，再与按材料力学弯曲应力公式 $\sigma=\frac{M_y}{J}=\frac{6Fa_y}{th^3}$ 计算的结果进行比较。

7.1.3　实验步骤

(1) 将光弹仪调整为正交圆偏振光场。

(2) 用白光和单色光观察圆盘对径受压等色线图，掌握等色线图条纹级数读法，确定其中心条纹为 5 级时的载荷 F。

(3) 换上三点弯曲简支梁模型，施加载荷 F，在单色光下确定简支梁截面下边缘条纹级数 N_{max}。

(4) 将三点弯曲改成四点弯曲实验，在单色光下读出上下边缘条纹级数 $N_{上}$、$N_{下}$，以及载荷 F，并记录截面上整数级条纹及 0 级条纹的位置。

(5) 关闭光源，卸下载荷，取下模型，整理记录。

7.1.4　实验报告要求

实验报告包括实验名称、实验目的和要求、实验日期及实验环境条件(温度、湿度)、实验设备、实验记录及计算。

(1) 圆盘对径受压求材料条纹值 f。

① 绘出实验加载简图，并标明模型尺寸。

② 作出测点应力状态，并测定该点条纹级数。

③ 计算钠光光源下的材料条纹值。

(2) 三点弯曲求得的最大应力。

① 绘出实验加载简图，并标明模型尺寸。

② 叙述三点弯曲的最大应力处条纹级数测定方法，作出危险点的应力状态，测定该点条纹级数。

③ 计算最大应力，并与理论计算值比较，计算相对误差。

(3) 四点弯曲测定梁横截面的应力分布。

① 绘出实验加载装置简图，并标明模型尺寸。

② 叙述四点弯曲实验方法，测定梁上、下边缘条纹级数。

③ 实验数据的处理,计算上、下表面最大应力

$$|\sigma|_{\max}=\frac{N_{上}+N_{下}}{2}\cdot\frac{f}{t} \tag{7.8}$$

(4) 绘出横截面理论与实验的应力分布图,并进行比较。

7.1.5 思考题

(1) 是否可以用纯弯曲实验确定材料条纹值?怎样确定?
(2) 用圆盘对径受压确定材料条纹值有何优越性?
(3) 在等色线图上怎样识别危险点?梁的三点弯曲和四点弯曲模型危险点在哪里?
(4) 怎样用本实验说明“力的局部作用-圣维南原理”?

7.2 投影条纹技术

7.2.1 简介

投影条纹法是一种主动式结构光测量方法,因其具有高精度、非接触、全场测量,以及结构简单等特点被广泛应用于机械制造、生物医学、电子工程等多个领域。典型的投影条纹系统主要包括投影设备、成像设备与计算机,投影条纹系统如图7-4所示。

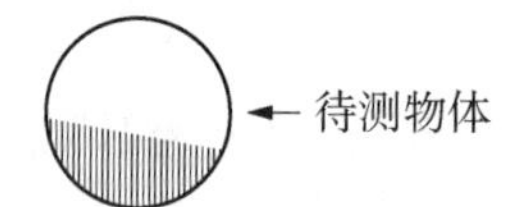

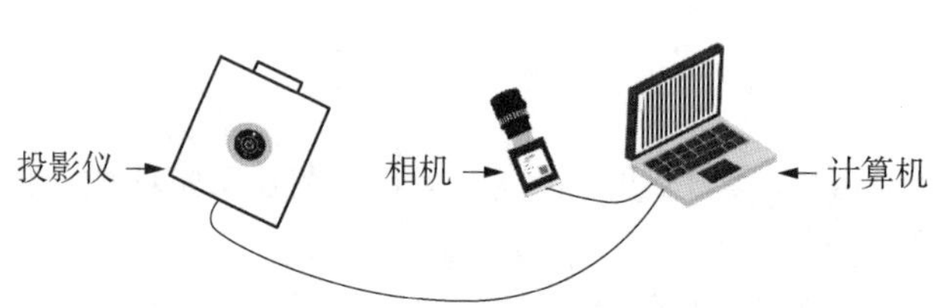

图7-4 投影条纹系统

投影条纹技术的基本原理为对待测物体表面投影载频条纹图像(图7-4所示计算机中显示的正弦条纹图案),利用成像设备(相机)采集物体表面条纹图像。由于条纹相位受到高度调制作用使得条纹图案产生变形,根据系统结构建立高度-相位关系,并利用数字方法对变形条纹图像进行解调,最终可以得到全场高度分布。

当正弦条纹图像被投影至物体表面时,成像系统采集到的条纹图像可表示为

$$I(x, y)=B(x, y)+C(x, y)\cdot\cos[\phi(x, y)] \tag{7.9}$$

式中:$I(x, y)$ 为采集图像光强;$B(x, y)$ 为背景光强;$C(x, y)$ 为调制度;$\phi(x, y)$ 为条纹相位。

当物体为一标准平面时,条纹的相位是线性分布的,有

$$\phi(x, y) = \frac{2\pi x}{P_0} \tag{7.10}$$

而当物体表面具有 $h(x, y)$ 的高度分布时，高度将引起附加相位，则

$$\phi(x, y) = \frac{2\pi x}{P_0} + \frac{2\pi h(x, y)}{\lambda_e} \tag{7.11}$$

式中：λ_e 为等效波长。

它表示引起 2π 相位变化量的高度变换，则式(7.11)可变为

$$I(x, y) = B(x, y) + C(x, y) \cdot \cos\left[\frac{2\pi x}{P_0} + \frac{2\pi h(x, y)}{\lambda_e}\right] \tag{7.12}$$

因此，将观察到变形条纹图像，如图 7－5 所示，图 7－5(a)为一高度分布满足 peaks 函数的物体，图 7－5(b)为投影条纹图案，将该条纹图案投影至物体表面，将采集到如图 7－5(c)所示的变形条纹图像。

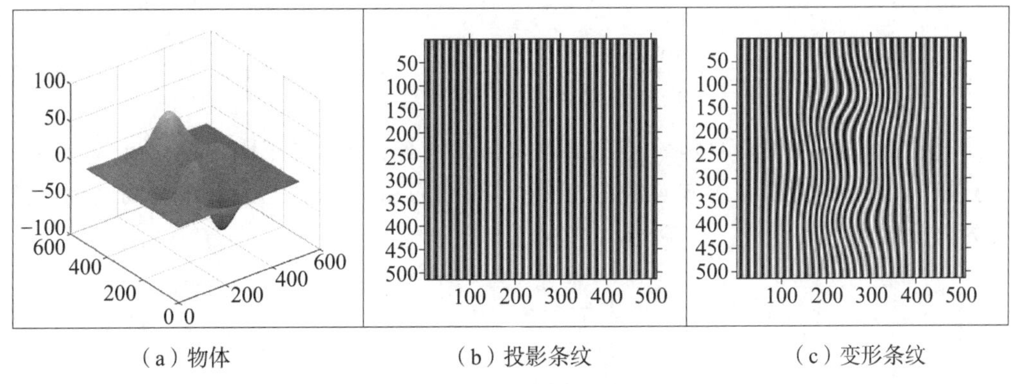

(a) 物体　　(b) 投影条纹　　(c) 变形条纹

图 7－5　变形条纹图像

1. 相位-高度模型

在相位已知的情况下，根据被采用测量系统的实际光路结构，可以计算出其对应的物体高度，以该结构构建的数学模型可称为相位-高度模型。本实验采用基于逆线性相位高度模型的测量方法，如图 7－6 所示。

在 $\triangle BO_cO_p$ 中和 $\triangle B'DO_p$ 中，分别有

$$\frac{L_1}{\sin(\theta_2 - \theta_1)} = \frac{d^*}{\sin\theta_1} \tag{7.13}$$

$$\frac{P^*}{\sin\theta_1} = \frac{d^*}{\sin[\pi - (\theta_1 + \theta_3)]} \tag{7.14}$$

则

$$\frac{1}{P^*} = \frac{\sin\theta_3}{L_1 + L_2}\left(\frac{L_1}{d^*\sin\theta_2} + \cot\theta_2 + \cot\theta_3\right) \tag{7.15}$$

同样的，在 $\triangle AO_cO_p$ 和 $\triangle C'DO_p$ 中，则有

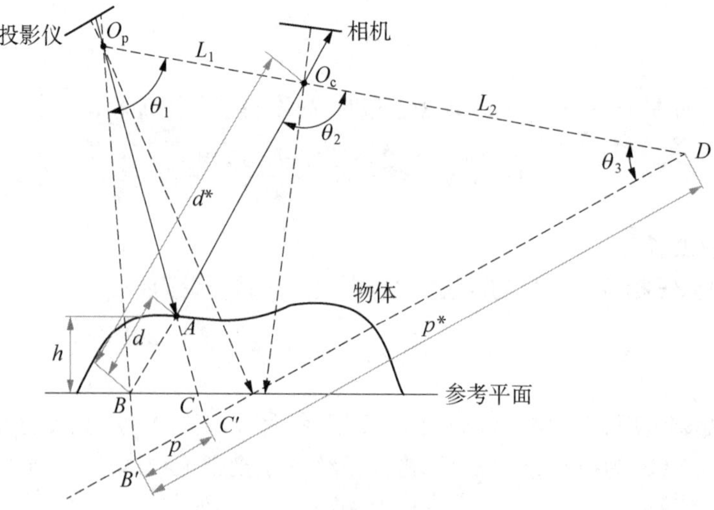

图 7-6　逆线性相位高度模型

$$\frac{1}{P^*-P}=\frac{\sin\theta_3}{L_1+L_2}\left[\frac{L_1}{(d^*-d)\sin\theta_2}+\cot\theta_2+\cot\theta_3\right] \tag{7.16}$$

而对于相机任一像点而言，A 点的高度 h 与 AB 点距离 d 成正比，即 $h=dk$，k 为一常数，与通过该像点的光线入射方向相关。通过式(7.15)和式(7.16)，最终可将高度相位模型改写为以下形式

$$\frac{1}{h}=a+b\frac{1}{P} \tag{7.17}$$

其中

$$\begin{aligned}a&=\frac{k}{d^*}\left[1-\frac{P^*L_1\sin\theta_3}{d^*(L_1+L_2)\sin\theta_2}\right]\\ b&=\frac{kP^{*2}L_1\sin\theta_3}{d^{*2}(L_1+L_2)\sin\theta_2}\end{aligned} \tag{7.18}$$

当测量系统稳定时，a 和 b 是与系统结构参数相关的两个常数，因此可以通过对至少两个不同高度的平行平面进行测量，从而准确估计出模型参数 a 和 b。对于不同的投影光线，以及相机像素而言，式(7.17)中的 a 和 b 并非是单一的，需要对全场的高度相位模型参数 $a(u, v)$ 和 $b(u, v)$ 进行标定。此外，对于 P 和 P^* 可用条纹节距 P_0 表示，有 $\Delta\phi\frac{P_0}{2\pi}$，$\Delta\phi$ 为与 P 和 P^* 相对应的相位差(B' 与 C' 或 B' 与 D 之间的相位差)，由于对于同一投影光线而言，相位是不变的，因此 P 可表示为点 A、B 之间相位差，最终式(7.17)可改写为

$$\frac{1}{h(u, v)}=a(u, v)+b(u, v)\frac{1}{P(u, v)} \tag{7.19}$$

式中：(u, v)表示像素坐标；$p(u, v)$为 A、B 点相位差。

由于实际建立的是相位差与高度之间的关系，因此首先需要规定参考平面的初始位置，

并测量其表面上的相位分布，再通过测量至少两个平行于参考平面的平面相位，从而完成整场模型参数标定。由于实际测量中噪声的影响，利用式(7.19)的形式进行标定时，会导致测量误差随测量高度的增加而增加，因此将式(7.19)改写成式(7.20)的形式进行标定，能够增加标定的稳定性，即

$$P(u, v) = a(u, v)P(u, v)h(u, v) + b(u, v)h(u, v) \tag{7.20}$$

2. 相移法解调相位

由于相机采集到的条纹图像是二维灰度数据，为了从中提取相位信息，可以利用 N 步相移法解调出相位信息。其原理是通过按序投影并采集相移增量为 $2\pi/N$ 的条纹图像，从而求解出相位信息，即

$$I_1(x, y) = B(x, y) + C(x, y) \cdot \cos[\phi(x, y)]$$
$$I_2(x, y) = B(x, y) + C(x, y) \cdot \cos\left[\phi(x, y) + \frac{2\pi}{N}\right]$$
$$\vdots$$
$$I_n(x, y) = B(x, y) + C(x, y) \cdot \cos\left[\phi(x, y) + \frac{2\pi n}{N}\right] n \in [0, 1, I, N-1] \tag{7.21}$$

即

$$\phi(x, y) = \arctan\left(\frac{\sum_{0}^{N-1} I_n(x, y)\sin\left(\frac{2\pi n}{N}\right)}{\sum_{0}^{N-1} I_n(x, y)\cos\left(\frac{2\pi n}{N}\right)}\right) \tag{7.22}$$

当步长 N 越大时，相位提取精度越高，但也表示需要投影更多的条纹图片，耗时增加。因此，本实验采用常用的四步相移法进行相位提取，如图 7-7 所示，则

$$\phi(x, y) = \arctan\left(\frac{I_4(x, y) - I_2(x, y)}{I_3(x, y) - I_1(x, y)}\right) \tag{7.23}$$

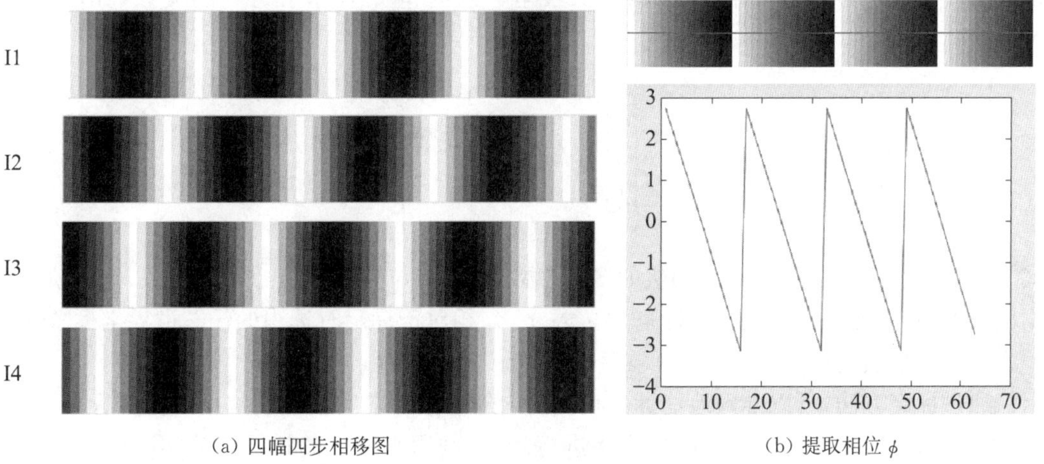

(a) 四幅四步相移图　　(b) 提取相位 ϕ

图 7-7　相位提取

由于相位信息是利用反正切函数计算的,因此得到的相位值均被截断在$[-\pi, \pi]$区间内,通常称为包裹相位。由于物体的高度是非周期性的,因此需要对得到的包裹相位进行展开以恢复成连续性相位。该操作通常称为解包裹,如图7-8所示,以一维解包裹算法为例,连续相位是通过比对相邻像素点之间的包裹相位值,通过加上或减去整数倍的2π使相位差满足在$[-\pi, \pi]$区间内获得的。

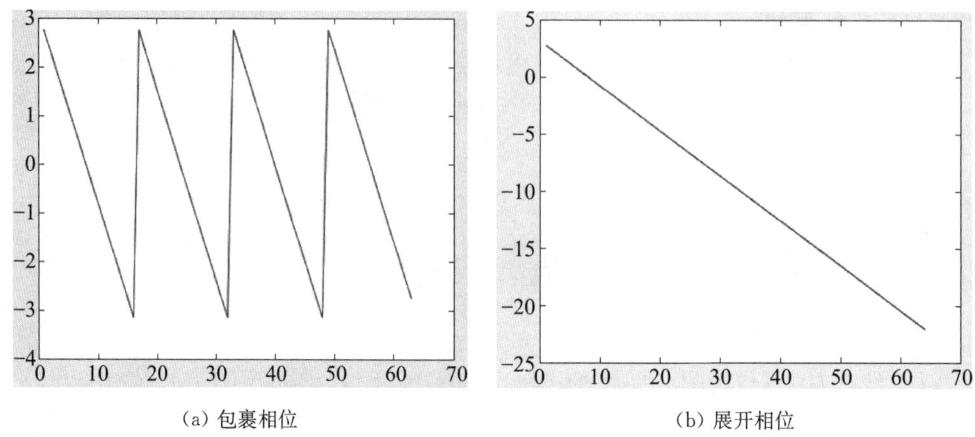

(a) 包裹相位　　(b) 展开相位

图7-8　解包裹算法

而在实际测量过程中,相机采集到的是二维数据,并且由于振动、噪声及遮挡等原因,相位图往往是不规则且不连续的,因此许多学者对二维解包裹算法进行了大量的研究,主要分为空间解包裹相位以及时间解包裹相位这两类方法。本实验中采用的解包裹方法为质量图导向法。该方法利用特定的函数评价每一点的相位质量状况,并以高质量的像素点为基准路径进行相位展开,具有较高的相位展开精度。

3. 三维形貌重建

在对相位高度模型进行标定后,仍利用四步相移法测量出待测物体表面的相位分布,将其代入模型中即可求得全场的高度分布。由于求得的高度分布是在像素坐标系下,为进一步获得物体在世界坐标系下的三维坐标数据,可利用已标定的相机模型进行求解。针孔模型[式(7.24)]可以很好地描述相机的像素坐标系与世界坐标系之间的关系,如图7-9所示。

$$s\begin{bmatrix}u\\v\\1\end{bmatrix}=K\begin{bmatrix}\boldsymbol{R} & \boldsymbol{T}\end{bmatrix}\begin{bmatrix}x\\y\\z\\1\end{bmatrix} \tag{7.24}$$

式中:K称为相机内参矩阵,与相机的内部参数(如主点位置、有效焦距等)有关;$[\boldsymbol{R}\quad\boldsymbol{T}]$为相机外参矩阵,分别表示相机坐标系$O_c-X_cY_cZ_c$相对于标定时选用的任一世界坐标系$O_w-X_wY_wZ_w$的旋转与平移。

通过标定方法,可以准确地估计出相机的内外参数。本实验采用常用的张氏标定法,该方法通过对不同位姿的二维平面标定板进行测量,利用平面上的特征点的实际坐标与对应的像素坐标,对相机内外参数进行解耦,从而完成相机标定。在确定了相机模型参数后,将

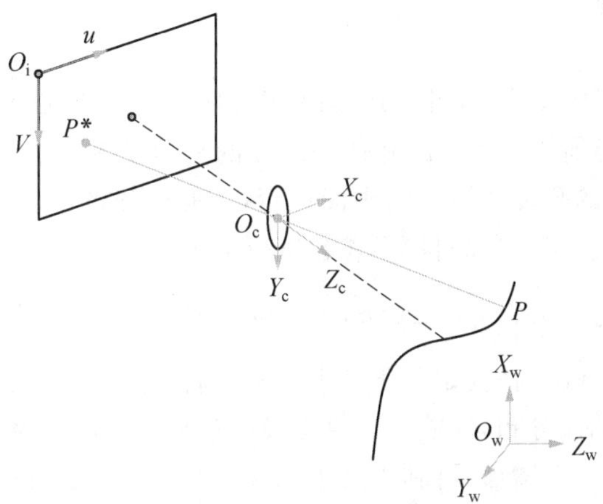

图7-9 相机针孔模型

求得的像素-高度分布数据代入已标定的相机模型中，最终得到基于选取的世界坐标系中的待测表面的三维数据点云。

7.2.2 投影条纹法测量球体三维形貌

1. 实验目的

(1) 掌握投影条纹法的基本原理。

(2) 掌握投影条纹法测量物体三维形貌的方法和技术。

2. 实验装置

投影条纹法实验装置如图7-10(a)所示，主要元器件及功能如下：

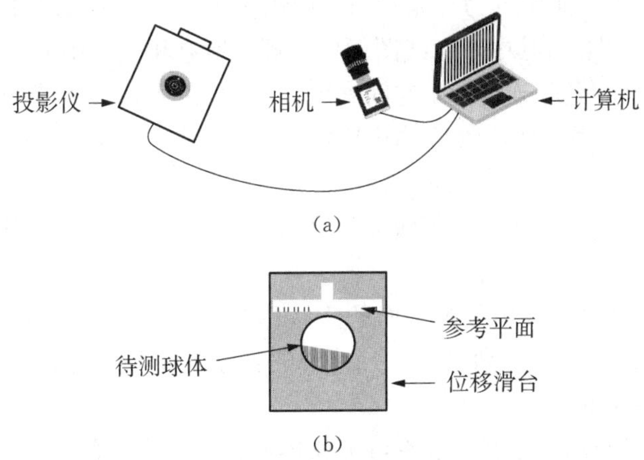

图7-10 投影条纹法实验装置及光路结构

投影仪：用于投影正弦条纹；

相机：用于采集变形条纹图像；

计算机：用于数据处理；

位移滑台：用于移动参考平面；

参考平面：用于标定相位高度模型参数；

待测球体:测量对象。

3. 实验原理

根据光路结构[图 7-10(b)],可以建立高度-相位关系,如式(7.25)所示。其中,$\phi(u, v)$ 为相机同一像点采集到的参考平面和任一高度的平面图像中提取出的相位差;$h(u, v)$ 为平行平面到参考平面的高度。由于两平面平行,因此全场的 $h(u, v)$ 相同。通过测量至少两个不同高度的相位分布,可以对模型参数进行标定。

$$\phi(u, v)=h(u, v)\Delta\phi(u, v)a(u, v)+h(u, v)b(u, v) \tag{7.25}$$

由式(7.25)可以观察出,在规定了参考平面零位后,至少需要两个不同高度的参考平面位置,以及与其对应的相位分布,才能够计算出模型参数 $a(u, v)$ 和 $b(u, v)$。参数标定精度随平面位置数量的增加而增加,可利用最小二乘法对模型参数进行估计。需要注意的是,实际测量时,待测物体需处于标定空间内,且其尺寸应小于该空间。为了均衡实验时间与精度,除了采集零位处的参考平面条纹图像外,本实验通过采用额外测量四次平行平面的方法对相位-高度模型进行标定。

具体算法原理见 7.2.1 节。

4. 实验步骤

(1) 将参考平面安装并固定于位移滑台,参考平面法向量应与位移滑台移动方向平行。

(2) 将投影仪与相机摆放在距离标定平面合适的位置,调整其位置与姿态,以保证参考平面均处于它们的视场中心区域。

(3) 调节投影仪与相机的焦距使其能够在参考平面处清晰投影。

(4) 投影条纹图像,调节相机的光圈与曝光时间。在不过曝的情况下,使得条纹图像对比度尽可能最大。

(5) 规定任一参考平面位置为初始位置,按顺序对参考平面投影并采集四幅相移正弦条纹图像,以及十字线图像,其中十字线图像用于规定所有相位图中的相位零点所在周期。

(6) 估算待测表面高度,规定标定空间高度为 h,h 需要较大于待测表面高度。控制平移台以间隔 $h/4$ 移动参考平面位置后,按顺序对参考平面投影并采集四幅相移正弦条纹图像,以及十字线图像。

(7) 重复步骤(6)中的移动参考平面与条纹图像采集的操作,直至完成全部四次参考平面的测量。

(8) 利用相位解调算法计算各个平面的连续相位分布,将各个平面与参考平面间的相位差,以及高度代入式(7.25)。利用最小二乘法逐像素对全场相位高度模型参数 $a(u, v)$ 和 $b(u, v)$ 进行计算并保存。

(9) 将参考平面回复到初始位置,将待测物体放置于标定空间内,按顺序对待测物体表面投影并采集四幅相移正弦条纹图像,以及十字线图像。

(10) 利用相位解调算法计算待测表面的连续相位分布,将其代入步骤(8)中已标定的相位-高度模型以求解待测物体表面全场高度。

(11) 利用张氏标定法标定出针孔相机模型[式(7.24)]中的内参数 K,使其中一次标定平面的位置贴合参考平面摆放;利用已标定的内参数 K,求解出该平面相对于相机的外参数 R 和 T;利用内、外参数确定相机模型,将步骤(10)中求得的像素坐标下的高度分布代入其中，最终解得物体表面在世界坐标系下的三维坐标数据。

(12) 对测得球体的三维点云数据进行处理，将拟合球体半径与实际游标卡尺测量结果进行比较与记录。

5. 实验报告要求

实验报告包括实验名称、实验目的和要求、实验设备、实验原理与步骤、实验记录及结果。

6. 思考题

(1) 探讨影响投影条纹测量灵敏度的关键因素。

(2) 试分析与讨论测量误差产生的原因。

7.3 投影云纹技术

7.3.1 简介

云纹(moiré)的取名与中国古代输往欧洲的丝绸编织技术有关。国外借用中国丝绸编织中因纤维交叉而形成的条纹图案来命名云纹法。云纹的产生源自几何云纹效应，该效应指两个空间频率相近的光栅或其他栅结构相互重叠时。由于互相遮蔽而产生一种新的频率远小于原光栅频率的条纹的现象，如图 7－11 所示。这种现象与光的干涉效应无关，完全是源自光栅的几何遮挡，故将形成的条纹称作几何云纹。几何云纹效应在日常生活中是普遍存在的，例如，叠放在一起的两把梳子，叠在一起的蚊帐和窗纱，电视或数码照片上的建筑物，等等。

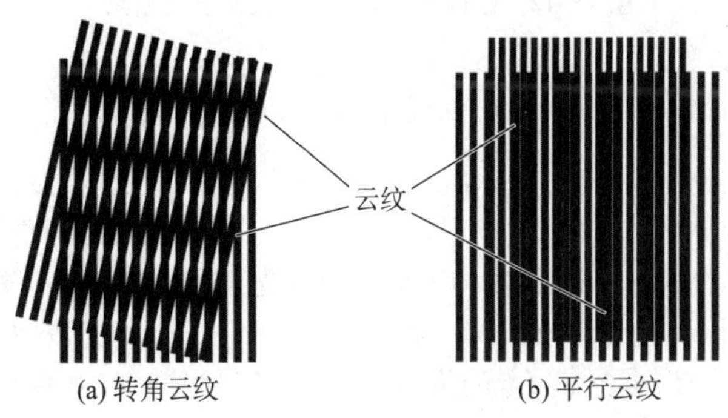

图 7－11　几何云纹效应

最早将几何云纹效应运用到变形测量的工作可以追溯到 20 世纪 70 年代。近年来随着计算机的普及和数字图像处理技术的发展，基于相位测量的投影云纹法得到了迅速发展。基于相位测量的投影云纹法充分利用了云纹条纹的全场信息，解决了传统方法无法准确确定非整数级条纹的问题，同时也实现了条纹的自动化处理。基本原理可以描述为：利用投影系统将投影光栅成像到被测物体表面，形成高密度的栅线；被测物体表面的栅线受物体表面高度变化的调制产生畸变；接收系统将畸变的栅线成像到参考光栅上，畸变栅线的像与参考光栅二者发生几何干涉形成云纹。最终从云纹条纹的相位中可以解调出被测物体表面的高度信息。比较投影云纹法和投影条纹法的基本原理可以发现，投影云纹法与投影条纹法的主要区别在于,投影云纹法在投影条纹法的基础上引入了几何云纹技术,通过形成云纹将原本相机无法分辨的高密度栅线转化为相机可分辨的低密度云纹条纹,实现了无失真的放大,从而在不损失测量面积的情况下极大地提高了测量系统的分辨率。

1. 云纹形成机理

以图7-12为例,设光源射出的光的初始光强为 I_0,照射并通过投影光栅 G_1 后,受到投影光栅 G_1 的调制而成为载波信号 I_{pr},即

$$I_{pr}=I_0T_1=I_0\left[\frac{1}{2}+\frac{1}{2}\sin\left(\frac{2\pi x'}{p_1}+\phi_1\right)\right] \tag{7.26}$$

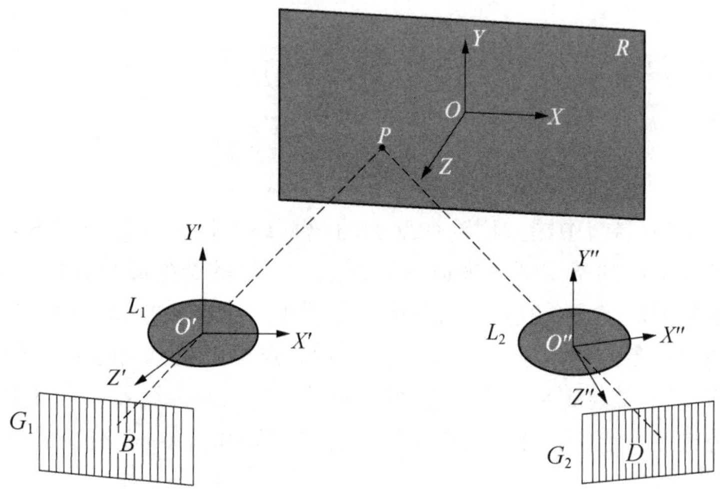

图7-12 任意位置关系下的投影云纹系统

假设光栅 G_1 的透过率函数满足正弦规律,即 $T_1=\left[\frac{1}{2}+\frac{1}{2}\sin\left(\frac{2\pi x'}{p_1}+\phi_1\right)\right]$。其中 x' 为光栅 G_1 上任意一点的 X' 方向坐标,ϕ_1 为光栅 G_1 的初相位。载波信号 I_{pr} 经由透镜 L_1 投影到物体表面形成栅线,这样来自点 $B(x', y', f_1)$ 的光被投影到物体表面 $P(x, y, z)$ 点处。f_1 是透镜 L_1 的焦距。随后,物体表面反射的光再由透镜 L_2 成像到参考光栅 G_2 上,栅线的像与参考光栅 G_2 叠合形成云纹。来自点 $P(x, y, z)$ 的光成像到参考光栅 G_2 上的点 $D(x'', y'', f_2)$ 处。f_2 是透镜 L_2 的焦距。此时,透过光栅 G_2 观察到的光场强度分布可以表示为

$$\begin{aligned}I(x'', y'', z'')&=T_2\rho_2R(x, y, z)\rho_1I_{pr}+I_B\\&=I_0\rho_1\rho_2R\left[\frac{1}{2}+\frac{1}{2}\sin\left(\frac{2\pi x'}{p_1}+\phi_1\right)\right]\times\\&\quad\left[\frac{1}{2}+\frac{1}{2}\sin\left(\frac{2\pi x'}{p_2}+\phi_2\right)\right]+I_B\end{aligned} \tag{7.27}$$

式(7.27)中 ρ_1、ρ_2 表示通过透镜 L_1、L_2 的透过率;$R(x, y, z)$ 为物体表面 (x, y, z) 点处的反射率;I_B 为背景光强度。令 $A=I_0\rho_1\rho_2R$,式(7.27)可展开为

$$
\begin{aligned}
I &= A\left[\frac{1}{2}+\frac{1}{2}\sin\left(\frac{2\pi x'}{p_1}+\phi_1\right)\right]\times\left[\frac{1}{2}+\frac{1}{2}\sin\left(\frac{2\pi x''}{p_2}+\phi_2\right)\right]+I_B \\
&= \left(\frac{A}{4}+I_B\right)+\frac{A}{4}\left[\sin\left(\frac{2\pi x'}{p_1}+\phi_1\right)+\sin\left(\frac{2\pi x'}{p_2}+\phi_2\right)-\right. \\
&\quad \left.\frac{1}{2}\cos\left(\frac{2\pi x'}{p_1}+\frac{2\pi x''}{p_2}+\phi_1+\phi_2\right)+\frac{1}{2}\cos\left(\frac{2\pi x'}{p_1}-\frac{2\pi x''}{p_2}+\phi_1-\phi_2\right)\right]
\end{aligned} \tag{7.28}
$$

式(7.28)中，第一项为直流分量，对应背景光强度；第二、三、四项为空间高频项，对应条纹图像中的高频栅线噪声；第五项为空间低频项，对应云纹条纹。通过图像降噪方法(具体参见 7.3.1.2 节)可去除高频栅线噪声从而提取出需要的云纹条纹成分，最终形成的云纹光强表达式为

$$
\begin{aligned}
I &= \left(\frac{A}{4}+I_B\right)+\frac{A}{8}\cos\left(\frac{2\pi x'}{p_1}-\frac{2\pi x''}{p_2}+\phi_1-\phi_2\right) \\
&= M+N\cos\left(\frac{2\pi x'}{p_1}-\frac{2\pi x''}{p_2}+\phi_1-\phi_2\right)
\end{aligned} \tag{7.29}
$$

2. 图像降噪

对于用相位进行计算的投影云纹方法而言，从离散的数字图像中提取出精确的相位信息尤为重要。在这一过程中，去除或减小云纹图像中的噪声是首要任务。云纹图像噪声主要分为两种：一种是由外界环境光干扰所产生的噪声，另一种是云纹图像中包含的高频栅线噪声。使用图像平均法可以降低实际实验中的第一种噪声。图像平均法是指计算同时拍摄的多帧相同相位的图片的平均值，这能够有效减少外界环境光的影响。假设一次拍摄的帧数为 N，图片灰度矩阵被定义为 I_1，I_2，…，I_N，去噪声后的图片被定义为 I_{ave}，则求平均的过程可以表示为

$$
I_{\text{ave}}=\frac{1}{N}\sum_{i=1}^{N}I_j \tag{7.30}
$$

基于离散栅线平均法可以消除第二种高频噪声。具体过程为对投影的条纹图片与参考光栅进行同步移动，记录多幅静态的云纹图像，每幅图像对应的投影和参考光栅都有一个特定的相位增量。当相位增量与图像数量满足一定的条件时，将这多幅图像平均就可以消除高频栅线噪声，仅保留低频云纹成分。采集 N 幅云纹图像，令第 i 幅图像对应的投影和参考光栅的相位增量均为 $i\delta(i=0,\ 1,\ \cdots,\ N-1)$。这 N 幅云纹图像的灰度可以表示为

$$
\begin{aligned}
I_i &= \left(\frac{A}{4}+I_B\right)+\frac{A}{4}\left[\sin\left(\frac{2\pi x'}{p_1}+\phi_1+i\delta\right)+\sin\left(\frac{2\pi x''}{p_2}+\phi_2+i\delta\right)-\right. \\
&\quad \left.\frac{1}{2}\cos\left(\frac{2\pi x'}{p_1}+\frac{2\pi x''}{p_2}+\phi_1+\phi_2+2i\delta\right)+\frac{1}{2}\cos\left(\frac{2\pi x'}{p_1}-\frac{2\pi x''}{p_2}+\phi_1-\phi_2\right)\right]
\end{aligned} \tag{7.31}
$$

对这 N 幅云纹图像求平均，可得

$$
I_i=\left(\frac{A}{4}+I_B\right)+\frac{A}{4N}\left[\sum_{i=0}^{N-1}\sin\left(\frac{2\pi x'}{p_1}+\phi_1+i\delta\right)+\sum_{i=0}^{N-1}\sin\left(\frac{2\pi x''}{p_2}+\phi_2+i\delta\right)-\right.
$$

$$\frac{1}{2}\sum_{i=0}^{N-1}\cos\left(\frac{2\pi x'}{p_1}+\frac{2\pi x''}{p_2}+\phi_1+\phi_2+2i\delta\right)+\frac{N}{2}\cos\left(\frac{2\pi x'}{p_1}-\frac{2\pi x''}{p_2}+\phi_1-\phi_2\right)\Bigg]$$

(7.32)

由式(7.32)可知,当 $N\delta=2\pi$ 时,即可消除噪声仅保留云纹。本实验设定 $N=4$ 及 $\delta=\pi/2$,即针对同一云纹相位状态,采集 4 组满足相位增量 $\delta=\pi/2$ 的图片用作平均处理。这样设置可以最大地节省图像降噪的时间,同时达到比较好的降噪效果。

图 7-13(a)展示的是未处理的带有高频栅线噪声的原始云纹图像,由于像素压缩的原因在这张图像上竖直黑色细线并不明显。如果将其中用白色方框围住的区域放大,如图 7-13(b)所示,可以看到图像上竖直的高频栅线。如果用带有噪声的云纹图像去计算相位必然会产生较大的计算误差,最终影响坐标的计算。因此,为了得到更加精确的相位场,必须将这些固有的噪声去除。

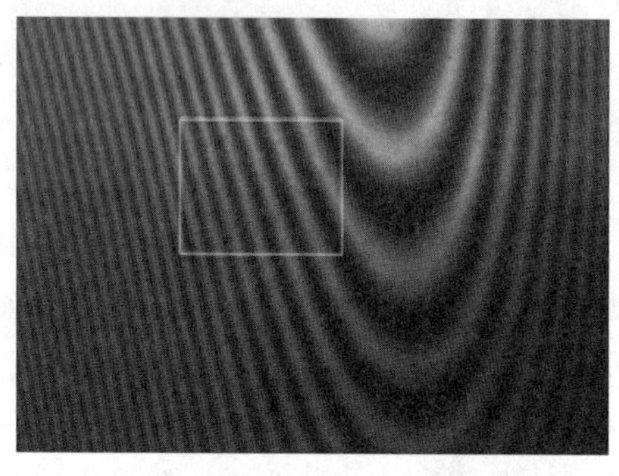

(a) 带有高频栅线噪声的原始云纹图像

(b) 局部放大图

图 7-13 原始云纹图像

进行去噪实验后,如图 7-14 所示,图像上模糊的栅线消失。这就说明该方法消除了原始云纹图像上的高频噪声。

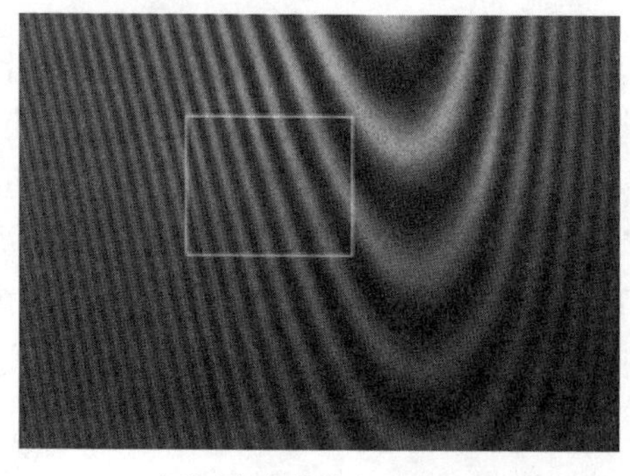

(a) 去除高频栅线噪声后的云纹图像

(b) 局部放大图

图 7-14 去噪后云纹图像

3. 相移与解包裹

相移是指对多幅具有相同相位差的云纹图片进行运算,从而提取出其中的相位信息。以四步相移为例,四幅图片的光强表达式可以表示为

$$
\begin{aligned}
I_1(u, v) &= a(u, v) + b(u, v)\cos\phi(u, v) \\
I_2(u, v) &= a(u, v) + b(u, v)\cos\left[\phi(u, v) + \frac{\pi}{2}\right] \\
I_3(u, v) &= a(u, v) + b(u, v)\cos\left[\phi(u, v) + \pi\right] \\
I_4(u, v) &= a(u, v) + b(u, v)\cos\left[\phi(u, v) + \frac{3\pi}{2}\right]
\end{aligned}
\tag{7.33}
$$

则云纹的相位可以由下式计算得到

$$
\phi(u, v) = \arctan\left(\frac{I_4 - I_2}{I_1 - I_3}\right) \tag{7.34}
$$

根据上述四步相移方法，可以根据图 7-15 计算出图 7-16 中相应的包裹相位。

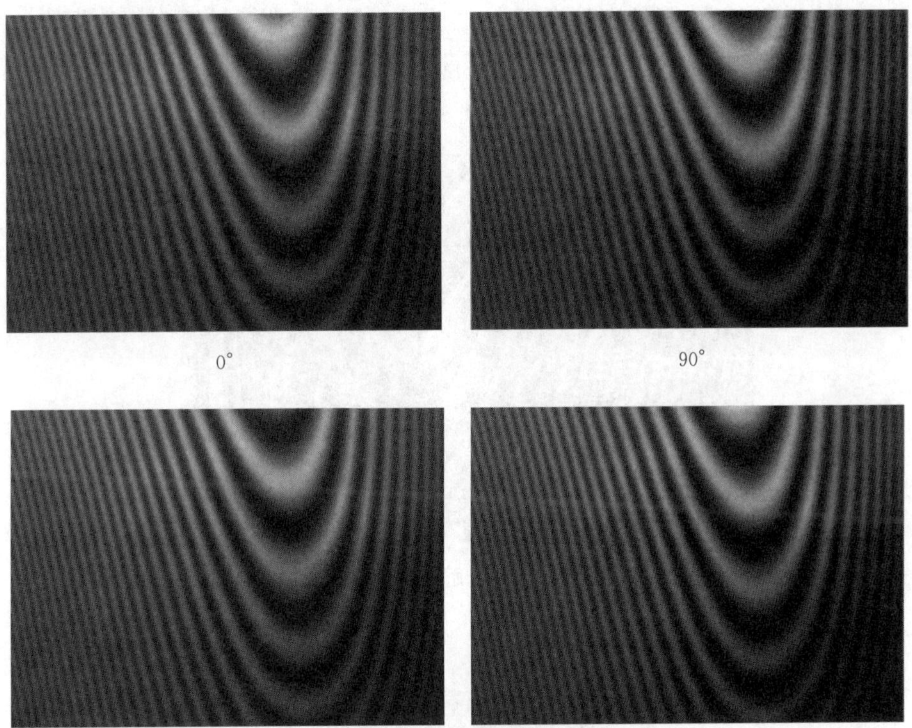

图 7-15　去噪后的参考平面四步相移云纹图像

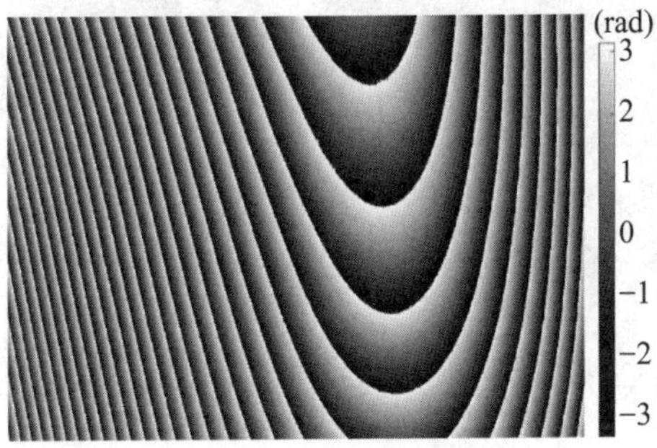

图 7-16　参考平面的包裹相位图

需要注意的是，这里使用的坐标不再是 $I(x'', y'', z'')$，而是 $I(u, v)$，这是因为在推导云纹公式时，使用的是两种光栅坐标系，即 $O'-x'y'z'$ 与 $O''-x''y''z''$。但是实际拍摄到的云纹图片是由相机给出的，因此最终要在相机像素平面上建立平面 uv 坐标系。并使用 $[u, v]$ 坐标来标识具体的像素点以及对应的云纹灰度 $I(u, v)$ 和云纹相位 $\phi(u, v)$。平面 uv 坐标系的具体解释将在后续章节给出。

然后，将包裹着的相位解包裹得到连续的绝对相位。由于三角函数是有周期性的，并且在相移过程中使用了反正切函数，因此通过相移法获得的相位是在 $(-\pi, \pi)$ 范围内"包裹"着的，如图 7-17 所示。对于整个图像的相位计算，在规定某条条纹为零级条纹后，计算获得的相位是连续的，这需要将周期性变化的相位展开为连续变化的相位，即相位"解包裹"。一般情况下在解包裹的过程中总是默认相邻像素点的相位差在一个周期以内，如果物体表面存在不连续的情况，例如台阶状的表面，可能导致云纹相位解包裹时出现级数识别错误的状况。为了简化实验流程，降低实验难度，本实验只测量没有明显阶跃表面的物体。在这种情况下，上述对于相位连续的假设总是成立的，可采用质量图导向法(quality guide phase unwrapping algorithm)实现解包裹这一过程。图 7-18 中给出了一个用作参考平面的平板

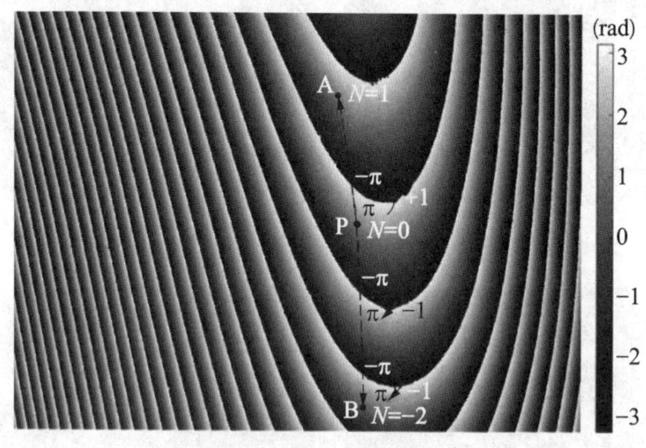

图 7-17　解包裹原理

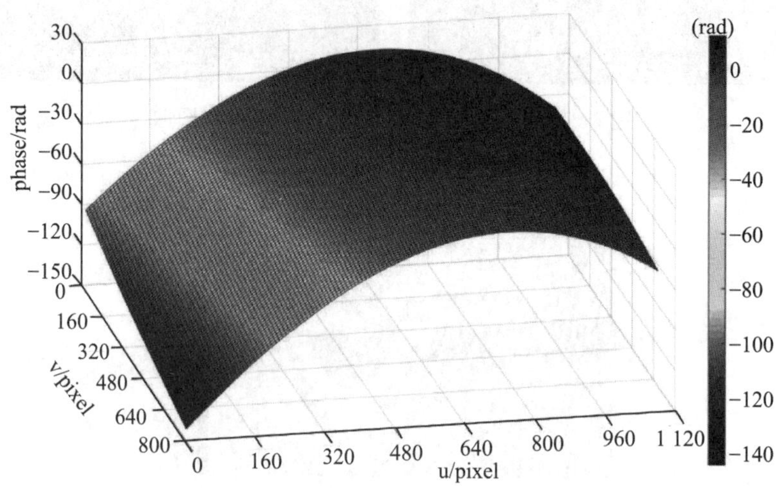

图 7-18　解包裹后的参考平面相位图

的解包裹相位图,可以看到它的相位分布是一个连续的曲面。

4. 相机模型与标定方法

CCD 相机是光学测量系统获得图像信息的主要工具,要由图像计算物体表面空间测点的三维坐标信息,必须首先确定合适的相机模型。相机模型是光学成像几何关系的简化,最简单最常用的模型为线性模型,也称为针孔模型。如果考虑实际光学系统中存在的装配误差和加工误差,物体点在相机图像平面上实际所形成的像与理想成像点之间会存在一定的偏差,这种偏差称为光学畸变误差。光学畸变误差主要分为径向畸变、偏心畸变和薄棱镜畸变三类。这类考虑了光学畸变误差的相机模型为非线性模型,也称为畸变模型。

如图 7-19 所示,实际的投影云纹接收系统为两级成像系统,这是因为其包含了广角镜头成像以及 CCD 相机成像两个步骤。参考文献证明了在满足广角镜头光轴与 CCD 相机光轴共线的情况下,整个接收系统可以等效为一个针孔相机。出于实验复杂度的考虑,本实验采用不含畸变系数的针孔相机模型来描述整个接收系统。接下来给出模型的基本参数,以及示意图。

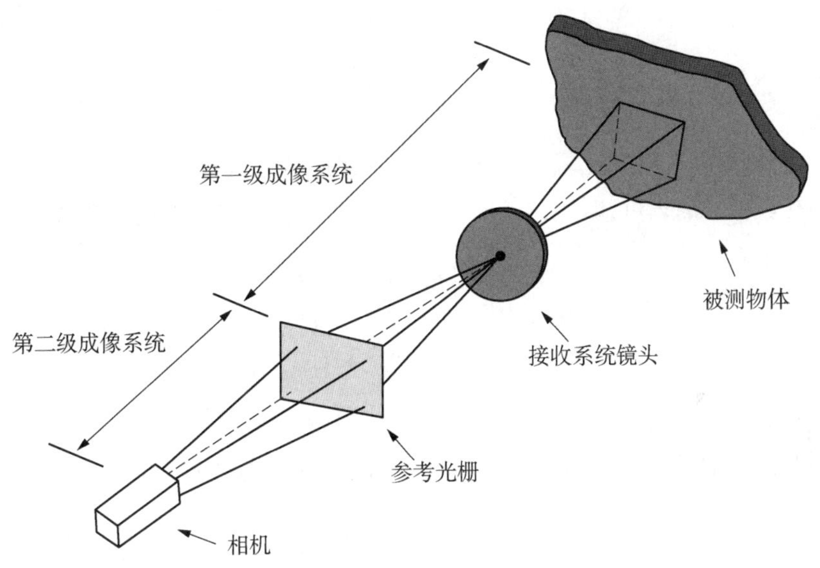

图 7-19　两级成像系统

如图 7-20 所示,图像像素坐标系 O_i-uv 以二维图像的左上角点 O_i 为坐标原点,像素坐标 $[u, v]$ 代表像素点在二维图像矩阵中所处的行和列。图像物理坐标系 O_p-xy 以相机镜头的光轴 O_cZ_c 与相机成像平面的交点 O_p 为坐标原点,x 轴、y 轴与图像像素坐标系中的 u 轴、v 轴对应平行,其描述的是像素点在图像中的物理坐标位置(例如以毫米为单位)。光轴 O_cZ_c 与相机成像平面的交点 O_p 通常又称为主点,设其在图像中的像素坐标为 $[u_0, v_0]$。

设点 P 为空间被摄物体上的任意一点,它在世界坐标系下与相机坐标系下的坐标分别为 $[x_w, y_w, z_w]$ 和 $[x_c, y_c, z_c]$。点 P' 为空间点 P 在相机成像平面上的像点,P' 点在图像物理坐标系和图像像素坐标系下的坐标分别为 $[x, y]$ 和 $[u, v]$,两种坐标之间的关系为

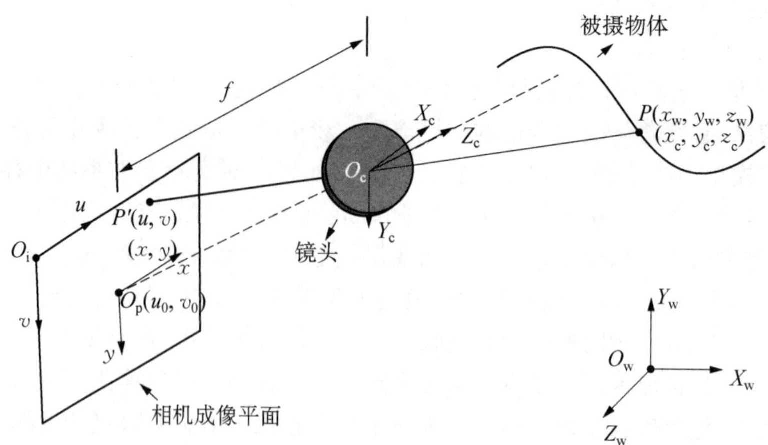

图 7-20　针孔相机模型

$$\begin{cases}u=u_0+\alpha x\\v=v_0+\beta y\end{cases}\equiv\begin{bmatrix}u\\v\\1\end{bmatrix}=\begin{bmatrix}\alpha&0&u_0\\0&\beta&v_0\\0&0&1\end{bmatrix}\begin{bmatrix}x\\y\\1\end{bmatrix}\tag{7.35}$$

式中：α 和 β 分别为在 u 轴和 v 轴方向上单位距离对应的像素数。

根据小孔成像的原理可知，$[x,\ y]$ 与 $[x_c,\ y_c,\ z_c]$ 有如下变换关系，即

$$z_c\begin{bmatrix}x\\y\\1\end{bmatrix}=\begin{bmatrix}f&0&0\\0&f&0\\0&0&1\end{bmatrix}\begin{bmatrix}x_c\\y_c\\z_c\end{bmatrix}\tag{7.36}$$

式中：f 为相机焦距。

接下来考虑点 P 在世界坐标系以及相机坐标系下的坐标变换，可得

$$\begin{bmatrix}x_c\\y_c\\z_c\end{bmatrix}=[\boldsymbol{R}\quad\boldsymbol{T}]\begin{bmatrix}x_w\\y_w\\z_w\\1\end{bmatrix}\tag{7.37}$$

式中：$\boldsymbol{R}$ 和 $\boldsymbol{T}$ 矩阵分别为世界坐标系变换到相机坐标系的旋转矩阵和平移矩阵，通常称为相机的外部参数。$\boldsymbol{R}$ 为一个 3×3 的正交矩阵，$\boldsymbol{T}$ 为一个 3×1 的平移向量。

将以上各式联立可得从点 p 到像素坐标的投影关系

$$z_c\begin{bmatrix}u\\v\\1\end{bmatrix}=\begin{bmatrix}\alpha&0&u_0\\0&\beta&v_0\\0&0&1\end{bmatrix}\begin{bmatrix}f&0&0\\0&f&0\\0&0&1\end{bmatrix}[\boldsymbol{R}\quad\boldsymbol{T}]\begin{bmatrix}x_w\\y_w\\z_w\\1\end{bmatrix}\tag{7.38}$$

令

$$\boldsymbol{K}=\begin{bmatrix}\alpha & 0 & u_0\\ 0 & \beta & v_0\\ 0 & 0 & 1\end{bmatrix}\begin{bmatrix}f & 0 & 0\\ 0 & f & 0\\ 0 & 0 & 1\end{bmatrix} \tag{7.39}$$

则式(7.38)可以化简为

$$z_c\begin{bmatrix}u\\ v\\ 1\end{bmatrix}=\boldsymbol{K}[\boldsymbol{R}\quad \boldsymbol{T}]\begin{bmatrix}x_w\\ y_w\\ z_w\\ 1\end{bmatrix} \tag{7.40}$$

矩阵 $\boldsymbol{K}$ 中的参数仅与相机的内部结构有关，因此通常将这些参数统称为相机内部参数，将矩阵 $\boldsymbol{K}$ 称为内参矩阵。矩阵 $[\boldsymbol{R}\quad \boldsymbol{T}]$ 描述的是世界坐标系与相机坐标系之间的相对位置关系，即旋转和平移变换关系，这些参数称为相机外部参数，矩阵 $[\boldsymbol{R}\quad \boldsymbol{T}]$ 称为外参矩阵。

本实验中采用成熟的张正友标定法来标定相机，所需要的标定物为棋盘格标定板。该标定法的一般步骤如下：

(1) 选取具有标定特征点的平面标定模板(如棋盘格)。

(2) 利用成像系统拍摄多幅不同空间位置处的标定模板图像。

(3) 利用图像处理算法，提取图像中的标定特征点，获取标定特征点的二维图像坐标。

(4) 根据标定特征点的空间三维坐标和二维图像坐标估计成像系统的内外参数。

(5) 对估算出的成像系统内外参数进行非线性优化。

5. 相位高度关系以及标定方法

在云纹系统中，核心公式为相位高度关系表达式，其将云纹相位与物体高度联系起来，形成了一个纽带。本实验不做推导，详细推导过程见参考文献。对一个给定的相机像素点 $[u, v]$，其对应的物理点的 z_w 坐标与云纹相位 ϕ 之间的关系表示为

$$z_w=\frac{A(u, v)+B(u, v)\phi(u, v)}{1+D(u, v)\phi(u, v)} \tag{7.41}$$

式中：A、B 以及 C 是由系统参数组合而成的全场灵敏度系数，对同一个像素点，这 3 个系数是定值。

由于详细的计算出所有的系统参数是不现实的，因此本实验采用标定的方法来确定全场灵敏度系数矩阵。

将式(7.41)整理，得

$$A(u, v)+B(u, v)\phi(u, v)-z_w D(u, v)\phi(u, v)=z_w \tag{7.42}$$

其中对于给定的像素坐标，未知量的个数为 3 个。因此，至少需要知道 3 组对应的 $\phi(u, v)$ 与 z_w，才能构成方程组进行求解。假设获得了 N 组对应值，可以获得以下方程组

$$\boldsymbol{Mx}=\boldsymbol{Z} \tag{7.43}$$

其中

$$\boldsymbol{M}=\begin{bmatrix}1 & \phi_1(u,v) & -z_{w1}\phi_1(u,v)\\ 1 & \phi_2(u,v) & -z_{w2}\phi_2(u,v)\\ \vdots & \vdots & \vdots\\ 1 & \phi_N(u,v) & -z_{wN}\phi_N(u,v)\end{bmatrix},\ \boldsymbol{x}=\begin{bmatrix}A(u,v)\\ B(u,v)\\ D(u,v)\end{bmatrix},\ \boldsymbol{Z}=\begin{bmatrix}z_{w1}\\ z_{w2}\\ \vdots\\ z_{wN}\end{bmatrix} \tag{7.44}$$

式(7.44)的最小二乘解为

$$\boldsymbol{x}=(\boldsymbol{M}^{\mathrm{T}}\boldsymbol{M})^{-1}\boldsymbol{M}^{\mathrm{T}}\boldsymbol{Z} \tag{7.45}$$

即该像素点处的灵敏度系数。基于上述思想,本实验采用的全场灵敏度系数矩阵标定方法是测量一块平板在多个(至少 3 个)已知 z_w 位置处的相位分布。具体的标定步骤如下:

(1) 通过高精度平动台,将标定平板即参考平面移动到多个已知 z_w 位置处。在每一个 z_w 位置,采集一组云纹图。

(2) 利用相移算法和相位展开,计算每一个 z_w 位置处标定平板对应的全场相位分布。

(3) 选取任意一个 z_w 位置为零位置(一般为参考平面的初始位置),根据标定平板每次的位移量确定各个位置的相对 z_w 值。

(4) 遍历图像中的所有像素,根据上式计算全场灵敏度系数矩阵。

(5) 根据被测物体云纹相位,以及全场灵敏度系数矩阵计算出高度分布,根据相机标定参数计算出剩余的 x、y 坐标。

7.3.2 投影云纹法测量连续物体三维形貌

1. 实验目的

掌握投影云纹法的基础知识,并通过基础实验来掌握相应的实验方法,以及加强对知识的理解。掌握相机标定、云纹系统标定的方法,并成功测量没有阶跃表面的简单物体的三维形貌。

2. 实验装置

投影云纹测量系统如图 7-21 所示,左下方为投影系统,即一台高清投影仪,右下方为接收系统;从上往下依次为广角镜头、安装在压电陶瓷平动台上的参考光栅、定焦镜头和 CCD 相机。其中,投影仪为 1 920 × 1 200 分辨率的 DLP 投影仪;广角镜头为焦距 16～35 mm,最大光圈 f/2.8 的 EF 卡口镜头;光栅栅线周期为 32 μm;压电陶瓷平动台行程范围为 85 μm,移动的分辨率可达 7 nm,能够精确实现本实验需要的微米级的移动;定焦镜头为焦距 50 mm,最大光圈 f/1.4 的 F 卡口镜头;CCD 相机分辨率为 5472×3648;测量空间中位移平台的行程范围为 210 mm,精度 0.5 μm;固定装置用于保证参考平面法线与位移平台移动方向共线;参考平面一方面用于标定全场灵敏度系数,另一方面用于放置初始位置的标定板,确保世界坐标系 $O_w-X_wY_w$ 平面与参考平面重合。

3. 实验原理

在投影云纹系统的测量空间内,放置一块平板作为参考平面。通过沿着平板的法向方向移动来获得不同高度的平板的云纹相位,并标定出全场灵敏度系数。然后放置被测物体,根据相应的云纹相位,以及灵敏度系数计算出物体表面的高度分布。在参考平面处放置棋盘格标定板并标定出相机参数。根据相机参数,以及高度分布计算出其余坐标值,实现三维重建。具体过程见上节。

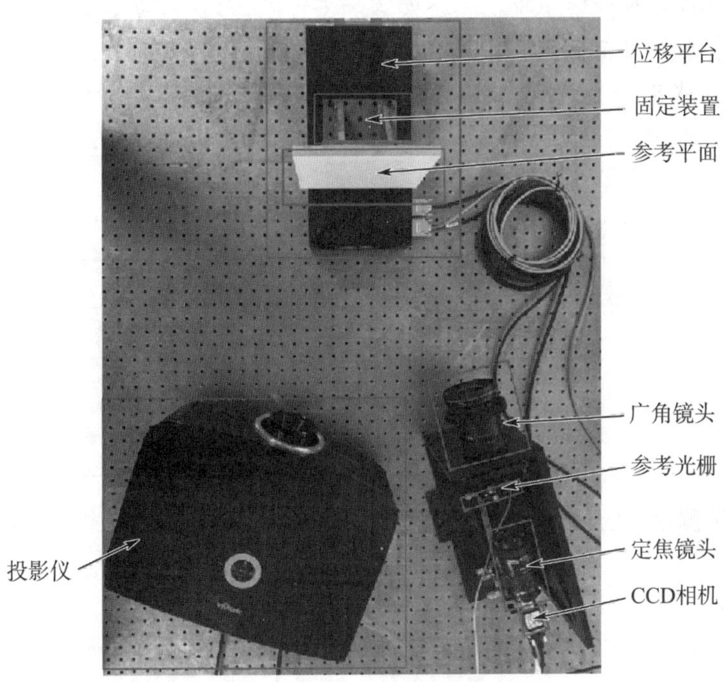

图7-21　实际投影云纹系统

4. 实验步骤

利用上述的投影云纹系统对被测物体进行测量。测量步骤如下：

(1) 将平板固定在电动平移台上，调整标定平板的方向，使得电动平移台的移动方向垂直于标定平板平面。

(2) 将投影系统和接收系统放置到距离标定平板合适的位置，调节投影系统和接收系统的角度，使得二者的光轴大致指向标定平板的中心区域。调节投影仪、广角镜头、相机镜头的对焦环，以所形成的云纹条纹的清晰度作为系统调节标准。在图像采集软件中显示出清晰的云纹图案后，完成整个系统的光路调节，在后续的标定和测量中都不能对系统做任何调整。

(3) 利用电动平移台驱动标定平板前后运动，观察云纹图像的清晰度、对比度变化，大致确定一个系统的景深范围。在估计的景深范围确定至少三个位置，通过测量这些位置处标定平板的绝对相位分布来标定系统的全场灵敏度系数矩阵。

(4) 测量棋盘格标定板厚度，将标定平板向后位移该厚度，然后将棋盘格标定板放置到标定平板前方，此时标定板表面和参考平面重合。该位置作为棋盘格标定板的第一个位置，使用相机拍摄图片，然后将棋盘格标定板摆放到其他任意位置。一般采集10到15个不同位置、姿态下的棋盘格标定板图像。采用张正友标定法标定两级成像系统的透视投影矩阵。

(5) 完成系统的标定后，对物体进行测量。尽量将被测物体放置在视场中心区域条纹质量较高(主要指图像清晰度和条纹的对比度)的地方，每个被测物体需采集一组云纹图像。

(6) 为了实现投影与参考光栅的同步移动，需要分别改变投影仪的投影图片和控制接收系统中的压电陶瓷平动台进行相移。形成云纹图案时投影仪投影的图像是周期为4像素的条纹图案，要想实现四分之一周期的移动只需控制图像平移一个像素即可。因此实验前需准备一组按顺序排列的依次平移一个像素的条纹图,实验中改变投影的图像即可。接收系统的光栅是已知光栅间距的标准物理光栅。以 32 μm 为例,四分之一周期的相移即控制高精度平动台平移 8 μm。表 7-1 列出了离散栅线平均法的实验过程中投影图片和平动台控制的光栅的位置,按照这个表格采集四组云纹图像求平均后即可去除图像中的高频栅线噪声。

表 7-1 同步移动和四步相移结合的光栅控制表 单位:μm

图像序号	1	2	3	4
0°	0	8	16	24
90°	8	16	24	32
180°	16	24	32	40
270°	24	32	40	48

(7) 根据被测物体的云纹相位、全场灵敏度系数以及接收系统内外参数计算出物体的三维坐标。

5. 实验报告要求

实验报告应包含投影云纹法的基本相关知识、相机参数定义、实际实验中的操作步骤以及测量结果与结果分析。

6. 思考题

(1) 试说明云纹的概念及其形成机理。

(2) 试分析与讨论测量误差产生的原因。

7.4 数字图像相关技术

7.4.1 简介

数字图像相关(Digital Image Correlation, DIC)方法是一种应用广泛、发展迅速的全场非接触式光学测量方法。该方法通过相机将被测物体表面灰度信息转换为数字图像进行存储,然后分析前后两幅数字图像的灰度变化获得被测物体表面的位移规律,进而计算得到应变等参量。早期的数字图像相关方法采用光轴垂直于被测物体表面的单相机进行图像采集,主要用于平面问题的面内位移与变形测量,被称为二维数字图像相关方法(2D-DIC)。随后,学者们将摄影测量,以及双目视觉等原理引入 DIC 方法中,形成了三维数字图像相关方法(3D-DIC),该系统可以用于测量物体的表面形貌以及三维变形场。3D-DIC 测量时需要对双目摄像系统的参数进行标定,实验与数据处理过程较二维数字图像相关方法要更加复杂。本章节主要介绍二维数字图像相关方法,读者可通过查阅相关文献了解三维数字图像相关方法。

1. 数字图像相关系统

数字图像相关方法的测量步骤如下:

(1) 在被测物体表面预制随机散斑图案。

(2) 通过成像系统采集被测物体表面变形前后的数字图像。

(3) 以变形前数字图像为参考图，通过数字图像相关方法计算参考图中各采样点的位移。

(4) 通过位移数据计算获得应变信息。

为了采集数字图像，需要搭建如图 7-22 所示的二维数字图像相关测量系统，表面预制了散斑图像的被测平面物体固定于加载装置中，相机的光轴垂直于试件表面且对其聚焦成像，在实验过程中通过计算机控制相机采集图像。数字化后，每幅图像被离散成 $M \times N$ 像素的灰度阵列，并存入计算机硬盘。

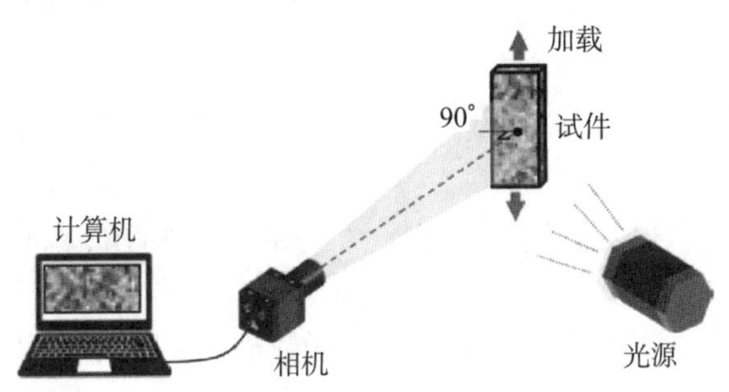

图 7-22　数字图像相关测量系统

2. 基本原理

在完成图像采集后，基于变形前后灰度不变性假设，利用图像匹配原理求解变形前后两幅图像中对应坐标。如图 7-23 所示，一般来讲，基于子区域的数字图像相关算法在计算参考图(通常为变形前数字图像)上任意一点 $A(x_0,\ y_0)$ 的位移时，需要选取以 A 点为中心的大小为 $(2M+1)*(2M+1)$ 的正方形子区域，在目标图(通常为变形后数字图像)中通过一定的搜索方法寻找与其灰度信息具有最大相似性的以 $B(x_1,\ y_0)$ 为中心的子区域，两子区域的相似性通过某一相关函数进行定量评估。然后对比 A、B 两点的坐标，就可以确定 A 点的位移 u 与 v。因此，数字图像相关法的计算过程本质是一个优化过程，即在目标图中寻找相似程度最大值的过程。

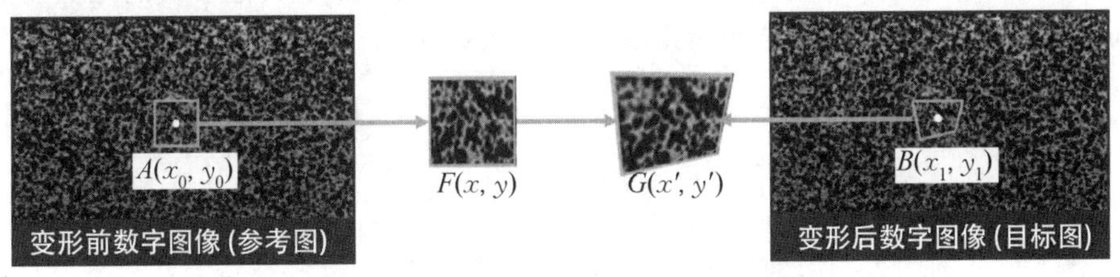

图 7-23　数字图像相关方法基本原理

3. 相关函数

为了定量描述子区域间灰度信息的相似性，通常需要定义相关函数。相关函数可以分为基于互相关的相关函数与基于距离和的相关函数。研究表明两者具有相同效果且可以互相转换，因此本章主要以基于距离和的相关函数为例进行说明。

最简单的相关函数的形式是灰度差平方和(Sum of Squared Differences, SSD)，即

$$C_{\mathrm{SSD}}(P)=\sum_{\Omega}[F(x, y)-G(x', y')]^2 \tag{7.46}$$

式中：Ω 为子区域内的像素点集合；$F(x, y)$ 和 $G(x', y')$ 分别代表子区域内任意一点像素在参考图与目标图中的灰度值；

P 是用于描述子区域内各点位移的变形参数，一般包括子区域中心点 $A(x_0, y_0)$ 的位移，以及位移梯度。子区域中非中心位置的像素位移可以通过参数 P 以及相应的形函数来描述。不同的形函数阶数以及 P 中包含的参数个数所用来描述的子区域变形特性也有所不同：其中最常用的是一阶形函数，它可以用于描述子区域的平移、旋转以及均匀应变，其表达式为

$$\begin{cases}x'=x+u+u_x(x-x_0)+u_y(y-y_0)\\ y'=y+v+v_x(x-x_0)+v_y(y-y_0)\end{cases} \tag{7.47}$$

式中：u 和 v 分别代表子区域内任意一点在 x 方向和 y 方向的位移，u_x，u_y，v_x，v_y 代表位移梯度，此时形函数参数 $P=(u, v, u_x, u_y, v_x, v_y)$。

当子区域内应变梯度较大时，可以用二阶形函数描述子区变形，其表达式为

$$\begin{cases}x'=x+u+u_x\Delta x+u_y\Delta y+\dfrac{1}{2}u_{xx}\Delta x^2+\dfrac{1}{2}u_{yy}\Delta y^2+u_{xy}\Delta x\Delta y\\ y'=y+v+v_x\Delta x+v_y\Delta y+\dfrac{1}{2}v_{xx}\Delta x^2+\dfrac{1}{2}v_{yy}\Delta y^2+v_{xy}\Delta x\Delta y\end{cases} \tag{7.48}$$

此时形函数参数 $P=(u, v, u_x, u_y, v_x, v_y, u_{xx}, u_{xy}, v_{xx}, v_{yy}, v_{xy})$。对于刚体平移，则可用零阶形式

$$\begin{cases}x'=x+u\\ y'=y+v\end{cases} \tag{7.49}$$

此时形函数参数 $P=(u, v)$。当优化目标函数取得极值时，子区域间具有最大的相似度，对应的形函数参数 P 即最优解。

SSD 相关函数容易受到光照的影响，因此研究者们又提出了其他形式的相关函数，例如零均值归一化 SSD(Zero-mean Normalized SSD, ZNSSD)

$$C_{\mathrm{ZNSSD}}(P)=\sum_{\Omega}\left\{\frac{F(x, y)-F_0}{\sqrt{\sum_{\Omega}[F(x, y)-F_0]^2}}-\frac{G(x', y')-G_0}{\sqrt{\sum_{\Omega}[G(x', y')-G_0]^2}}\right\} \tag{7.50}$$

式中：F_0 与 G_0 分别代表变形前后子区域内的灰度平均值。

ZNSSD 具有对光照强度的偏移和线性变化不敏感的特性，因此被广泛使用。

4. 优化算法

在定义了相关函数后，数字图像相关方法首先通过搜索算法获得整像素位移，然后再对其进行亚像素位移测量，从而减少位移场测量时的计算量。整像素位移搜索时，将运动视为刚体平动。假设变形前后图像子区形状不变，即采用零阶形函数描述子区位移。在目标图中按照一定的规则，移动与参考图子区域相同大小的目标图子区域(调整形函数中 u，v 的值)；每移动一个位置，便进行一次相关度的计算，进而调整移动的方向，最终搜索到相关度

全局最高的区域。整像素搜索算法有许多种，其中最为简单准确的搜索算法是全局搜索，即对全图进行遍历搜索。该搜索算法能保证匹配到相关度为全局最高的区域，但计算消耗非常大，只有在图像很小的情况下才会使用。为了减少整像素搜索的计算量，可以使用粗细搜索法，先对整个搜索区域采用大步长来进行相关运算，完成粗略的定位，然后再逐步缩小步长，进行精确定位；也可以使用邻近域搜索法，在通过全场搜索获得第一个采样点 A 在目标图中的对应点 B 后，根据变形连续性假设，对于 A 点的相邻采样点 Q，只需在目标图中 P' 附近的一个较小的区域内进行搜索即可。

由于数字图像方法记录的是离散后的灰度信息，整像素搜索算时子区的平移只能以整像素为单位进行，因此所获得的位移只能是像素的整数倍，这样的位移测量精度往往无法满足工程应用的要求。为了提高数字图像相关方法的测量精度，可以采取提高相机分辨率及采用具有更高放大倍数的光学成像系统，前者的代价十分昂贵，后者会相应地减少可测量的面积。为了在不改变图像分辨率的情况下提高数字图像相关方法的测量精度，研究者们对数字图像局部进行灰度插值重建，获得亚像素级别的灰度信息，从而在亚像素精度范围内进行位移测量。常用的灰度插值方法包括双三次插值方法、B 样条插值方法等。相对来说，前者的运算效率较高，后者的插值误差更小。

在完成进行整像素位移搜索与灰度插值重建后，需要进一步进行亚像素位移的计算。常用的亚像素位移算法大致分为三类：基于 Newton-Raphson 迭代的算法、相关系数曲面拟合法和基于灰度梯度的算法。下面以 Newton-Raphson 算法为例说明。为了改进测量方法，提高测量精度，Newton-Raphson 算法摒弃了子区应变为零的假设，考虑了有应变存在的情况，使用一阶形函数或二阶形函数描述子区变形，利用整像素位移搜索结果作为初值进行迭代，形函数参数 P 在第 $t+1$ 次迭代与第 t 次迭代的关系为

$$P^{t+1}=P^{t}+\Delta P^{t}=P^{t}-(\nabla\nabla C)^{\mathrm{T}}\nabla C \tag{7.51}$$

式中：$\nabla\nabla C$ 和 ∇C 分别代表相关函数在第 t 次迭代时，关于参数 P 的 Jacobian 矩阵和 Hessian 矩阵。迭代的收敛条件为相邻两次迭代结果的 P 参数波动小于设定的阈值。

5. 全场应变测量

在获得位移场结果后就可以进一步计算得到应变场。作为一种测量方法，数字图像相关方法不可能完全真实地还原位移场。根据相关研究结果，现有数字图像相关方法的测量精度约为 0.02 像素。若直接对测量得到的位移场进行差分计算，则不可避免地会放大位移场中的噪声，导致应变计算结果失真。因此，通常再用基于位移场的逐点局部最小二乘拟合算法来获取应变场。

7.4.2　基于数字图像相关方法的四点弯曲变形实验

1. 实验目的

(1) 掌握数字图像相关方法的基本原理。

(2) 应用数字图像相关方法计算四点弯曲试件的全场应变。

(3) 通过与固体力学基本理论的分析及对比验证实验精度。

2. 实验装置

四点弯曲实验装置如图 7-24 所示。

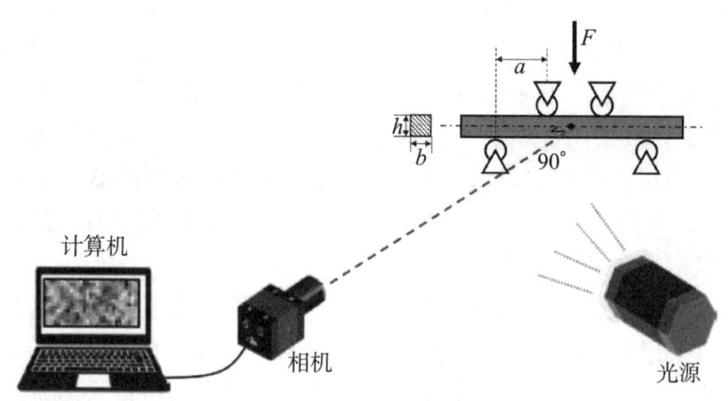

图 7-24　四点弯曲实验装置

3. 实验原理

数字图像相关方法是通过相机记录下变形前后被测物体的表面灰度信息，然后在参考图中选择种子点 $A(x_0, y_0)$，并以 A 点为中心选取边长为 $2M+1$ 的正方形子区域，再通过一定的搜索方法在目标图中寻找与其灰度信息具有最大相似性的以 $B(x_1, y_1)$ 为中心的子区域，最后通过相关函数进行定量评估两子区域的相似性。接着对比 A、B 两点的坐标，就可以确定 A 点的位移 u 与 v。在获得全场位移信息后，就可以通过逐点局部最小二乘法获得相应的应变信息。具体算法原理见 7.4.1。

4. 实验步骤

(1) 采用喷漆在标准拉伸试件表面制备随机散斑图案。

(2) 将试件固定在加载装置上，按图 7-24 所示的光路布置各个元器件，通过调整相机的位置、焦距、光圈大小，以及光源的亮度，确保采集到的散斑图像足够清晰。

(3) 采集变形前的图像，对试件逐级加载，采集变形后的图像，然后卸载。

(4) 利用数字图像相关方法程序计算位移场与变形场。

(5) 分析四点弯曲试件的全场应变特征，并比较其与固体力学理论结果之间的差异。

5. 实验报告要求

实验报告包括记录实验名称、实验目的和要求、实验日期及实验环境条件、实验设备等。分析纯弯曲段的正应力大小及分布，并将测量结果与理论结果进行对比。

在弹性范围内纯弯曲梁的正应力公式为

$$\sigma = \frac{M}{J_z} y \tag{7.52}$$

式中：M 为纯弯曲段梁截面上的弯矩，$M = F_a/2$；J_z 为横截面对中性轴的惯性矩；y 为截面上测点至中性轴的距离。

6. 思考题

(1) 应用数字图像相关方法测量的四点弯曲试件全场应变与理论结果有何异同？

(2) 对实验误差进行定量讨论，分析误差产生原因。

第8章

疲劳与断裂实验

8.1 金属疲劳

在工程实际中，许多零部件如轴、齿轮、轴承、叶片等，承受随时间周期性变化的载荷作用。这种随时间周期性变化的载荷称为交变载荷，对应的应力称为交变应力。在交变应力作用下，零部件的破坏形式与静载荷不同，破坏时的工作应力比静载作用下强度小得多。承受交变应力的零部件，经过较长时间运行而发生失效的现象称为疲劳。

疲劳破坏是机械零部件早期失效的主要形式。根据试验应力的大小、破断时应力（应变）循环次数的高低，可分为高周疲劳试验和低周疲劳试验。一般来说，失效循环次数大于 5×10^4 的称为高周疲劳试验，而小于 5×10^4 的称为低周疲劳试验，也称应变疲劳试验。

8.1.1 实验目的

（1）学习并掌握测定低碳钢材料疲劳极限 σ_{-1} 和疲劳寿命 $S-N$ 曲线的方法。

（2）了解高频疲劳试验机的构造原理和使用。

（3）观察疲劳断口的特征，分析导致疲劳破坏的主要原因。

8.1.2 实验装置

实验装置包括高频疲劳试验机、扳手、游标卡尺、千分尺等。疲劳试件的形式和尺寸，随试验机型号不同和材料的强度高低而异。根据《金属材料　疲劳试验　轴向力控制方法》（GB/T 3075—2021），通常采用如图 8－1 所示的具有完全机械加工的光滑圆柱标距的试样类型。

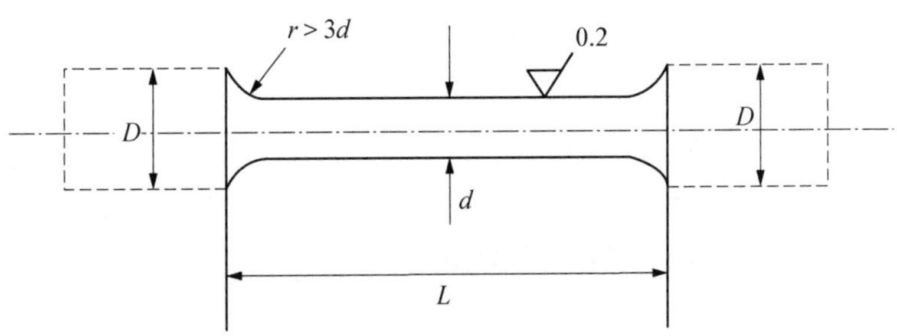

图 8－1　光滑圆柱形试件

8.1.3 实验原理

工程上处理疲劳数据的基本方法是绘制 $S-N$ 曲线,即表示应力 S 与断裂时应力循环次数 N 之间关系的曲线,如图 8-2 给出常见的 $S-N$ 曲线形式。绘制 $S-N$ 曲线时,一般以应力值 σ_0 或最大应力 σ_{max} 为纵坐标,断裂前的循环次数 N(疲劳寿命)为横坐标(N 均采用对数坐标)。试验表明当循环特性 $R=\sigma_{min}/\sigma_{max}$ 一定时,应力 σ 与 N 有完全的对应关系,即材料承受的最大循环应力越大,则断裂时的循环次数(N)越小。当 σ 低于某极限值时,其 $S-N$ 曲线趋于水平线,该极限应力即称为疲劳极限或持久极限(R 为应力循环对称系数,或称为应力比)。对于对称循环 $R=-1$ 时,疲劳极限用 σ_{-1} 表示。例如,对钢材做疲劳试验一般要进行 1×10^7 次数而不失效的最大应力为疲劳极限;而有色金属要求达 5×10^8 次数。对于大部分有色金属,如铝、镁及铜合金等,其 $S-N$ 曲线随循环次数的增加而逐渐向下倾斜。由于 $S-N$ 曲线不呈水平线,这些材料没有真正的疲劳极限。在这种情况下,普遍做法是给出规定循环次数(如 10^8)下的疲劳强度以表征材料的疲劳性能。

对于同种材料,对称循环疲劳极限 σ_{-1} 为最低。用 σ_{-1} 作为疲劳强度设计的依据将偏于安全,故 $S-N$ 曲线常在对称循环条件下测定。

金属轴向疲劳试验是一种常用的高周疲劳试验方法,试件在轴向疲劳载荷作用下,应力变化经历由最大拉应力—最大压应力—最大拉应力不断变化,其应力循环中具有最大代表值的应力如图 8-3 所示。

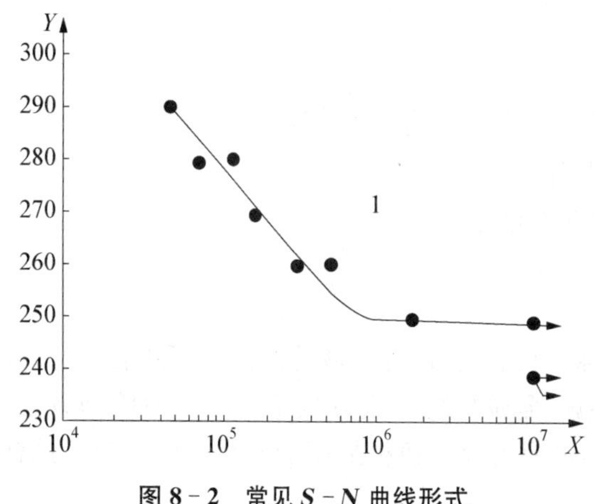

图 8-2 常见 $S-N$ 曲线形式

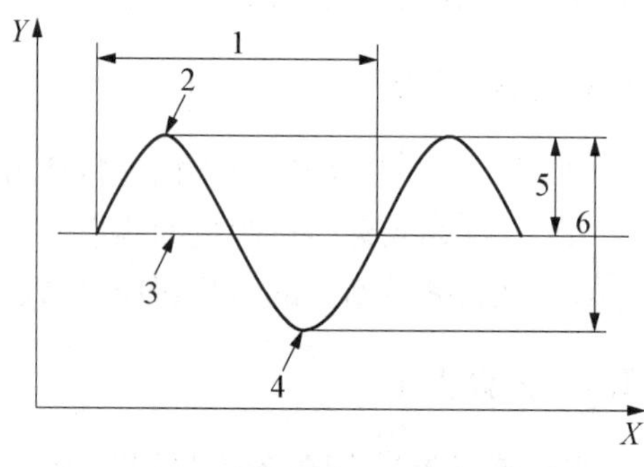

1—一个应力循环;2—最大应力 S_{max};3—平均应力 S_m;4—最小应力 S_{min};5—应力幅 S_a;6—应力范围 ΔS

图 8-3 疲劳应力循环

8.1.4 实验方法

在疲劳试验中,当不宜进行大量试验时,常常采用常规试验法。这种试验方法除了直接为工程设计部门提供疲劳性能数据外,还可作为一种特殊疲劳试验的预备性试验。由于常规试验方法耗费少,周期短,因此得到广泛运用。

1) 单点法

单点法是在每一应力水平只做 1 个试件。试验时,一般以最高应力水平开始,逐级降低应力水平,记录在各级应力水平下试件的疲劳寿命(破坏时的循环数),直到完成全部试验为止。

单点试验法至少需要 10 个材料和尺寸均相同的试件。其中一个试件用于静载试验，1～2 个试件作为备品，其余 7～8 个试件用于疲劳试验。

应力比 R 的大小应根据设计要求和试验机条件来确定，材料的 $S-N$ 曲线是在给定应力比的条件下试验得到的，轴向疲劳试验，通常情况下取应力比 $R=-1$。

试验时，应力水平至少取 7 级，相邻两级应力水平差的相对值不超过 5%。疲劳试验都是从高应力向低应力进行的，第一级的应力水平取 $\sigma=0.6\sim0.7R_m$。按测定疲劳极限或条件疲劳极限方法规定，循环次数超过 1×10^7 而未发生破坏，称为“通过”，(记为“O”)。发生破坏时称为破坏或断裂(记为“×”)。假设按规定的循环基数进行试验，第六根试件在 σ_6 作用下破坏，在 σ_7 作用下通过，且 $(\sigma_6-\sigma_7)$ 不超过 σ_7 的 5%，则取 σ_6 和 σ_7 的平均值作为疲劳极限和条件疲劳极限 σ_{-1}，即 $\sigma_{-1}=0.5(\sigma_6+\sigma_7)$；如果 $(\sigma_6-\sigma_7)$ 大于 σ_7 的 5%，还需进行第 8 根试件的试验，并取 $\sigma_8=0.5(\sigma_6+\sigma_7)$。这时，试验结果可能有两种情况：

第一种情况：若第 8 根试件在 σ_8 作用下，经 1×10^7 循环后通过[图 8-4(a)]，且 $(\sigma_6-\sigma_8)$ 小于 σ_8 的 5%，则认为疲劳极限 $\sigma_{-1}=0.5(\sigma_6+\sigma_8)$。

第二种情况：若第 8 根试件在 σ_8 作用下，未达到 1×10^7 次循环就发生破坏[图 8-4(b)]，且 $(\sigma_8-\sigma_7)$ 小于 σ_7 的 5%，则可以认为疲劳极限 $\sigma_{-1}=0.5(\sigma_8+\sigma_7)$。

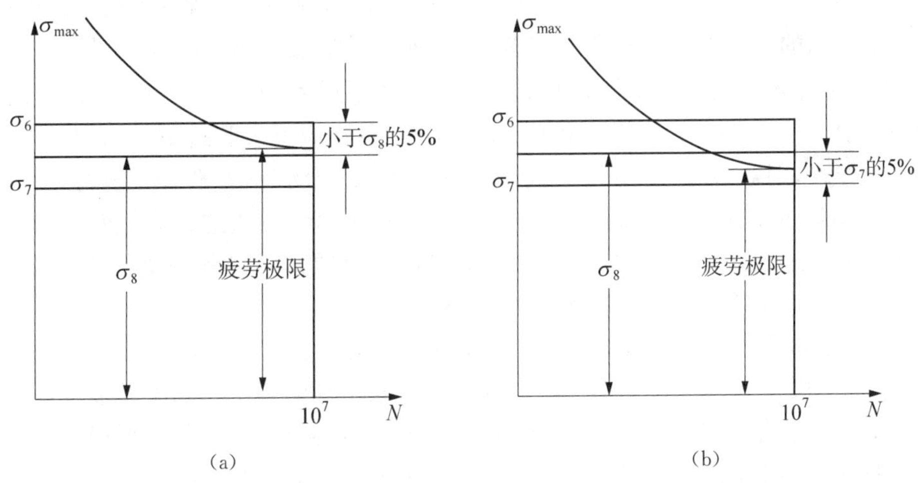

图 8-4　疲劳寿命

2) 升降法

由于长寿命区疲劳寿命的分散性，用单点法测定疲劳极限较简单，结果分散性较大，测得的疲劳极限精度低。为了比较准确地测定材料的疲劳极限或中值疲劳强度，常采用升降法。

升降法是在给定循环基数下测定疲劳极限，或者在某一指定寿命下测定中值疲劳强度的方法。试验时，从高于疲劳极限的应力水平开始，然后逐级下降，如图 8-5 所示。有效试件数量要求 13 根以上，应力增量 $\Delta\sigma$ 一般为预计疲劳极限的 3%～5%。试验一般在 3～5 级应力水平下进行，第一根试件的应力水平应略高于预计的条件疲劳极限。根据上一根试件的试验结果(破坏或通过)，决定下一根试件的应力(降低或升高)，直至完成全部试验。下面对升降试验法及其数据处理作简单介绍。

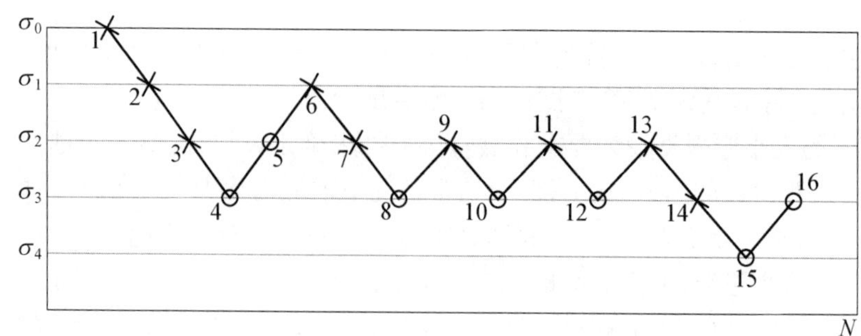

图8-5 升降图

第一步是估算材料的疲劳极限。大量的试验研究表明,材料的疲劳极限与抗拉强度之间存在一定的近似关系。对于钢材,当 $R_m \leqslant 1\,300$ MPa时,$\sigma_{-1}=0.40\sim0.48R_m$;当 $R_m>1\,300$ MPa时,$\sigma_{-1}=0.39\sim0.43R_m$;对于铸铁,$\sigma_{-1}=0.34\sim0.48R_m$。在难以预先知道材料疲劳极限估计值的情况下,一般要用2～4根试件进行预备性试验,以取得疲劳极限的估计值。预备性疲劳试验的结果可以作为绘制升降图的数据点。

第二步是确定应力增量 $\Delta\sigma$,得到疲劳极限的估计值 σ_{-1} 后,则可取 $\Delta\sigma=(0.03\sim0.05)\sigma_{-1}$。试验在3～5级应力水平下进行,试验过程中,应力增量保持不变。首先取高于疲劳极限估计值的应力水平值 σ_0 开始试验,然后逐渐下降,如图8-5所示。在 σ_0 应力作用下,第一根试件在未达到指定寿命循环次数 1×10^7 之前发生破坏,第二根试件就在低一级应力水平 σ_1 下进行试验。直到第4根试件时,因该试件在应力水平 σ_3 下经 1×10^7 循环次数没有破坏(通过),则随后的一次试验就要求在高一级的应力水平 σ_2 作用下进行。凡前一根试件通过,则随后的试件就要在高一级的应力水平进行试验。照此办理,凡前一根试件不到 1×10^7 循环次数就破坏,则随后的一次试验就要在低一级的应力水平下进行;直到完成全部试验为止。在整个试验过程中,应力增量保持不变。

图8-5升降图表示的是16根试件的试验结果。处理试验结果时,在出现第一对相反结果数据以前的数据应舍弃。如图中的点3和点4是出现的第一对相反的结果,因此数据点1和点2均应舍弃(如在以后试验应力波动范围之内,则可作为有效数据加以利用)。而第一次出现相反结果的点3和点4的应力平均值 $0.5(\sigma_2+\sigma_3)$ 就是常规单点试验法给出的疲劳极限值。同样,第二次出现相反结果点5和点6是应力平均值,和以后出现相邻相反结果的应力平均值也都相当于常规试验法给出的疲劳极限。将这些用"配对法"得出的结果作为疲劳极限的数据点进行统计处理,即可得到疲劳极限的计算公式 σ_{-1} 和标准差 S_{-1}

$$\begin{aligned}\sigma_{-1}&=\frac{1}{k}\sum_{j=1}^{k}\sigma_j=\frac{1}{n}\sum_{i=1}^{m}v_i\sigma_i\\ S_{\sigma_{-1}}&=\sqrt{\frac{\sum_{j=1}^{k}\sigma_j^2-\frac{1}{k}\left(\sum_{j=1}^{k}\sigma_j\right)^2}{k-1}}\end{aligned}\tag{8.1}$$

式中:k 为配成对子数;n 为有效试件总次数(破坏或通过的数据均计算在内);m 为应力水平级数;σ_j 为用配对法得出的第 j 个疲劳极限值,MPa;σ_i 为第 i 个应力水平的应力值,

MPa；v_i 为第 i 个应力水平试件数。

8.1.5　实验步骤

1）试件测量

（1）检查所有试件表面粗糙度，不应有加工刀痕及其他缺陷。

（2）测量试件的直径，应测量工作段的三个截面，每个截面在相互垂直方向量取平均值，以三个截面中最小直径作为计算直径。

2）试验机准备

（1）开动机器电源和控制软件至少 20 min，进行机器预热。

（2）控制机器横梁上、下运动，检查设备各部分运转是否正常。

3）安装试件与试验

（1）将设备上横梁升到合适位置，便于试样和夹具的安装。

（2）将试样和配套夹具安装到上、下固定轴之间并进行初步固定。

（3）将上横梁下降到合适位置。

（4）固定试样的下端并用专用扳手拧紧。

（5）调整上端横梁位置，并将试样上端固定并拧紧。

（6）通过操作软件或横梁控制按钮，将试样初始载荷卸载至零。

（7）在操作软件界面输入平均载荷、载荷幅度等所需要参数（第一根试件可以取 $\sigma = 0.6R_m$）。

（8）设置试验机保护参数，并开动试验机进行测试。

（9）试样断裂后停机并取出试样，继续完成后续试验。

（10）试验结束后关闭设备、操作软件后，关闭电脑，清理实验台。

8.1.6　实验数据处理

因本试验所需时间太长，各组可分别取一根试件进行试验，最后将数据集中处理，填写在统一的表格中（表 8－1）。

表 8－1　疲劳实验数据记录表

试件编号	载荷 F/kN	σ_{max}/MPa	疲劳寿命 N/次	$\lg N$	备注
1					
2					
3					
4					
5					
6					
7					
8					

8.1.7　注意事项

（1）启动试验机前，一定要检查调速挡处在低速位置。

(2) 不允许在满载下启动试验机,否则容易损坏试样或烧毁设备电动机。

(3) 试验过程中,如试样因频率过高而发热,则需使用风扇等外部设备进行冷却。

(4) 试件测试开始后,禁止用手接触试验件和设备工作部分,以免造成人身伤害。

8.1.8 思考题

(1) 何谓疲劳极限?它在工程上有何实用意义?

(2) 如何确定材料的疲劳极限?如何绘制 $S-N$ 曲线?

(3) 升降法与单点法比较,在测疲劳极限 σ_{-1} 时有什么好处?

(4) 试解释疲劳断口的形成原因和特征。

8.2 平面应变断裂韧性 K_{IC}

8.2.1 实验目的

(1) 了解金属材料的断裂力学基础知识和平面应变断裂韧性 K_{IC}。

(2) 了解通过柔度法测量裂纹的长度。

(3) 了解并掌握断裂韧性的测试方法和步骤。

(4) 学习断裂韧性测试数据的处理,以及断裂韧性有效性的评判。

8.2.2 实验装置

疲劳试验机、引伸计、读数显微镜、游标卡尺等。本实验采用SEB试样进行。其详细的试样加工要求如图8-6(b)所示。

试件材料选择为40Cr,该材料的屈服强度一般>785 MPa,断裂韧性值为40~50。根据计算可得试样所需的 B, a, $(W-a)$ 最小值约为10 mm。为方便试验,选择试样厚度 $B=15$ mm,初始裂纹长度为 $a_0=12.5$ mm,预制裂纹长度为2.5 mm。试件宽度 $W=2B=30$ mm,跨度 $S=4W=120$ mm。

8.2.3 实验原理

平面应变断裂韧性是表征材料阻止裂纹扩展能力,度量材料韧性好坏的一个定量指标。在加载速度和温度一定的条件下,对某种材料而言它是一个常数,它和裂纹本身的大小、形状及外加应力大小无关,是材料固有的特性。

1) 试样形状

根据国家标准,通常可以采用紧凑拉伸CT试件和三点弯曲SEB试件进行测试,如图8-6所示。

为使测得的平面应变断裂韧性 K_{IC} 满足有效性条件,试件的截面宽度 B、裂纹长度 a 及韧带宽度 $(W-a)$ 必须满足下列条件

$$B,\ a,\ (W-a) \geqslant 2.5\left(\frac{K_{IC}}{\sigma_x}\right) \tag{8.2}$$

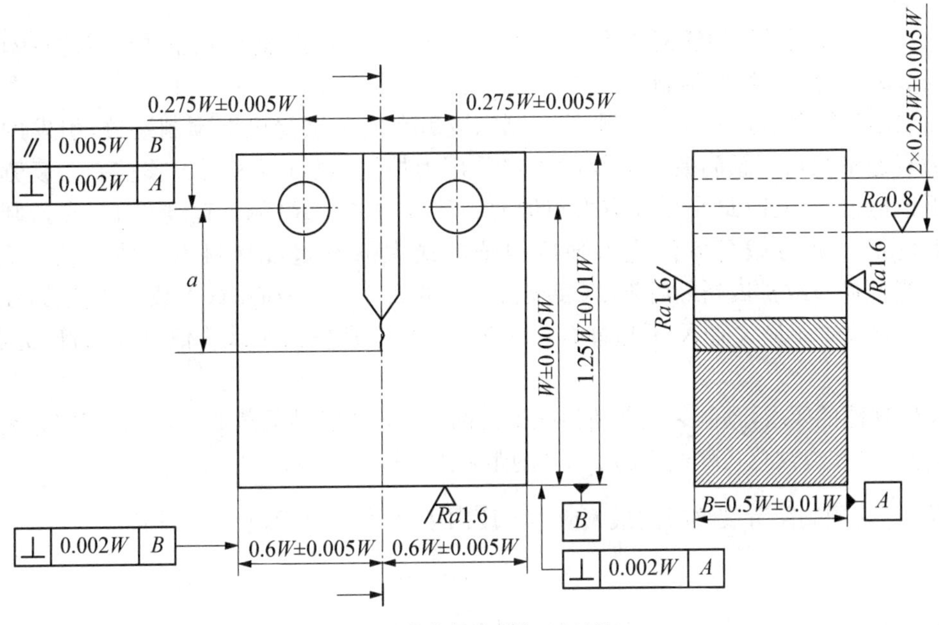

(a) 紧凑拉伸断裂试样(CT 试样)

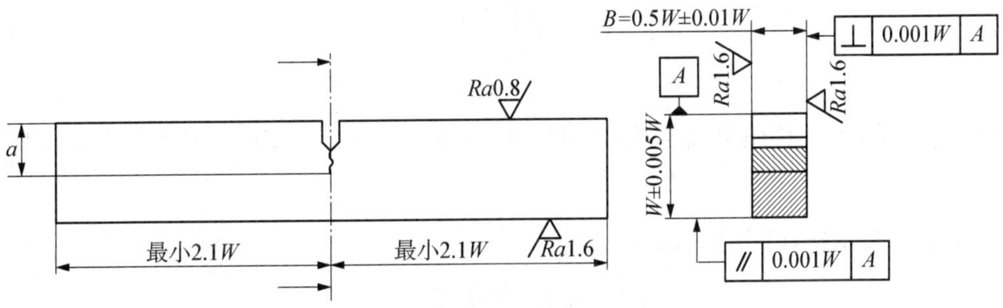

(b) 三点弯曲断裂试样(SEB 试样)

图 8-6　断裂韧性试样形状与尺寸

疲劳裂纹的起始缺口选用直通形缺口，如图 8-7 所示，裂纹起始缺口应垂直于试样表面，缺口根部半径为 0.1 mm，切口尖端角度为 90°。

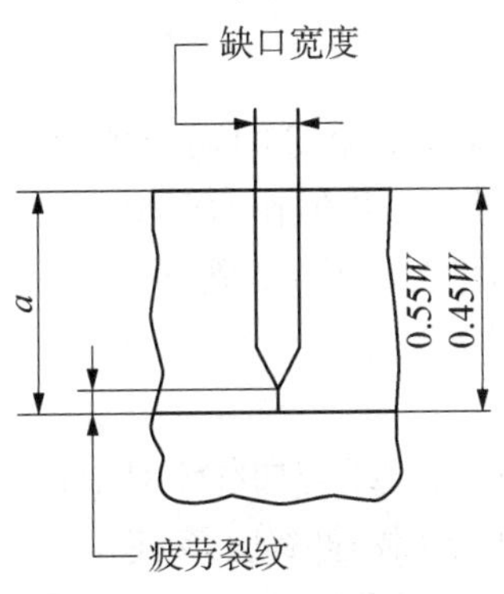

图 8-7　直通形缺口

2）预制裂纹

为了不受预制过程的任何环节影响而产生一个尖锐裂纹，需要在正式试验之前对试样在室温下进行疲劳裂纹的预制。

在预制裂纹之前先进行线切割，线切割完成后在疲劳试验机上预制裂纹，引发的缺口形式为直通形缺口。预制疲劳裂纹时可以采用力控制，也可以采用位移控制。疲劳载荷的最低值应使应力比(最小循环应力与最大循环应力之比 R)不应超过 0.1。在预制裂纹开始时的最大疲劳载荷应使应力强度因子的最大值不超过材料 K_{IC} 估计值 (K_q) 的 80%。当预制裂纹扩展到最后阶段(裂纹长度 a 的 2.5%)，应减小最大载荷或位移，使所施加的应力强度因子最大值 K 不超过 K_q 的 60%。同时调整最小载荷值，使应力比仍在 −1 和 0.1 之间。

按照规范的要求，预制裂纹载荷值按下面的公式计算预估的载荷值 F_q 及规定。裂纹扩展最后阶段(在裂纹总长度最后的 2.5%的距离内)按规定执行。

$K_{f\max}$ 为预制疲劳裂纹时的最大应力强度因子，单位为 $\mathrm{MPa \cdot m^{\frac{1}{2}}}$，需满足

$$K_{f\max} \leqslant 60\% K_q \tag{8.3}$$

K_q 为 K_{IC} 的条件值，可以采用下列公式进行计算

$$K_q = \left(\frac{F_q s}{b w^{\frac{3}{2}}}\right) f\left(\frac{a}{w}\right) \tag{8.4}$$

式中：F_q 为载荷-位移图上确定的载荷值，$F_q = k_q \cdot B \cdot \dfrac{W}{s} \cdot f\left(\dfrac{a}{w}\right)$；$f\left(\dfrac{a}{w}\right)$ 为试样形状因子。

针对 SEB 试样，可由下式确定

$$f\left(\frac{a}{w}\right) = 3\left(\frac{a}{w}\right)^{\frac{1}{2}} \times \frac{1.99 - \frac{a}{w}\left(1 - \frac{a}{w}\right)\left[2.15 - 3.93\frac{a}{w} + 2.7\left(\frac{a}{w}\right)^2\right]}{2\left(1 + \frac{2a}{w}\right)\left(1 - \frac{a}{w}\right)^{\frac{3}{2}}} \tag{8.5}$$

其中，取 $\dfrac{a}{w} = 0.5$，则 $f\left(\dfrac{a}{w}\right) = 2.66$。然后根据典型的力-位移记录曲线，即可确定 F_q。

3）尺寸测量

沿着预期的裂纹扩展线，至少在 3 个等间隔位置上测量厚度 B，准确到 0.025 mm 或 0.1%，以较大者为准，取 3 次测量的平均值作为厚度。

在靠近缺口处至少 3 个点测量宽度 W，准确到 0.025 mm 或 0.1%，以较大者为准，取 3 次测量的平均值作为宽度。

4）试验加载

置试件于试验机的支座上，使裂纹线与加载线对中，并将位移传感器安装在贴刀口的部位。开动试验机缓慢加载，试样加载速率应该使应力强度因子的增加速率在 0.5～3.0 $\mathrm{MPa \cdot m^{1/2}/s}$ 范围内，记录并绘制载荷-位移关系曲线。确保有足够多的点可描述加载曲线，记录应在载荷达到最大值后停止。试验一直进行到试样所受力不再增加为止，标记和

记录下最大载荷 F_{max}。

5）测量裂纹长度

试样断裂后，需要针对断口测量裂纹长度。如图 8－8 所示，在 $B/4$、$B/2$ 和 $3B/4$ 的位置上测量裂纹长度 a，准确到 0.05 mm 或 0.5％，以较大者为准。取 3 个位置测量的平均值作为裂纹长度，且 3 个裂纹长度值的任意 2 个的差值应不超过平均值的 10％，否则预制裂纹试样无效。

裂纹前缘的任何部位到起始缺口的最小距离均应不小于 1.3 mm 或 $0.025W$，以较大者为准。试样表面的裂纹长度也要测量。两个表面上的裂纹长度的测量值与平均裂纹长度之差均不应大于 15％，且这两个表面测量之差不应超过平均裂纹长度的 10％。试样断裂后，裂纹面与起始缺口面平行，偏差在 ±10％以内，且没有明显的多条裂纹。否则整个试验无效，需舍弃，利用新的试件重复试验。

6）确定 F_q 值

根据试验过程中采集到的每一个试样的载荷、位移数据，绘制载荷-位移曲线图，如图 8－9 所示。在载荷-位移曲线图上作直线段 OA 的 95％斜率的割线与曲线交于 F_s。如Ⅰ型曲线若在 F_s 之前，记录曲线上的每一点的力均低于 F_s，则取 $F_q=F_s$，如Ⅱ和Ⅲ型曲线，若在 F_s 之前，记录曲线上存在一点的力高于 F_s，则此值取为 F_q。

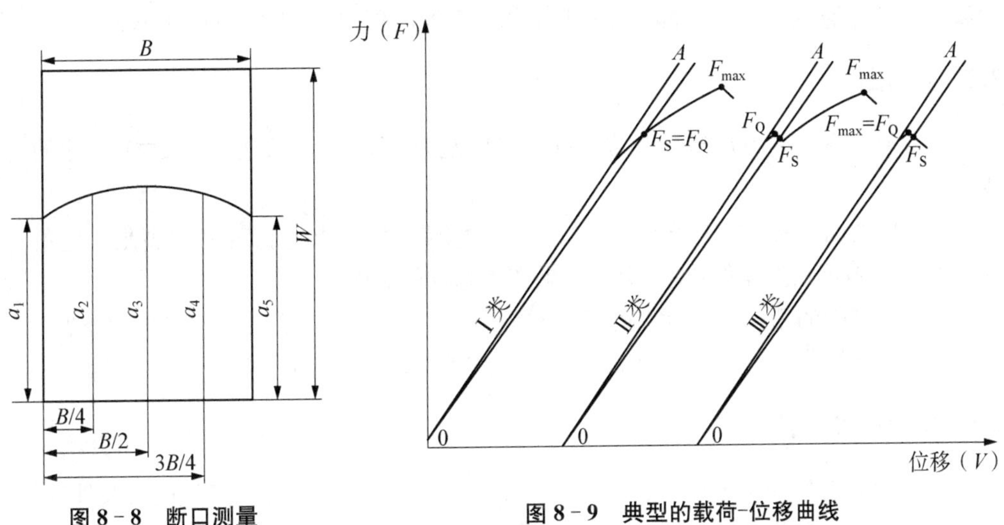

图 8－8　断口测量

图 8－9　典型的载荷-位移曲线

7）有效性判别

计算 $\frac{F_{max}}{F_q}$ 的值，其中 F_{max} 为最大力。若该比值不超过 1.10，则按式(8.4)计算 K_{IC}。若该比值大于 1.10，则该比值不是有效的 K_{IC} 试验值。

计算 $2.5\left(\frac{K_q}{\sigma_s}\right)^2$，若该值小于试样厚度、裂纹长度和韧带尺寸，则 $K_q=K_{IC}$，否则该试验不是有效的 K_{IC} 试验。

若计算 K_q 满足以上有效性条件，则所测出的 K_q 就是材料的断裂韧性 K_{IC}。

8.2.4 实验步骤

1) 实验测试操作

(1) 测量试件尺寸。

(2) 置试件于试验机的支座上,使裂纹线与加载线对中,并将位移传感器安装在贴刀口的部位。

(3) 开动试验机缓慢加载,记录并绘制载荷-位移关系曲线。

(4) 从试验机上移除试样。

(5) 使用工具显微镜测量裂纹长度:a_1、a_2、a_3、a_4、a_5。

(6) 在记录的载荷-位移曲线上,确定条件临界载荷 F_q 值。

2) 实验结果处理

(1) 确定 F_q 值:根据试验采集到的载荷、位移数据作图,并采用95%割线斜率确定 F_q 值。

(2) 确定 K_q 值:当确定载荷 F_q 后,利用公式计算试件的 K_q 值。

(3) 有效性判别:计算载荷比 $\dfrac{F_{max}}{F_q} \leqslant 1.10$ 是否成立?计算 $2.5\left(\dfrac{K_{IC}}{\sigma_s}\right)^2 \leqslant B, a$,并判断是否成立?如果有效性条件全部满足,则所测出的 K_q 就是材料的断裂韧性 K_{IC}。

8.2.5 思考题

(1) 当条件 K_q 不满足有效性条件判据时,是否可以一直采用增大试样尺寸的方式解决?

(2) 试样的断口长度为什么要测量5个点的位置,且要求各长度之间满足一定的比例要求?如果不满足长度比例要求,会对结果产生怎样的影响?

(3) 观察试样的断口,裂纹前缘曲线的特征是什么?从断口上能看出哪些信息?

(4) 断裂韧性测试过程与传统的材料力学性能测试有哪些不同?

8.2.6 实验报告要求

实验报告应包括实验名称、实验目的、仪器设备名称、规格、量程、实验记录及计算结果、有效性条件的判断过程和结果等。分析讨论出现各种情况的原因。

8.3 疲劳裂纹扩展 d*a*/d*N*

8.3.1 实验目的

(1) 了解疲劳裂纹扩展试验的基本原理。

(2) 学习并掌握疲劳裂纹扩展速率测定的一般方法和数据处理过程。

(3) 了解并学习疲劳试验机的工作原理和使用方法。

(4) 观察和分析疲劳裂纹扩展的现象和规律。

8.3.2　实验装置

本试验是在实验室空气环境下测定金属材料的稳定扩展阶段的裂纹扩展速率 da/dN。

1）主要实验仪器

主要实验仪器包括疲劳试验机、引伸计(COD 规)、游标卡尺、读数显微镜等。

2）试样与工装

针对疲劳裂纹扩展测试，可以采用紧凑拉伸试样(CT 试样)和三点弯曲试样(SEB 试样)。本实验采用 CT 试样完成疲劳裂纹扩展速率测试，其结构如图 8－10 所示。

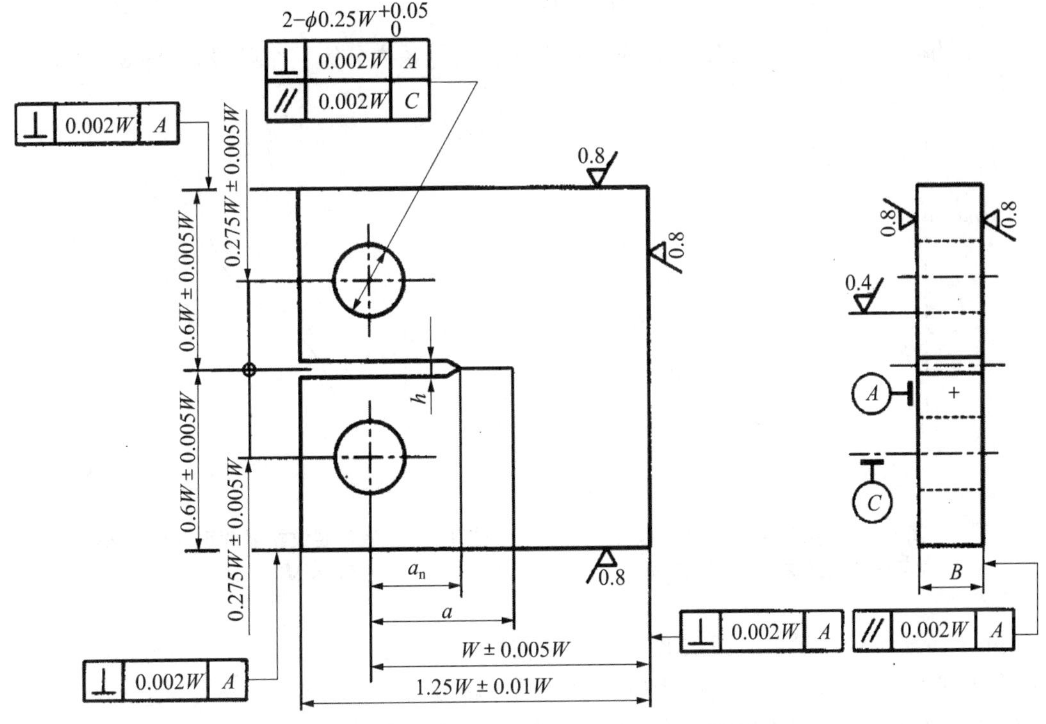

图 8－10　紧凑拉伸裂纹扩展试样(CT 试样)

试样厚度：对于 CT 试样，国标推荐厚度范围为 $W/20 \leqslant B \leqslant W/2$；试样宽度：对于 CT 试样，国标推荐最小宽度 $W = 25\ \mathrm{mm}$。

为了得到有效试验数据，要求试样在整个试验过程中保持线弹性应力状态。为了避免大范围屈服，对于 CT 试样，产生有效数据的最小韧带宽度尺寸应满足

$$(W - a) \geqslant \left(\frac{4}{\pi}\right)\left(\frac{K_{max}}{R_{p0.2}}\right)^2 \tag{8.6}$$

8.3.3　实验原理

金属材料的疲劳断裂过程通常可分为裂纹成核、微观裂纹扩展、宏观裂纹扩展、断裂几个阶段。在交变应力作用下，含有裂纹的材料或构件会发生裂纹扩展，经过若干次应力循环后发生断裂。也就是说，裂纹扩展的快慢决定了物体的使用寿命，为此需要研究并确定材料

或构件的疲劳裂纹扩展速率。

裂纹扩展速率 $\mathrm{d}a/\mathrm{d}N$，是指裂纹长度在一个疲劳载荷循环过程中的扩展量。在疲劳裂纹扩展过程中，裂纹长度 a 随着疲劳次数 N 不断呈现曲线形式增加，裂纹扩展速率 $\mathrm{d}a/\mathrm{d}N$ 即 $a-N$ 曲线上每一点的斜率，因此其随着疲劳次数是不断变化的，如图 8-11 所示。

高周疲劳裂纹尖端塑性区的尺寸远小于裂纹长度，近似为线弹性断裂力学问题。在线弹性断裂力学范围内，应力强度因子能恰当描述裂纹尖端的应力场强度，也就是说应力强度因子 K 是控制 $\mathrm{d}a/\mathrm{d}N$ 的主要参量，$\mathrm{d}a/\mathrm{d}N$ 与应力强度因子幅值 ΔK 存在一定的函数关系。ΔK 为由交变应力最大值 $\sigma_{\max}$ 和最小值 $\sigma_{\min}$ 所计算的应力强度因子之差，即

$$\Delta K = K_{\max} - K_{\min} \tag{8.7}$$

一般情况下，$\mathrm{d}a/\mathrm{d}N-\Delta K$ 关系曲线在双对数坐标系内分为三个阶段，如图 8-12 所示。

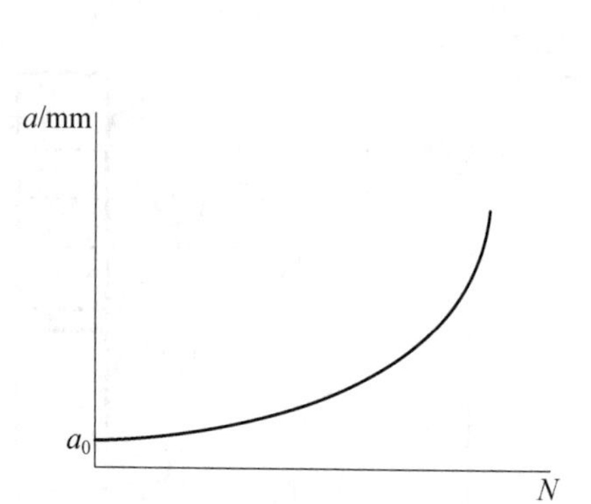

图 8-11　疲劳裂纹扩展长度与疲劳次数关系 $a-N$ 曲线

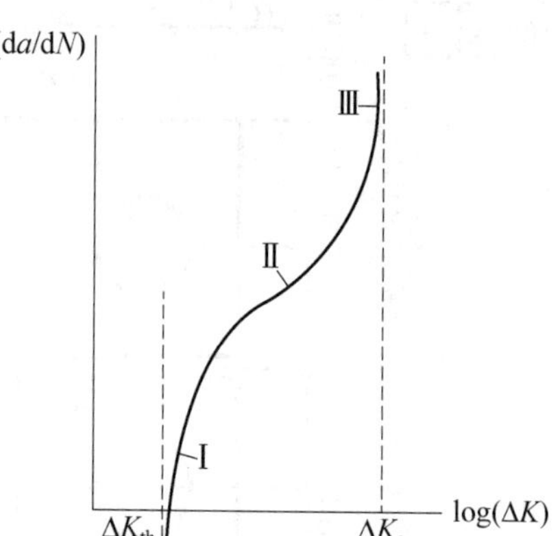

图 8-12　疲劳裂纹扩展速率 ln(da/dN) 与 lnΔK_{I} 关系

第一阶段为低速扩展阶段：ΔK_{I} 很低，存在一下限值 ΔK_{th}；当 ΔK_{I} 低于该下限值 ΔK_{th} 时，裂纹基本不扩展，称该下限值为应力强度因子幅度 ΔK 的门槛值 ΔK_{th}。它是材料本身固有的界限应力强度因子幅度。当 $\Delta K > \Delta K_{\mathrm{th}}$ 时，$\mathrm{d}a/\mathrm{d}N$ 急剧上升。

第二阶段为稳定扩展阶段：直线斜率较小，工程中疲劳裂纹扩展多处于该阶段，所以这一阶段是疲劳裂纹扩展的主要阶段，也是决定疲劳裂纹扩展寿命的主要组成部分。

第三阶段为快速扩展阶段：在此阶段，$\mathrm{d}a/\mathrm{d}N$ 增长很快并会发生迅速断裂，对应的裂纹扩展寿命在整个裂纹扩展过程中所占比例很小，因此对构件的使用寿命影响也很小。

综上可知，在工程构件的裂纹扩展中，主要关心第二阶段，即裂纹的稳定扩展阶段。在此阶段，裂纹扩展速率 $\mathrm{d}a/\mathrm{d}N$ 与应力强度因子幅度 ΔK 在双对数坐标系内可以近似看成一段直线，用于描述这一直线的表达式即为 Paris 公式

$$\frac{\mathrm{d}a}{\mathrm{d}N} = C(\Delta K)^{m} \tag{8.8}$$

式中：C，m 为与加载条件及试验环境有关的材料常数，是描述材料疲劳裂纹扩展性能的基本参数，其可以通过试验测定。

8.3.4　实验步骤

1. 试验过程

1）测量试样尺寸

使用精度为 0.01 mm 的量具在试样的韧带区域三点测量出厚度 B，取平均值。用精度不低于 0.001W 的量具在试样的裂纹所在截面附近测量宽度 W。

2）预制疲劳裂纹

预制疲劳裂纹的目的是制造一个足够长并且尖锐的平直裂纹，从而使 K 标定计算式不受机加工初始缺口形状的影响，也使后续进行的裂纹扩展速率试验不受裂纹前缘形状变化或预制裂纹力变化的影响。

预制疲劳裂纹时，通常选用尽可能小的最大应力强度因子 K_{max} 进行预制。一般可以选用临界应力强度因子的 30%～60%作为初始 K_{max}。

如果在预制疲劳裂纹阶段用于裂纹萌生时选择的应力强度因子大于裂纹扩展速率时候的 K_{max}。这种情况下，应当逐级降低预制裂纹时的最大力，且最后一级的最大载荷不得超过开始记录试验数据时的最大载荷值。

当预制疲劳裂纹完成后，可以在前后表面从切口顶端到疲劳裂纹尖端测量裂纹长度。测量应准确到 0.1 mm 或 0.002W 中较大的一个。所测各个裂纹长度均应大于 0.1B 和缺口宽度 h，但不得小于 2.5 mm。针对 CT 试样，若前、后表面裂纹长度测量值之差超过 0.25B，则试验无效。

3）疲劳裂纹扩展试验

在试验疲劳载荷作用下，记录若干个循环数，以及对应的裂纹长度。试验中应注意。

(1) 若任何一点平均穿透疲劳裂纹与试样对称平面的偏离大于 5°，此点数据无效。

(2) 某一点处前后表面裂纹长度测量值相差超过 0.025W，则此点数据无效。

4）疲劳裂纹长度测量

针对裂纹长度测量一般可以采用目测法、柔度法、电位法等方式进行。本试验采用通过工具显微镜直接目测的方式进行。

当采用目测法测量裂纹长度时，建议将裂纹面区域表面进行抛光，并用非直射光源照射以增加裂纹尖端的可见度。

测量裂纹长度最好在不中断试验的情况下进行，若需要中断试验测量时，应将中断时间和次数尽量减至最小。在测量过程中可以采用施加静态力的方法增加裂纹的测量分辨率。通常情况下施加的静态力不应大于疲劳载荷的中值。

裂纹增量 Δa 的测量间隔应使得 $da/dN - \Delta K$ 数据点尽可能均匀分布。推荐 Δa 最小为 0.25 mm。在任何情况下，最小的裂纹测量间隔应大于 10 倍的裂纹长度测量准确度。

对于 CT 试样，推荐以下测量间隔：

(1) $0.25 \leqslant a/W \leqslant 0.40$：$\Delta a \leqslant 0.4W$。

(2) $0.40 \leqslant a/W \leqslant 0.60$：$\Delta a \leqslant 0.02W$。

(3) $0.60 \leqslant a/W$：$\Delta a \leqslant 0.01W$。

对于测得的裂纹长度，如果对于指定的裂纹前缘，前面和后面测量的裂纹端长度差值超过 0.25B，则认为数据无效。

2. 设备操作步骤

本试验材料使用疲劳试验机进行裂纹扩展测试,其主要操作流程和步骤如下:

(1) 启动控制电脑,打开试验软件,选取相应程序。

(2) 开启疲劳试验机,并预热一段时间(通常情况需20~30分钟)。

(3) 按照实验目的,确定实验方案、输入试验参数、试件参数等。

(4) 安装试件,并确保试样没有初始载荷(如安装过程中出现初始力值,则需要卸载至无载荷状态)。

(5) 设置试验机的保护参数,启动各种保护功能。

(6) 单击"运行"按钮,试验开始。

(7) 试验过程中,到达一定疲劳次数后测量裂纹长度。如裂纹前缘不清晰,也可以选择暂停加载或施加一定静载下,再测量裂纹长度。

(8) 试验结束后,松开夹头,取下试件。对于同批次试件可重复上述过程。

(9) 退出程序,关闭主机电源,清理工作台面。

8.3.5 实验数据处理

1. 裂纹曲率修正

试验结束后,应检查裂纹面上贯穿厚度裂纹前缘的曲率。如果裂纹轮廓清晰可见,可以沿着厚度方向测量3点或5点计算算术平均值作为贯穿厚度裂纹长度。其平均值与实验记录的相应裂纹长度之差即曲率修正量。在任何情况下,由平均裂纹长度计算出的应力强度因子和由试验裂纹长度计算出的应力强度因子相差大于5%,则需要进行曲率修正。

$$a = a_n + a_{fst} + a_{cor} \tag{8.9}$$

式中:a_n为对于CT试样,即从加载线到机加工缺口根部的长度;a_{fst}为从机加工缺口根部测量的疲劳裂纹长度;a_{cor}为裂纹曲率修正长度,即贯穿试样厚度的平均裂纹长度与试样表面裂纹长度之差。

裂纹曲率修正量不是一个恒量,当它随裂纹长度而变化较大时,可以采用线性差值法进行曲率的修正。

2. 应力强度因子的计算

所有标准试样的应力强度因子可以采用下式进行计算

$$K = \frac{F}{BW^{\frac{1}{2}}} g\left(\frac{a}{W}\right) \tag{8.10}$$

针对CT试样,形状因子$g(a/w)$的计算公式为

$$g\left(\frac{a}{w}\right) = \frac{(2+\alpha)(0.886 + 4.64\alpha - 13.32\alpha^2 + 14.72\alpha^3 - 5.6\alpha^4)}{(1-\alpha)^{3/2}} \tag{8.11}$$

式中:$\alpha = a/W$, $0.2 \leqslant a/W \leqslant 1.0$时等式有效。

3. 裂纹扩展速率的确定

疲劳裂纹扩展速率由试验时的裂纹长度和其对应的载荷循环数据决定,通常计算裂纹扩展速率可以采用割线法、递增多项式法等,也可以采用其他方法进行计算。

割线法计算裂纹扩展速率主要适用于计算相邻两个裂纹长度和循环周次数据对的直线斜率。通常用下式表示

$$\frac{\mathrm{d}a(j)_{\mathrm{avg}}}{\mathrm{d}N}=\frac{[a_j-a_{(j-1)}]}{[N_j-N_{(j-1)}]} \tag{8.12}$$

式中：$[a_j-a_{(j-1)}]$ 为裂纹增量。

随着裂纹扩展的增加，采用平均裂纹长度 $a(j)_{\mathrm{avg}}$ 计算应力强度因子范围，$a(j)_{\mathrm{avg}}$ 用下式表示

$$a(j)_{\mathrm{avg}}=\frac{(a_j+a_{(j-1)})}{2} \tag{8.13}$$

8.3.6 思考题

(1) 通过目测法测量裂纹长度，影响测量精度的因素有哪些？如何可以减少测量误差？

(2) 裂纹扩展长度随着疲劳载荷循环次数为何会越来越快？

8.3.7 实验报告要求

实验报告应包括实验名称、实验目的、仪器设备规格和量程、实验记录及相应的计算结果；针对稳定裂纹扩展阶段，给出疲劳裂纹扩展速率 Paris 公式拟合的 C 和 m 参数；分析讨论疲劳裂纹扩展过程中出现的现象及原因。(表 8-2)

表 8-2 试验测试记录

测量次数	a/mm	N/cycles	$g(a/w)$	ΔK/MPa · $m^{\frac{1}{2}}$	$\mathrm{d}a/\mathrm{d}N$/mm · cycles^{-1}

参考文献

[1] 陈巨兵,林卓英,余征跃. 工程力学实验教程[M]. 上海:上海交通大学出版社,2007.

[2] 戴福隆,沈观林,谢惠民. 实验力学[M]. 北京:清华大学出版社,2010.

[3] 庄表中,王惠明. 应用理论力学实验[M]. 北京:高等教育出版社,2009.

[4] 谭献忠,吕续舰. 流体力学实验[M]. 南京:东南大学出版社,2021.

[5] 孙国钧,赵社戌. 材料力学[M]. 第 2 版. 上海:上海交通大学出版社,2015.

[6] RASTOGI P K. Photomechanics [M]. Berlin: Springer Science & Business Media, 2003.

[7] SCIAMMARELLA C A, SCIAMMARELLA F M. Experimental Mechanics of Solids [M]. New Jersey: John Wiley & Sons, 2012.

[8] RAMESH K. Developments in Photoelasticity: A Renaissance [M]. Bristol: IOP Publishing, 2021.

[9] TROPEA C, YARIN A L, FOSS J F. Springer Handbook of Experimental Fluid Mechanics [M]. Berlin: Springer Science & Business Media, 2016.